Frödin, Klassische Lachsfliegen

Aus dem Englischen übersetzt von Olivier Portrat.
Titel des englischen Originals: Classic Salmon Flies, erschienen bei AB Nordbok, Box 7059, 40232 Gothenburg, Sweden.
ISBN 3.275.01031.X – 1/4-92. – Printed in Spain.

Mikael Frödin

Klassische Lachsfliegen

Müller Rüschlikon Verlags AG
Cham · Stuttgart · Wien

Inhaltsverzeichnis

Vorwort

Ob man sich nun in erster Linie als Fliegenfischer oder als Fliegenbinder betrachtet, ich denke, es ist unmöglich, sich der Faszination, die von den klassischen Lachsfliegen ausgeht, zu entziehen. Für viele von uns stellen diese schönen, stilvollen Fliegen die höchste Form der Perfektion dar, sowohl in bezug auf Ästhetik als auch in bezug auf die Bindetechniken. Das hat dazu beigetragen, daß diese farbenfrohen Federkreationen zu recht beliebten Sammelobjekten wurden. Die Tatsache, daß fast jede der klassischen Lachsfliegen ihre eigene Geschichte hat, die es sich oft weiterzuerzählen lohnt, macht das Thema natürlich noch interessanter.

Die meisten der klassischen Lachsfliegen – heute allgemein als kleine Kunstwerke erster Klasse betrachtet – wurden in der zweiten Hälfte des neunzehnten Jahrhunderts und zu Beginn des zwanzigsten, von den Britischen Inseln ausgehend, entworfen. Die Fliegenmuster wurden somit in der sogenannten viktorianischen Epoche entwickelt, gebunden und gefischt, und in vielerlei Hinsicht kann man sagen, daß sie die Werte und Ideale, die die Gesellschaft zu jener Zeit prägten, reflektieren. Finesse, Eleganz und Perfektion waren ebenfalls die Gütezeichen der Erfinder dieser Bindemuster.

In Großbritannien war es damals relativ leicht, exotische Federn aus Gegenden wie Indien, Südamerika und Afrika zu erhalten. Diese Federn, gleichermaßen begehrt als Zierde für die prächtigen Hüte der viktorianischen Frauen, waren es, die die Charakteristik der Fliegen der damaligen Lachsfischer – vielleicht auch einiger Lachsfischerinnen – ausmachten. Heutzutage kann es allerdings extrem schwer sein, sich die Materialien für solche Fliegen auf legale Art und Weise zu besorgen. Dies ist mit Sicherheit einer der Gründe, warum der Anblick einer am Vorfach eines Anglers schwingenden klassischen Fliege so selten geworden ist.

Die Bewunderung der Kreationen der alten Meister nimmt ständig zu, und eine klassische Lachsfliege wird so oft zu einer Art Kultgegenstand, die es – vielleicht ganz zu Recht – oftmals eher verdienen würde, gerahmt und an die Wand gehängt zu werden, als in der Praxis Anwendung zu finden. Auch wenn diese Fliegen auf gar keinen Fall schlechte Fangresultate erzielen, so machen die Lachse zwischen ihnen und den heute gängigen, recht mager ausgestatteten Haarflügelfliegen, kaum einen Unterschied.

Dank seiner unglaublichen Arbeitskraft hat Mikael Frödin es geschafft, aus dem erstaunlich reichen Schatz, der aus dieser Zeit überlebt hat, eine repräsentative Selektion dieser Fliegen zusammenzustellen. Darüberhinaus ist es ihm gelungen, alle ursprünglich vorgeschriebenen Materialien legal zu erwerben – und diese klassischen Lachsfliegen genau nach den Anweisungen der Erfinder, welche oft schwer zu interpretieren waren, zu binden. Da die alten Meister üblicherweise auch ausgezeichnete Fliegenbinder waren, wird die Leistung von Mikael Frödin nur um so bewundernswerter.

Göran Cederberg

Einleitung

Seit fast zwanzig Jahren beschäftige ich mich mit alten, englischen Lachsfliegen und der Kunst, diese korrekt zu binden. Immer schon habe ich eine «Anthologie» der Bindemuster der gängigen Lachsfliegen vermißt, und dies war mein Hauptgrund für das Verfassen dieses Buches. Als beruflicher Lachsfliegenbinder werde ich oft gefragt, wer etwa ein bestimmtes Muster entworfen hat oder wie das echte Originalmuster einer besonderen Fliege aussieht. Manchmal war ich in der Lage, diese Fragen zu beantworten, aber oft konnte ich lediglich auf alte Bindebücher des neunzehnten, beziehungsweise vom Anfang des zwanzigsten Jahrhunderts verweisen, alles Bücher, die schwer zu finden und meist recht teuer sind.

Dieses Buch ist als Nachschlagewerk gedacht, und es werden die einzelnen Fliegen daher in alphabetischer Reihenfolge vorgestellt. Es nimmt nicht von sich in Anspruch, vollständig zu sein, da es fast zahllose alte Muster von Lachsfliegen gibt. In jedem Fall aber enthält es die bekanntesten «Klassiker» unter den Lachsfliegen sowie ein wenig der sie umgebenden Geschichte. Meine Hoffnung ist, daß «Die klassischen Lachsfliegen» wenigstens einige der Fragen beantworten kann, die aufkommen können, wenn jemand Interesse an jenen feinen, alten Lachsfliegen bekommt, welche uns unsere lachsfischenden Vorgänger hinterlassen haben.

Geschichtlich betrachtet ist die Anwendung von Fliegen in der Fischerei sehr alt. Die ersten, noch zögernden Versionen, waren Knochenhaken, welche mit einigen Federn von See- oder Waldvögeln dekoriert waren. Aus solchen einfachen Fliegen, die auf Knochen, Holz und schließlich auf Stahl gebunden wurden und für die Forellenfischerei gedacht waren, entwickelten sich die Lachsfliegen. Die letzteren wurden erstmalig auf den Britischen Inseln während des fünfzehnten Jahrhunderts gebunden. Aber erst gegen Ende des achtzehnten und zu Beginn des neunzehnten Jahrhunderts begann die echte Entwicklung dessen, was wir heute als die «klassische» Lachsfliege bezeichnen. Die Geburtsstunde der meisten in diesem Buch behandelten Fliegen liegt gegen Ende des neunzehnten und zu Beginn des zwanzigsten Jahrhunderts.

Wenn man heutzutage diese oft sehr ausgearbeiteten Kreationen betrachtet, so ist man überrascht, wenn man sich daran erinnert, daß diese ursprünglich zum praktischen Einsatz in der Lachsfischerei gedacht waren. Aber dem ist so, auch wenn viele von ihnen nur eine geringe Anzahl von Lachsen auf dem Gewissen haben. Einige der alten Muster wurden berühmt nach nur einem Abend phantastischer Fischerei, vielleicht Abende, an welchen die Lachse alles genommen hätten, was ihren Weg kreuzt. Andere Lachsfliegen waren schnell anerkannt, wenn sie in einem Buch veröffentlicht wurden oder zum Beispiel in einem Artikel der «Fishing Gazette» erschienen. Schließlich verdanken viele der ausgezeichneten Muster, die ich in meinem Buch beschreibe, ihren guten Ruf und Ruhm dem Verführen von Lachsen, damals und heute. Geläufige Fliegen wie die Akroyd, Durham Ranger und Jock Scott haben Tausende von Lachsen überführt.

Wenige der hier behandelten Fliegen werden heute mit der gleichen Ausstattung, wie die von ihren Erfindern vorgegebene, gefischt. In der Regel sind die meisten erfolgreichen Lachsfliegen unserer Gewässer einfachere Erfindungen, in welchen Haar die Rolle als Flügelmaterial gegenüber den Federn übernommen hat. Aber man kann ebenfalls feststellen, daß diese alten, treuen Diener viele ihrer Charaktermerkmale an die neue Generation moderner Lachsfliegen vererbt haben.

Die folgenden Seiten enthalten viele Fakten, die aus alten Büchern und Abhandlungen einer Zeit gesammelt wurden, in der die nun «klassischen» Lachsfliegen auf dem Höhepunkt ihrer Karriere standen. Diese Fakten zu sammeln, war eine schwierige Aufgabe. Viele Geschichten über solche Fliegen sind in Vergessenheit geraten und unwiderruflich verloren. In manchen Fällen bin ich auf gegensätzliche Aus-

Eine klassische Lachsfliege besteht meistens aus vielen einzelnen Teilen und daher aus unterschiedlichen Bindeschritten verschiedener Schwierigkeitsstufen. Diese Zeichnung zeigt die einzelnen Bestandteile und ihre Namen in der Reihenfolge, in der sie gebunden werden. Da sich die englischen Fachworte des Fliegenbindens sowie viele Federmaterialien (Indian Crow, Chatterer etc.) unter den deutschsprachigen Fliegenbindern und im Fachhandel schon längst durchgesetzt haben, werden in diesem Werk die meisten Fachwörter auf Englisch belassen.

A. Tag (Körperabschlußbindung)
B. Tail (Schwanz)
C. Butt (Füllbindung oder Stoß)
D. Body (Körper)
E. Ribbing (Rippung)
F. Veilings («leicht bedecken», es gibt hierfür im Deutschen kein eigenes Fachwort)
G. Body Butt (Füllbindung im Körper)
H. Body Hackle (Körperhechel)
I. Front Hackle (Kopfhechel oder Kehlbart bzw. -hechel)
J. Underwing (Unterflügel oder -schwinge)
K. Wings (Flügel oder Schwingen)
L. Sides (Lange und flache Seitenschwinge, Seitenfedern)
M. Cheeks (Wangenfedern)
N. Topping (Deckfeder des Flügels, meist aus einer Schopffeder des Goldfasans)
O. Horns (Fühler, Antennen oder Hörner)
P. Head (Kopf)

sagen gestoßen und habe dann probiert, an die ursprünglichen Quellen zu kommen. Frappierend oft stellt man fest, daß alte Details irgendwann einmal anders betrachtet wurden und mit der Zeit sogar eine ganz neue Bedeutung erhalten haben. Bestimmte Rückschlüsse sind natürlich subjektiver Natur und könnten nur durch ein Befragen der Erfinder überprüft werden – was natürlich leider nicht möglich ist.

Einige der Herren, die für dieses Buch bedeutend sind, waren William Blacker, Edward Fitzgibbon, Francis Francis, Arthur Edward Knox, Harry Cholmondeley Pennell, John Henry Hale, George Mortimer Kelson, Sir Herbert Maxwell und Dr. T. E. Pryce-Tannat. Sie alle hatten nicht nur die Begeisterung der Lachsfischerei gemeinsam, sondern ein großes Interesse für die hierzu notwendigen Fliegen: Sie alle schrieben auch Bücher über die Muster. Viele dieser Werke sind in mehreren Auflagen erschienen. So zum Beispiel erschien Hale's Buch «How to Tie Salmon Flies» 1892 mit nur wenigen Mustern. In seiner zweiten Auflage, erschienen 1919, enthielt es die zahlreichen Muster, die Hardy bereits 1907 in seinem Buch «Salmon Fishing» vorstellte.

Demnach haben die Autoren sich öfter Lachsfliegenmuster gegenseitig «ausgeliehen». Diese britischen Größen haben natürlich nicht alle Muster, die sie in ihren Büchern beschreiben, auch selbst entworfen. Aber sie haben dennoch eine führende Rolle durch ihr Sammeln verschiedener Fliegenmuster vieler unterschiedlicher Lachsfischer gespielt.

Beim Binden der verschiedenen Fliegen für dieses Buch habe ich versucht, die unterschiedlichen Stile dieser alten Fliegenbinder zu berücksichtigen. Ich selbst verwende zum Binden der klassischen Lachsfliegen einen besonderen Stil, der auch seine Spuren hinterlassen hat. Eines der Probleme war, daß viele der in diesem Buch fotografierten Lachsfliegen meines Wissens noch nie abgebildet worden sind. Es war manchmal sogar schwer, die Feder einer bestimmten Vogelart herauszufinden, die der Erfinder der Fliege sich ausgesucht hatte, und diese dann richtig zu verwenden.

Neben der Tatsache, daß ich alte Lachshaken aus der Zeit der Erfindung dieser Fliegenmuster verwendete, richtete sich meine Mühe darauf, genau die vorgeschriebenen Ausgangsmaterialien zu erhalten. Diese Vorgehensweise war ziemlich schwer, denn schließlich hatten die britischen Fliegenbinder der viktorianischen Epoche dank ihrer Kolonien eine schier unerschöpfliche Menge an exotischen Federn zur Verfügung. Heutzutage sind Federn wie die Indian Crow, blue Chatterer und orange Cock-of-the-Rock äußerst selten geworden. Wie dem auch sei, seriöse und freundliche Anhänger dieses eher ungewöhnlichen Hobbys haben es mir ermöglicht, die gewünschten Materialien zu erhalten.

Einige der Federn stammen von bedrohten Vogelarten. Ich habe es geschafft, sie von Volieren und Sammlern zu erhalten, die liebevoll jede einzelne schöne Feder sammeln, die die Vögel verlieren. Glücklicherweise wechseln die Vögel jedes Jahr in der Mauser ihr Federkleid – und wenn sich dann jemand der verlorenen Federn annimmt, ist es möglich, über das richtige Material zu verfügen, ohne der Spezies zu schaden. Darüber hinaus bin ich der Meinung, daß jemand, der sich klassische Lachsfliegen bindet, um damit auf die traditionelle Art und Weise einen der so kämpferischen Lachse zu verführen, Ersatzmaterialien statt der teuren, seltenen Materialien verwenden sollte. Es ist unwahrscheinlich, daß die Lachse den Unterschied feststellen, Ihre Brieftasche wird es aber sicherlich.

Zu guter Letzt möchte ich all jenen danken, die mir bei der Arbeit zu diesem Buch geholfen und zu seinem Entstehen beigetragen haben.

Uppsala, 30. Januar 1990

Mikael Frödin

Aglaia

Mixed Wing, E. Fitzgibbon, frühes 19. Jahrhundert.
Muster wie von E. Fitzgibbon.

Tag: Goldtinsel
Tail: Ein kleines Topping und einige Fibern der Wood Duck
Butt: Black Ostrich Herl (schwarze Straußenfiber)
Body: Silbernes Flachtinsel
Rib: Goldtwist
Hackle: Eine schwarze Körperhechel, die dünn und kurz ist
Throat: Teal (Krickente)
Wings: Zwei Toppings, Bustard (Trappe), cremefarbener Truthahn und Wood Duck Federn
Head: Black Ostrich Herl

Die Aglaia ist eine der beiden Fliegen, die von sich behaupten, die erste Lachsfliege zu sein, deren Körper ausschließlich aus Silbertinsel gebaut ist. Die andere Fliege ist die bekannte Silver Wilkinson, die erstmalig um 1845 herum gebunden wurde. Es ist sehr wahrscheinlich, daß die Aglaia sogar älter ist und daß ihre Geburtsstunde schon um 1840 herum lag. Das würde aus der Aglaia nicht nur die älteste Lachsfliege mit einem Silberkörper machen, sondern sie wäre auch die erste mit einem metallischen Körper. Es ist bekannt, daß Silber- und Goldfäden schon im 17. Jahrhundert als Rippung verwendet wurden. Es war Captain Richard Frank, der in seinem Buch «Northern Memoirs» (1694) dieses Material für Forellen- und Lachsfliegen empfahl. 175 Jahre waren notwendig, bis sich die Tinselfäden zu Flachtinsel für Lachsfliegenkörper entwickelten. Fitzgibbon beschrieb die Aglaia 1850 in seinem Buch «The Book of the Salmon» als ausgezeichnete Nachtfliege für das Sommerlachsfischen. Die Aglaia war eine der drei Fliegen, die zur sehr bekannten Lachsfliegenserie der Three Graces gehörte. Diese drei Fliegen wurden wahrscheinlich von derselben Person entworfen und es ist überhaupt nicht sicher, daß dies Fitzgibbon war. Er war ein einfallsreicher und ganz dem Lachs verschriebener Fischer, aber kein Experte im Lachsfliegenbinden. Mr. William Blakker band einige der in Fitzgibbons Buch abgebildeten Fliegen und er hat selbst festgestellt, daß viele der Muster von anerkannten Experten übernommen wurden. Es wird auch behauptet, Mr. Pat McKay hätte viel mit der Aglaia zu tun gehabt und vielleicht war es dieser erfindungsreiche Binder, der diese erste Lachsfliege mit einem Körper aus Tinsel entworfen hat.

Die Aglaia gehört nicht zu den Fliegen, die von den großen Meistern nach Fitzgibbon erwähnt werden. Das würde bedeuten, daß sie keine der gängigen Fliegen war und schnell vergessen wurde. Heutzutage wird die Aglaia auch von den herausragenden Bindern nur in Verbindung mit der Tatsache erwähnt, daß sie die erste Lachsfliege mit einem Silberkörper war. Andere Fliegen mit einem Silberkörper wie die Silver Wilkinson, die Silver Grey und die Silver Doctor übernahmen an ihrer Stelle die Rolle der erfolgreicheren Silberkörperfliegen.

Akroyd

Dee Strip Wing, Charles Akroyd, 1878.
Muster wie von Charles Akroyd.

Tag: Silbertinsel
Tail: Ein Topping und Tippetfibern
Body: Erste Hälfte, helloranges Seal's Fur (Seehundwolle); zweite Hälfte, schwarzes Floss; zwischen die Hälften kommt ein Butt aus black Ostrich Herl
Ribbing: Silbernes Ovaltinsel über die orange Seehundwolle; silbernes Flachtinsel und Twist über das schwarze Floss
Hackle: Eine zitronenfarbene Hechel über die orange Seehundwolle; eine schwarze Reiherhechel über das schwarze Floss
Throat: Krickente (normalerweise nur eine Windung)
Wings: Ein Paar zimtbraune Federsegmente aus dem Truthahnstoß (set flat; schräg nach unten weisend aufgesetzt)
Cheeks: Jungle Cock (hängend)

Die Akroyd gehört zu der Familie der Dee Strip Winged Fliegen. Dies sind sehr alte Fliegen, die ihren Ursprung am sehr bekannten schottischen Lachsfluß Aberdeenshire Dee, normalerweise nur als Dee bezeichnet, haben. Die Dee Strip Winged Fliegen sind durch ihre Hauptmerkmale, den besonderen Truthahnflügeln und den langen Reiherhecheln, sehr charakteristisch. Andere Verwandte dieser Familie sind die Jock o' Dee, die Glentana sowie die Dunt und Eagle-Serien.

Mr. Charles Akroyd aus Duncraggie, Brora, in Sutherland, war der Erfinder dieser heute weltbekannten Dee Strip Winged Fliege. Manchmal band Herr Akroyd seine Akroyd ohne einen Bart aus Krickente, sondern er verwendete statt dessen eine Reiherhechel. Es gibt an der Akroyd ein interessantes Detail, das lediglich von Mr. Akroyd beschrieben wird. Es handelt sich um den kleinen Straußfibernbutt, der den Körper in zwei Hälften teilt. Ansonsten war er ein Anhänger eher einfacherer Fliegen und er gab seiner Akroyd den Spitznamen «des armen Mannes Jock Scott».

Akroyd war auch die Person, die hinter der weißgeflügelten Version stand, der White Winged Akroyd. Diese Fliege erhält man, wenn man die beiden zimtbraunen Truthahnflügel durch zwei weiße Federfahnen aus dem Truthahnstoß ersetzt.

Kelson beschreibt ein leicht unterschiedliches Muster der Akroyd. Dieses Muster hat einen Tag aus Goldtwist. Der Körper wird zunächst mit gelber Seehundwolle aufgebaut, darüber kommt dann eine gelbe Hechel und dann schließlich schwarze Seehundwolle mit einer schwarzen Hahnenhechel. Der ganze Körper wird mit goldenem Ovaltinsel gerippt. Die schwarze Reiherhechel wird in dieser Version als Bart eingebunden und die Krickentenfedern werden ganz weggelassen. Die Flügel und die Seiten bleiben so, wie von Akroyd empfohlen. Dieses Muster ist dasselbe, wie das von Hardy und Hale beschriebene. Kelson betrachtet die Akroyd als ausgezeichnetes Dee Muster. Für die Lachsfischerei im sehr zeitigen Frühjahr, wenn der zu befischende Fluß Schmelzwasser führt, empfiehlt Kelson eine von William Garden aus Aberdeen eingeführte Version der Akroyd. Am besten läßt sich dieses Muster als eine mit doppelten weißen Flügeln versehene Akroyd beschreiben. Das erste Paar der weißen Truthahnsegmente wird in die Mitte des Körpers gebunden, dort, wo das gelbe und schwarze Seal's Fur aufeinandertreffen. Das zweite Paar wird ganz normal an den Kopfteil der Fliege gebunden. Beide Flügelpaare sollten niedrig liegend, auf die charakteristische «Dee Wing»-Art, gebunden werden. Bei Pryce-Tannatt finden wir dasselbe Bindemuster wie das von Mr. Charles Akroyd bevorzugte. Der einzige Unterschied zwischen den beiden Mustern liegt in Mr. Akroyds kleinem Straußfiberbutt, der die Körperhälften voneinander trennt.

Baker

Mixed Wing, Jewhurst, Anfang des 19. Jahrhunderts.
Muster wie von Francis Francis.

Tag: Goldtwist und hellblaues Floss
Tail: Ein Topping
Butt: Black Ostrich Herl
Body: Drei Windungen goldenes Floss; danach dunkelorange, hellblaue und rote Pig's Wool
Ribs: Breites Goldtinsel
Hackle: Eine mittelweinrote Hechel
Shoulder: Gallina (Perlhuhn), mit einer hellblauen Hechel darüber
Wings: Underwing aus zwei Tippetfedern. Kleine Segmente Goldfasanstoß, Bustard, Pfauenschwungfeder sowie rote, sattgrüne, blaue und gelbe Fibern vom Höckerschwan (Swan) darüber
Horns: Blauer Macaw
Head: Schwarz

Die Baker ist eine der ältesten und bekanntesten klassischen Lachsfliegen. Sie war eine der beliebtesten Fliegen an den Ufern vieler britischer Lachsflüsse. Das Muster, das ich hier vorstelle, ist jenes, welches auch Francis Francis empfahl. Er selbst erhielt es von Farlow. Mit der Welshman's Fairy, der Captain, der Powell's Fancy und der Baker war er bestens gerüstet, um es mit den tapferen Lachsen des walisischen Flusses Dovey aufzunehmen. Die Fliegen für den Dovey, der auch als Dyfi bezeichnet wird, sollten auf sehr kleine Haken gebunden werden.

Kelson überliefert auch ein Muster für diese alte Standardfliege, die die Baker ist. Im Gegensatz zu Francis Francis bindet er zwei Perlhuhnfähnchen in den Schwanz mit ein. Sein Flossabschnitt im Körper ist auch ein wenig dunkler: sein Floss ist eher dunkelgold als gelbgold. Der Rest des Körpers wird mit hellorangem, blauem und dunkelweinrotem Seal's Fur aufgebaut. Die Hechel von Kelsons Baker wird ab der zweiten Tinselwindung gedreht und sie sollte dunkelweinrot gefärbt sein. Kelsons Schwansegmente im Flügel sind hellblau, gelb und dunkelweinrot. Ferner werden bei ihm graue Mallardsegmente (Stockente) nach dem Bustard eingebunden. Über den Flügel fügt er noch zwei Segmente vom braunen Mallard als Dach (Roof) ein und er beendet die Baker wie Francis Francis mit Fühlern aus blauem Macaw und einem schwarzen Kopf.

Die Bakers von Hardy und Hale stimmen in jedem Detail überein und sie unterscheiden sich wie immer nur wenig von der Musterbeschreibung Kelsons. Der einzige kleine Unterschied ist, daß ein Schwansegment im Flügel bei Kelson hellblau ist, statt wie bei Hardy und Hale mittelblau zu sein.

Ballyshannon

Topping Wing, W. Blacker, frühes 19. Jahrhundert.
Muster wie von William Blacker.

Tag: Violett-braunes (puce) Silk
Tail: Ein Topping und ein wenig scharlachroter (scarlet) Ibis, gemischt
Body: Gelb-braunes Mohair – *Rib:* Silbertwist
Hackle: Eine gelb gefärbte, über den ganzen Körper gedrehte Hechel
Throat: Eine scharlachrote Hechel wird um den Kopf gedreht
Wings: Vier Toppings und Federfahnen von der Summer Duck (Carolina Brautente), ein oder zwei Segmente vom Fasanenstoß und Hals, eine Federfahne vom Truthahnstoß mit weißen Spitzen, ein Segment vom Perlhuhnweibchen und vom Stoß des roten Milans (Glede oder Kite); der Stoß vom himalayanischen Fasanenweibchen eignet sich genauso wie das «Salmon Tailglede» aus Schottland; eine Schopffeder des Hahns dieser Vogelart steht mit seiner durchsichtigen, scharlachroten Farbe wie ein Topping des Goldfasans über allem – *Cheeks:* Eine blaue Feder vom Eisvogel (Kingfisher) auf jeder Seite – *Horns (Fühler):* Scharlachroter Macaw
Head: Black Ostrich Herl

Die Ballyshannon ist, so wie sie hier beschrieben wurde, diejenige, die in William Blackers Buch «Art of Flymaking» (1850) vorgestellt wurde. Blakker schrieb, «Dies ist ein wunderbares Beispiel einer Lachsfliege», und ich kann Herrn Blackers Meinung nur respektvoll zustimmen. Hinzufügen möchte ich lediglich, daß die Ballyshannon, sofern man Blackers Muster folgt, eine der am schwierigsten zu bindenden Lachsfliegen ist. Das liegt nicht daran, daß der Bindevorgang einer der komplizierteren ist, sondern es ist heutzutage fast unmöglich, alle benötigten Federn zu erhalten. Blakker selbst sagt in seinem Buch, daß diese Fliege nur mit der Ausgabe eines kleinen Vermögens gebunden werden kann. Wie dem auch sei, die hier vorgestellte Fliege wurde genau nach Blackers Originalmuster gebunden.

Es mag erstaunlich erscheinen, daß man keinen Hinweis auf eine solch herausragende und anerkannte Fliege bei Francis Francis, Kelson, Hardy und Hale oder Pryce-Tannatt findet, andererseits wurden viele ausgezeichnete Lachsfliegen im Laufe der Jahre vergessen.

Einer der bekanntesten Fliegenbinder aller Zeiten, Michael Rogan aus Donegal, hatte eine eigene Version dieser Fliege. Dies ist auch nicht weiter verwunderlich, wenn man beachtet, daß er nicht weit von den Ufern des Shannon gelebt hat, jenem Fluß, für den die Ballyshannon entworfen wurde. An Mr. Rogans Fliege befand sich silbernes Ovaltinsel und blaue Flockseide im Tag. Bei dieser Version besteht der Schwanz aus einem Topping und einer Indian Crow Feder. Als Butt empfiehlt er schwarze Straußenfiber. Der Körper wird mit helloranger Flockseide aufgebaut und mit breitem silbernem Ovaltinsel gerippt. Die Hechel sollte aus magentafarbenem Hahn sein. Als Bart empfiehlt Rogan türkisblauen Hahn. Die Flügel werden nach einem ganz anderen als dem von Blacker beschriebenen Prinzip gebunden. Die verwendeten Einzelteile sind dunkel-weißlicher Truthahn mit grauen Spitzen, Goldfasanstoß, rot, gold und blau gefärbter Schwan mit bronzefarbenem Mallard darüber. Die Seitenfedern von Rogans Ballyshannon sind Segmente vom Pintail (Spießente) und zwei Jungle Cock Federn. Über die gesamte Konstruktion wird ein Topping aus Goldfasan gebunden.

William Blacker, der als der Erfinder der Ballyshannon betrachtet werden kann, hat ebenfalls eine Fliege gebunden, die er Ballyshannon Puce nannte. Wie der Name schon sagt, hat sie einen pucefarbenen, d.h. einen violett-braunen Körper. Dieses Muster unterscheidet sich von der «Standard» Ballyshannon, auch wenn es, wie für alle typischen Shannon-Fliegen, lange Flügel vorschreibt, die aus verschiedenen Goldfasantoppings bestehen.

Balmoral

Dee Strip Wing, Mr. Garden, Mitte des 19. Jahrhunderts.
Muster wie von George M. Kelson.

Tag: Silbertwist
Tail: Ein Topping und Tippetfedern
Butt: Black Ostrich Herl
Body: Grünes und dunkelblaues Seal's Fur in gleich großen Abschnitten
Ribs: Silbernes Lace und Silbertinsel
Hackle: Eine schwarze Reiherhechel ab der grünen Seehundwolle
Throat: Widgeon (Pfeifente)
Wings: Zwei Federfahnen zimtbrauner Truthahn
Sides: Jungle Cock (kurz und hängend)
Head: Schwarz (klein)

Die Balmoral ist eines der vielen schönen Lachsfliegenmuster von Mr. Garden. Diese Fliege ist eine seiner drei Dee Strip Winged Fliegen, die anderen sind die Glentana und die Gardener. Für Kelson war die Gardener die beste dieser drei, aber es sind die Glentana und die Balmoral, die heute noch bekannt geblieben sind und es ist nicht ungewöhnlich, auf Lachsfischer zu stoßen, die die ausgezeichneten Fangeigenschaften dieser Fliegen loben.

Das Hauptmerkmal der Dee Strip Winged Fliegen ist der einfach aufgeteilte Flügel. Diese Fliegen haben auch gedubbte Körper, oft mit verschiedenen Tinseln gerippt und natürlich eine Reiherhechel. Ein anderes Merkmal der alten Dee Strip Winged Fliegen ist die Krickente (Teal) als Kehlhechel oder Kehlbart (siehe die Gled Wing). Mr. Gardens drei Dee Strip Winged Fliegen sind aber nicht so alt wie die im frühen 19. Jahrhundert entworfenen Muster und er verwendet keine Krickente als Bart. An der Glentana und an der Balmoral hat er auch die Krickente durch die ziemlich ähnliche Pfeifente (Widgeon) ersetzt. Die Glentana ist Mr. Gardens Version der Gled Wing.

Das hier abgebildete Muster stammt aus Kelsons Buch «The Salmon Fly», welches erstmals 1895 erschien. 1907 veröffentlichte John James Hardy sein Buch «Salmon Fishing», welches 345 Muster enthält. Viele sind mit jenen aus Kelsons Buch identisch. So auch die Balmoral. Man findet sie auch in der zweiten und dritten Auflage von Hales Buch «How to Tie Salmon Flies» (1907), da dieses Buch alle Muster aus Hardys Buch beinhaltet. Pryce-Tannatt erwähnt die Balmoral in seinem Buch «How to Dress Salmon Flies» (1914) nicht. Er weist aber auf eine andere Dee Strip Winged Fliege hin, die Jock o' Dee. Diese, die Akroyd und die Glentana sind wahrscheinlich die gängigsten Dee Strip Winged Fliegen der heutigen Zeit. Ich würde sogar so weit gehen, zu behaupten, daß eine oder mehrere dieser alten Fliegen sich in jeder Fliegenschachtel eines erfahrenen Lachsfischers befinden. Das Muster der Jock o' Dee in Pryce-Tannatts Version sieht wie folgt aus: Tag: Silbertinsel. Tail: ein Topping und Indian Crow. Body: zwei Fünftel zitronengelbes Floss, gefolgt von schwarzer Flockseide. Rib: silbernes Flachtinsel und Silbertwist. Hackle: eine graue Reiherhechel, die ab der dritten Tinselwindung gedreht wird. Throat: Pfeifente (Widgeon). Wings: Zwei Federfahnen zimtbrauner Truthahn. Head: schwarz (klein). Die Jock o' Dee ist eine der wenigen Dee Strip Winged Fliegen, die mit einer grauen statt mit einer schwarzen Reiherhechel gebunden wird.

Barkworth

Whole Feather Wing, W. T. Barkworth, spätes 19. Jahrhundert.
Muster wie von George M. Kelson.

Tag: Goldtwist und dunkeloranges Silk
Tail: Ein Topping, Carolina-Brautente (Summer Duck) und Tukan vom Unterstoß
Butt: Black Ostrich Herl
Body: Zwei gleich große Abschnitte. Nr. 1, strohfarbenes Silk, gerippt mit Goldtinsel (oval, schmal); oben und unten mit Tukan gebuttet sowie mit einer schwarzen Fiber. Nr. 2, dunkeloranges Silk mit einer dunkelorangen Hechel daran entlang; dieser Abschnitt wird mit Goldtinsel gerippt
Throat: Blau gefärbtes Perlhuhn (Jay, Eichelhäher, bei großen Fliegen)
Wings: Zwei Tippets (Rücken an Rücken), hell gesprenkelter Truthahn, der dunkelorange gefärbt wird, zwei Streifen blauer Macaw, strohfarben gefärbter Schwan, Goldfasanstoß und zwei Toppings
Sides: Jungle Cock
Cheeks: Chatterer
Head: Black Ostrich Herl

Die Barkworth ist keine der besser bekannten klassischen Lachsfliegen. Im Gegenteil, sie ist eine jener vielen Lachsfliegen, die schon fast ganz vergessen sind. Ich habe noch nie an einem Lachsfluß jemanden getroffen, der sie verwendete. Ihr Erfinder, W. T. Barkworth, war sicherlich ein begabter Binder, da diese Fliege bestimmt nicht zu den am einfachsten zu bindenden zählt. Sie gehört auch nicht zu den schwierigsten, aber durch die große Anzahl der Komponenten erfordert sie harte Arbeit. Die Barkworth gehört zu der Familie der Whole Feather Winged Fliegen (Ganzfederflügel), aber im Gegensatz zu anderen Verwandten dieser Familie, muß sie als Kreuzung einer Mixed Wing (zusammengesetzter Federfahnenflügel) und einer Whole Feather Wing betrachtet werden. Der Flügel besteht aus zwei ganzen Goldfasantippets (Goldfasan-Kragenfedern) als Basis und daneben wird ein Mixed Wing eingebunden. Wenn der äußere Flügel so dominierend ist wie bei der Barkworth, dann können die Tippetfedern mit einem normalen Underwing (Unterschwinge) verglichen werden, welche somit weniger sichtbar sind, als bei normalen Mitgliedern der Whole Feather Wing Familie. Mr. Barkworth verwendete diese Fliege an dem Lachsfluß Wye. Es war seine Lieblingsfliege, wenn der Fluß trübes Wasser führte und es gelang ihm, mit ihrer Hilfe viele schöne Lachse zu fangen.

Es ist naheliegend, daß unter vergleichbaren Bedingungen diese Fliege auch heute vergleichbare Resultate erzielen würde und sie wäre sicherlich einen Versuch wert. Kelson überliefert uns in seinem Buch «The Salmon Fly» (1895), daß ihm ein befreundeter Fischer schrieb, er wäre bestimmt nicht enttäuscht, sollte er die Barkworth in trübem Wasser ausprobieren. Auch John James Hardy bezieht sich in seinem Buch «Salmon Fishing» (1907) auf die Barkworth. Sein Muster unterscheidet sich von dem Kelsons darin, daß der Kopf nicht aus schwarzer Straußenfiber, sondern aus schwarzer Bindeseide gefertigt wird.

Schließlich verweist auch noch ein anderer klassischer Lachsfliegenbinder, Major J. H. Hale, in seinem Buch «How to tie Salmon Flies» (1892) auf die Barkworth. Sein Muster ist dem von Kelson ähnlich, allerdings empfiehlt er schwarze Bindeseide als Kopf. Der Tag ist bei Hales Barkworth aber sowohl mit Kelsons als auch mit Hardys Muster unterschiedlich. Hale verwendet zwar ebenso Goldtwist, aber das Floss ist bei ihm dunkelweinrot. Ansonsten entspricht Hales Beschreibung Kelsons Muster.

Baron

Mixed Wing, Farlow, Mitte des 19. Jahrhunderts.
Muster wie von George M. Kelson.

Tag: Silbertwist und dunkelrot-weinrotes Silk
Tail: Ein Topping
Butt: Black Ostrich Herl
Body: In zwei Abschnitten, der erste aus Silbertinsel (flach), gerippt mit silbernem Ovaltinsel und gebuttet mit Indian Crow (bis zum Tag reichend) und einer schwarzen Fiber. Der zweite Abschnitt besteht aus schwarzem Silk, Ribs aus Silbertinsel (oval) und entlang von diesem Abschnitt wird eine dunkelrot-weinrote Hechel gedreht
Throat: Eichelhäher (Jay)
Wings: Tippetfibern, gelb gefärbter Schwan, Carolina-Brautente (Summer Duck), blauer und roter Macaw (eine Großpapageienart aus Südamerika, Ara militaris), Goldfasanstoß, Pfauenschwungfeder, Mallard darüber und ein Topping
Sides: Jungle Cock
Cheeks: Chatterer
Horns: Blauer Macaw – *Head:* Black Ostrich Herl

Die Baron ist eine sehr schöne und gut proportionierte Lachsfliege. Sie ist eine der wenigen Lachsfliegen, in welcher alle üblichen Einzelteile wie Veilings, Sides, Cheeks, Horns, etc. verarbeitet werden. Kelson behauptet von der Baron, mit welcher er erstmalig über Farlow in Kontakt kam, sie wäre eine ausgezeichnete Fliege für die norwegischen Lachse. Das ist sehr verallgemeinernd und man muß wissen, daß nur wenige der damaligen Engländer einige der zahlreichen Lachsflüsse Norwegens befischten. Kelson empfiehlt diese Fliege ebenfalls für den Shannon, den Blackwater, den Earn, den Test und den Usk. Kelsons Empfehlungen lassen vermuten, daß diese Fliege eine seiner bevorzugten war und auch allgemein eine ausgezeichnete Lachsfliege ist. Die Baron ist eine Fliege, die viele Lachse auf dem Gewissen hat, worunter sich auch ein Prachtexemplar von 60 lbs. (27,3 kg) befindet, das von einem glücklichen Fischer namens Sir Hyde Parker gefangen wurde.

Kelson beschreibt auch eine anders gefärbte Version der Baron. Diese stand in keinerlei Verbindung mit dem legendären Flug-As «Der rote Baron», sondern es war eine blaue Fliege, die unter dem Namen «The Blue Baron» bekannt wurde. Sie wird folgendermaßen gebunden: Tag: Silbertwist und weinrote Flockseide. Tail: ein Topping und Chatterer. Butt: Black Ostrich Herl. Body: in zwei Abschnitte aufgeteilt, der erste aus silbernem Ovaltinsel und der zweite aus blauer Flockseide. Zwischen die Abschnitte kommt ein Veiling aus kleinen Tukanfedern, dazu kommt ein Butt aus schwarzer Straußenfiber. Der vordere Körperabschnitt sollte mit einer blauen Hahnenhechel versehen werden. Throat: Krickente. Wings: Fibern vom Goldfasanstoß und Tippet, Segmente von blau und weinrot gefärbtem Schwan, Mallard und ein Topping. Sides: Jungle Cock Federn. Die Baron und die Blue Baron sind auch in Hardys und Hales Büchern enthalten. Der einzige Unterschied zwischen ihren Mustern und dem von Kelson ist, daß sie keine schwarze Straußenfiber zur Beendigung des Kopfes verwenden, sondern Bindeseide bevorzugen. Pryce-Tannatt war ebenfalls anderer Auffassung, was die Bindeweise der Baron betrifft. Er fügte eine Indian Crow Feder im Schwanz hinzu, aber der größte Unterschied ist die Flügelstruktur. Pryce-Tannatt baute seinen Flügel wie folgt auf: Zuerst gemischte Fibern vom Goldfasan und dann Segmente vom scharlachrot, blau und gelb gefärbten Schwan, Florican, Bustard, grauen Truthahnstoß und Goldfasanstoß. Daneben verhakte («married») Segmente von der Krickente und von der gebänderten Carolina-Brautente, und über den Flügel kommen dünne, braune Mallardsegmente und ein Topping. Die Sides, Cheeks und Horns sind wie bei Kelson. Pryce-Tannatt beendet seine Fliege mit einem kleinen, zarten Kopf aus Bindeseide.

Beaconsfield

Built Wing & Maned Fly, George Blacklaws, 1870.
Muster wie von John James Hardy.

Tag: Silbertinsel und gelbes Floss
Tail: Ein Topping und Indian Crow
Butt: Aus einer schwarzen Fiber, gefolgt von zwei Windungen Silbertinsel
Body: Drei gleich große Abschnitte: der erste und zweite wird doppelt gebuttet; der erste Abschnitt ist aus gelbem Floss und gelbem Mane (Mohair), einer schwarzen Fiber und zwei Windungen Silbertinsel. Der zweite Abschnitt ist aus rot-orangem Floss mit rot-orangem Mane (Mohair), einer schwarzen Fiber und zwei Windungen Silbertinsel. Der dritte Abschnitt ist aus weinrotem Floss.
Throat: Eine hellblaue Hechel
Wings: Zwei Tippets, geveiled mit Goldfasanstoß, hell und dunkel gesprenkeltem Truthahn, Bustard (Trappe), Krickente, gelbem, rotem und blauem Schwan; Mallard und ein Topping
Horns: Blauer Macaw
Head: Schwarz

Die Beaconsfield ist eine der sogenannten «Maned»-Fliegen. Das Hauptmerkmal dieser Fliegen sind die kammähnlich in die Körperoberseite eingebundenen Mohairbüschel. Sie sind nicht die gängigsten unter den klassischen Lachsfliegen, und sie waren nur eine kurze Periode hindurch bei irischen Lachsfischern um 1870 herum beliebt. Die schottischen Fliegenfischer waren eher konservativ und diese «Maned Flies» waren dort niemals eine beliebte Gruppe von Lachsfliegen. Die Beaconsfield ist aber auch keine typische Vertreterin dieser Gruppe, die Owenmore ist da schon charakteristischer. Normalerweise haben diese Fliegen einen dünnen Flügel, der auf dem sehr langen, kammähnlichen Mohairabschnitt aufliegt.

J. H. Hale beschreibt in seinem kurzen, aber anerkannten Buch «How to Tie Salmon Flies» (1919), in alphabetischer Reihenfolge 361 klassische Lachsfliegen. Das sind 16 Muster mehr als die, die uns Hardy in seinem Werk «Salmon Fishing» (1907) überliefert. Aus diesem Buch habe ich das oben angeführte Muster übernommen. Hales Muster stimmen recht oft mit jenen von Hardy überein, so auch das Muster der Beaconsfield. Hales Buch enthält wichtige Erkenntnisse und was besonders interessant ist, sind die detaillierten Skizzen, die beschreiben, wie die Fliegen auf die alte Art und Weise, d.h. ohne Bindestock, gebunden werden. Hale beschreibt ganz ins Detail gehend, wie er Schritt für Schritt die Flügel einbindet und dabei mit all seinen Fingern arbeitet.

Auch Kelson beschreibt in seinem Buch «The Salmon Fly» (1895) die korrekte Methode, eine klassische Lachsfliege ohne Bindestock zu binden. Die Beaconsfield ist eines von 300 Fliegenmustern, die Kelson vorstellt. Sein Muster stimmt fast ganz mit Hardys und Hales Muster überein. Was sie unterscheidet ist, daß Kelson dort hellblau gefärbten Schwan empfiehlt, wo Hardy und Hale mittelblau (medium blue) anraten. Der Kopf von Kelsons Fliege besteht aus schwarzer Straußenfiber. Das ergibt einen schöneren, aber weniger haltbaren Kopf, als der aus lackierter Bindeseide, den Hardy und Hale bevorzugen.

Beauly Snow Fly

Herl Wing, Mr. Snowie, Mitte des 19. Jahrhunderts.
Muster wie von Francis Francis.

Weder Tag noch Tail
Body: Hellblaue Pig's Wool, eher wenig Wolle verwenden
Ribs: Silbernes Flachtinsel und Goldtwist
Hackle: Eine schwarze Reiherhechel mit langen Fibern, die länger als der Haken sind
Wings: Ein großes Büschel bronzefarbener Pfauenfibern um die Schulter herum, darüber wird hechelartig eine Krause aus sattorangem Mohair gebunden, was der Fliege einen leuchtenden und unüblichen Ausdruck verleiht

Die Beauly Snow Fly stammt vom schottischen Fluß Beauly. Es war auch üblich, sie als Snow Fly zu bezeichnen, aber da mehrere Fliegen diesen Namen trugen, wurde sie als die Beauly Snow Fly bekannt. Francis Francis behauptete, daß es, solange sich Schmelzwasser und Eis im Fluß befinden, an den Ufern des Beauly keine andere Fliege mit ihr aufnehmen kann.

Der Erfinder der Fliege, Mr. Snowie aus Inverness, als der beste Lachsfliegenexperte dieser Gegend bekannt, empfiehlt, die Fliege auf einen großen Langschafteinzelhaken (ähnlich wie die heutigen «low-water»-Haken) zu binden, so wie die gängigerweise am Tay verwendeten. Der Beauly ist ein sehr schöner Fluß, dessen Eigentümer größtenteils Lord Lovat ist. Der Weir Pool ist einer der besten Pools, da sich die Lachse hier sammeln, wenn der weitere Aufstieg noch ein wenig zu schwierig ist. Francis Francis erzählt weiterhin, daß Lord Lovat zu Beginn der 1860er Jahre das Glück hatte, wahrscheinlich die schönste Lachsfischerei zu betreiben, die jemals auf den Britischen Inseln möglich war.

Wie gewohnt, überliefern uns Hardy und Hale identische Muster der Beauly Snow Fly. Ihr Muster unterscheidet sich leicht vom Original, in erster Linie in der Materialauswahl. Hardy und Hale beginnen ihre Beschreibung mit einem Tag, eine Empfehlung, die nur von ihnen gegeben wird. Ihr Tag besteht aus Silbertinsel. Der Körper ihrer Version wird mit dunkelblauer Wolle aufgebaut und die Rippung sollte aus Silber- und Goldtinsel bestehen. Die schwarze Reiherhechel wird nicht wie im Original in die Mitte des Körpers gebunden, stattdessen wird sie als Kehlbart um die Schulter gewickelt.

Die Flügel ihrer Fliege entsprechen Mr. Snowies Original, auch wenn der schmale Kragen am Kopf ein anderer ist. Hardy und Hale ziehen es vor, gelbe Wolle statt dem sattorangen Mohair des Originals zu verwenden. Ihre Fliege vermittelt nicht den so deutlich unterschiedlichen Eindruck wie das von Francis Francis empfohlene Muster. Dr. T. E. Pryce-Tannatt gibt uns in seinem Buch «How to Dress Salmon Flies» (1914) auch ein Muster der Beauly Snow Fly. Er schlägt vor, Hakengrößen von 3 bis 8 cm zu verwenden, was deutlich macht, daß die Beauly Snow Fly als großes Exemplar am fängigsten war. Pryce-Tannatts Muster unterscheidet sich kaum vom Original, außer daß er hellblaue Seehundwolle für den Körper und breites, silbernes Flachtinsel zur Rippung gebraucht. Flügel und Hechel sind dem Original ähnlich und auch Pryce-Tannatt bindet den typischen, kleinen Kragen ein, jedoch einen aus gefärbter Seehundwolle, statt aus dem von Mr. Snowie verwendeten gefärbten Mohair. Pryce-Tannatts Beauly Snow Fly vermittelt einen ähnlichen Eindruck wie das Original.

Benchill

Whole Feather Wing, Mr. P. D. Malloch, spätes 19. Jahrhundert.
Muster wie von George M. Kelson.

Tag: Silbertinsel und rot-weinrotes Silk
Tail: Ein Topping und scharlachroter Ibis
Butt: Eine schwarze Fiber
Body: Dunkelgelbes, hellorangés, rot-weinrotes und hellblaues Seal's Fur in gleich großen Abschnitten
Ribs: Silbertinsel
Hackle: Eine hellblaue Hechel ab der rot-weinroten Seehundwolle
Wings: Zwei Tippets (Rücken an Rücken), die nur bis an das Ende der dunkelgelben Wolle reichen. Geveiled werden diese mit hell gesprenkeltem Truthahn, gelb und rot gefärbtem Schwan, Bustard, Goldfasanstoß, Krickente und Mallard; über alles kommt ein Topping
Horns: Blauer Macaw

Kelson erzählt, daß die Benchill eine seiner Lieblingsfliegen war und daß sie am schottischen Fluß Earn die erfolgreichste war. «Mager» gebunden war sie, so sagt er, ein ausgezeichnetes Sommermuster für den Dee.

Mr. P. D. Malloch ist der Mann, der hinter dem Muster der Benchill steht. Malloch erbte Lord Ancasters Strecke am Tay bei Stobhall und er widmete fast seine ganze Zeit den Lachsfliegen und den Lachsen und er wurde so zu einem der ganz Großen auf diesen Gebieten. In dem Buch «Salmon Fishing» (1906), geschrieben von William Earl Hodgson, sind Bilder von 76 hervorragend gebundenen Lachsfliegen. Diese Fliegen wurden alle vom Erfinder der Benchill gebunden, Mr. P. D. Malloch. Diese Fliegensammlung ist einzigartig, da alle Haken nur für den Zweck des Buches hergestellt und geschärft wurden. Die Benchill kann auf diesen Abbildungen gefunden werden. Diese Fliege, die hier von ihrem Erfinder selbst gebunden wurde, unterscheidet sich erheblich von dem Muster, das uns Kelson in seinem Buch «The Salmon Fly» (1895) überliefert.

Ich werde versuchen, anhand des Fotos einige der Unterschiede zwischen den Mustern von Kelson und Mr. Malloch zu beschreiben. Der Tag, Tail und Butt dieser beiden Muster sind gleich, aber die Körper unterscheiden sich. Malloch baut den gelben Abschnitt des Körpers mit Floss (hellgelb) auf, nicht wie Kelson mit Seehundwolle. Mallochs Rippung besteht aus silbernem Flachtinsel und silbernem Lace (oder dünnes Ovaltinsel). Es ist sehr schwierig, alle Komponenten des Flügels genau zu identifizieren, aber es ist deutlich, daß, im Gegensatz zu Kelson, bei Malloch die Tippetfedern bis ein wenig hinter den Butt reichen. Mallochs Benchill enthält auch ein wenig blauen Schwan im Flügel, Sides aus Jungle Cock sowie rote Macawfühler statt blaue. Es bleibt nur übrig festzustellen, daß Mallochs Benchill eine sehr gut gestaltete und schöne Fliege ist.

Dr. Pryce-Tannatt empfiehlt eine Benchill mit einem Goldtinseltag. Statt Ibis im Schwanz hat sein Muster dort die Spitze einer roten Brustfeder des Goldfasans. Der Körper von Pryce-Tannatts Benchill enthält vier gleich große Abschnitte Seehundwolle, die orange, scharlachrot, weinrot und hellblau gefärbt sind und gut gezupft werden. Die Rippung besteht aus silbernem Flachtinsel und Silbertwist, die blaue Hechel sollte nur über die Schultern gedreht werden. Der Flügel von Pryce-Tannatts Benchill sieht folgendermaßen aus: ein Paar Tippets (Rücken an Rücken), geveiled mit verhakten Fibern (oder bei großen Modellen schmale Streifen) von der Pfauenschwungfeder, vom scharlachroten und blauen Schwan, Goldfasanstoß und Bustard. Cheeks: Streifen von der gesprenkelten Perlhuhnschwungfeder und darüber Jungle Cock; ein Topping über alles.

Beresford's Fancy

Mixed Wing, Mr. R. H. Beresford, spätes 19. Jahrhundert.
Muster wie von George M. Kelson.

Tag: Silbertwist und weinrot-magenta Flockseide
Tail: Ein Topping
Body: Blaue und orange Flockseide in gleich großen Abschnitten
Rib: Silbertinsel (oval, dünn)
Hackle: Eine natürlich-schwarze Hahnenhechel ab der zweiten Windung
Throat: Eine weinrot-magenta Hechel und Eichelhäher (Jay)
Wings: Tippet (Strands), zusammengesetzte Segmente vom Bustard, weinrot-magenta, blau und orange gefärbten Schwan, Mallard
Horns: Blauer Macaw
Head: Eine schwarze Fiber

Die Beresford's Fancy ist eine sehr alte und seltene Lachsfliege, die Kelson in seinem Buch «The Salmon Fly» (1895) als Standardfliege vorstellt und sie dem General R. H. Beresford zuspricht, der diese Fliege als eine der besten Frühjahrslachsfliegen am Lenam empfiehlt. Kelson schrieb des weiteren, daß die Fliege auch unter dem Namen «The Half Blue and Orange» bekannt war. Bei den übrigen klassischen Fliegenbindeautoren findet man keinen Bezug auf die Beresford's Fancy oder die Half Blue and Orange.

Es gibt eine andere Fliege, die als «The Half Blue and Half Brown» bekannt ist, der größere Aufmerksamkeit zuteil wird. Diese Fliege hat ihren Ursprung in Irland und wurde wahrscheinlich von einem Herrn namens Mr. O'Gorman entworfen. Sie wurde auch als die Boyne bezeichnet und sieht folgendermaßen aus: Tag: Silbertwist und gelbe Flockseide. Tail: ein Topping. Body: gleich große Abschnitte hellblaue und sattbraune Pig's Wool. Rib: Silbertwist über den blauen Körperabschnitt. Hackle: eine sattbraune Hahnenhechel über die braune Körperhälfte. Throat: blauer Eichelhäher (Jay). Wing: brauner Truthahn oder graue Pfauenschwungfeder. Cheeks: kleine rote Brustfedern des Goldfasans. Horns: Perlhuhn und blauer Macaw. Head: blau gefärbtes Mohair. Diese eher ungewöhnliche Fliege hat nichts mit der Beresford's Fancy (Half Blue and Orange) gemeinsam, außer dem Namen, und sie war keine der bekannteren Fliegen.

Eine schon bekanntere Fliege ist die Blue Boyne. Diese klassische Lachsfliege sollte sich als Weiterentwicklung von O'Gormans Boyne herausstellen und sie wurde von Kelson in sein Buch aufgenommen. Er stellt sie als ein Muster von Herrn Traherne vor und als eine der besten Fliegen bei Niedrigwasser. Der Haken sollte nicht länger als 5 bis 7 cm sein und dieses Muster ist auch für viele kleinere Haken geeignet. Kelson liefert uns folgende Beschreibung: Tag: Silbertwist. Tail: zwei Indian Crow Federn (Rücken an Rücken). Butt: schwarze Straußenfiber. Body: schmales, silbernes Ovaltinsel. Der Körper wird durch vier Paare Chattererfedern (Rücken an Rücken) unterteilt, die als Veilings drüber und drunter eingebunden werden; das erste Paar wird bei einem Viertel des Körpers eingebunden und das letzte Paar bildet den Bart. Wing: zwei Segmente vom gelben Macaw und zwei Toppings. Head: schwarze Straußenfiber.

Bittern

Simple Strip Wing, Captain Hotchkiss, frühes 19. Jahrhundert.
Muster wie von Francis Francis.

Tag: Silbertwist
Tail: Ein Topping, ein wenig Wood Duck und scharlachroter Ibis
Body: Eher üppig, mit sattgelbem Floss
Hackle: Eine längliche, üppige Hechel eines besonderen, olivgelben Farbtones, den man erhält, indem man «medium blue dun» mit blassem Gelb färbt; das gibt ihr einen sehr attraktiven gelben, olivgrünlichen Ton
Wings: Zwei deutlich gezeichnete Bittern-Hecheln (Rohrdommel); die besten sind die mit einem gelblichen Farbton und diejenigen, worauf die gerippten Markierungen am deutlichsten gezeichnet sind; ein Topping darüber
Head: Schwarz

Die Bittern ist ein typisches Beispiel für die frühen walisischen Lachsfliegenmuster. Es waren oft solch einfache und diskrete Modelle. Die Bittern erinnert uns deutlich an zwei ursprünglich von George C. Bainbridge in seinem Buch «Flyfishers Guide» (1816) vorgestellte Lachsfliegen. Dies waren die Spring Fly und die Summer Fly, später auch von George A. Hansard in seinem Buch «Trout and Salmon Fishing in Wales» (1834) als typische Beispiele walisischer Lachsfliegen vorgestellt. Viele dieser frühen walisischen Fliegen waren einfache Kreationen ohne jegliche exotische Feder. Der Grund dafür liegt bestimmt in der Tatsache, daß exotischere Fliegen nur die großen Städte und bekannte Lachsflüsse erreichten und nicht das abgelegene Wales. Diese frühen walisischen Fliegen verwendeten normalerweise Tweed und Schafsfibern für ihre buschigen Körper. Die Flügel und Hechel waren die Federn einheimischer Wildvögel. Francis Francis überliefert, daß diese alten walisischen Fliegen oft «Palmer gebundene Tandemfliegen» oder, wie hier bei der Bittern, Simple Strip Wing Fliegen waren. Die Hecheln dieser Fliegen wurden straff gedreht und die Flügel wurden oft auf die alte Tweedweise eingebunden, wobei die verschiedenen Flügelabschnitte separat eingebunden wurden, untereinander so versetzt, wie die leicht geöffneten Schnitthälften einer Schere. Francis Francis erhielt das Muster der Bittern von Mr. Berrington, der einmal mit dem Erfinder, Captain Hotchkiss, einem der Meister am Wye, in Kontakt gekommen war. Die Bittern wurde speziell für den Fang der einstmals zahlreich in diesen Gewässern vorkommenden Lachse entworfen.

Captain Hotchkiss war der Vater mehrerer umwerfend schöner Lachsfliegen. Als Francis Francis sein Buch «A Book on Angling» (1867) schrieb, stand ihm Captain Hotchkiss als Berater für nützliche Fliegen am Wye zur Seite. Zusätzlich zur Bittern stellte Francis Francis sechs weitere Muster vor, die für die Lachse dieses Flusses geeignet sind. Diese Fliegen blieben unbenannt und hatten nur ihren Erfinder, Captain Hotchkiss, gemeinsam. Die Bittern ist eine Fliege, auf die sich Kelson nicht bezieht, obwohl Hardy und Hale sie beide in ihren Büchern aufführen. Diese beiden Herren vergessen allerdings zu beschreiben, wie ihre Hechel gefärbt werden sollte, um den korrekten Farbton zu erhalten und bezeichnen ihn lediglich als olivgrün. Ansonsten stimmen ihre Beschreibungen genau mit jenen von Francis Francis überein.

Black and Gold

Mixed Wing, Mr. O'Fee, spätes 19. Jahrhundert.
Muster wie von George M. Kelson.

Tag: Silbertwist und goldenes Floss
Tail: Ein Topping und Indian Crow
Butt: Black Ostrich Herl
Body: Zwei gleich große Abschnitte. Nr. 1: Goldtinsel, gerippt mit silbernem Ovaltinsel, mit Indian Crow drüber und drunter, gebuttet mit schwarzer Straußenfiber; Nr. 2: schwarzes Silk, gerippt mit Silbertinsel
Hackle: Eine goldene Hechel auf dem schwarzen Silk ab der zweiten Windung
Throat: Eine weinrote Hechel und Eichelhäher (Jay)
Wings: Dunkler Truthahn mit weißen Punkten, Bustard, roter Macaw, hell gesprenkelter Truthahn, Mallard, rot und blau gefärbter Schwan und zwei Toppings
Sides: Jungle Cock
Cheeks: Chatterer
Horns: Blauer Macaw – *Head:* Schwarze Berlin Wool

Die Black and Gold ist ein altes irisches Lachsmuster. Kelson schreibt die Ehre, es erfunden zu haben, einem Herrn namens Mr. O'Fee zu. Die frühen irischen Lachsfliegen waren sehr einfache Kreationen und, was die Farben betrifft, recht sparsam. Als man dann über mehr exotische Federn verfügte, begannen auch sie sich zu ändern und kurz vor der Jahrhundertwende waren die modernsten Fliegen so komplizierte und farbenreiche Kreationen wie die Black and Gold.

Die Black und Gold ist eine Fliege einer kompletten Serie, in welcher alle den Namen «Black» gemeinsam hatten, gefolgt wurde er von der zweiten Hauptfarbe. So gab es die Black and Claret, die Black and Mixed und die Black and Orange. Alle haben einen Körper oder einen Körperabschnitt aus schwarzer Flockseide oder Seehundwolle. Der Ursprung dieser Fliegen ist unterschiedlich, aber Mr. Rogan, vielleicht der bekannteste unter den irischen Fliegenbindern, hat sehr wahrscheinlich einige Muster zu dieser Serie beigesteuert, worunter sich eine Version der Black and Claret (die in verschiedenen Ausführungen auftaucht) und eine der Black and Orange befindet.

Die Black and Orange von Mr. Rogan wurde sehr wahrscheinlich folgendermaßen gebunden. Tag: schmales, goldenes Ovaltinsel und gelbe Flockseide. Tail: ein Topping, Perlhuhn und Ibis. Body: er wird mit schwarzer Seehundwolle aufgebaut und mit silbernem Ovaltinsel gerippt. Hackle: eine orange Hahnenhechel wird ab der Mitte des Körpers gedreht und von blauem Eichelhäher als Bart gefolgt. Wing: zusammengesetzt aus Goldfasantippet und Stoß, Ibis, grünem Parrot (Papagei), mit Mallard (bronze) darüber. Die Fliege wird mit Fühlern aus rotem und blauem Macaw beendet.

Die gängigste Version dieser irischen Fliege ist die, die George Mortimer Kelson in seinem Buch «The Salmon Fly» (1895) vorstellt. Kelson schreibt Mr. Enright die Ehre zu, diese Fliege erstmalig gebunden zu haben. Diese Fliege unterscheidet sich von Mr. Rogans Version und sie sollte wie folgt gebunden werden. Tag: Silbertwist und violette Flockseide. Tail: Tukan und Indian Crow. Body: orange und schwarze Flockseide in gleich großen Abschnitten. Rib: Silbertinsel. Hackle: eine blaue Eichelhäherhechel, die ab der Mitte um den Körper gedreht wird. Wing: heller und dunkler Bustard, Perlhuhn, gelber und blauer Macaw, Ibis, grüner Parrot und darüber Goldfasantopping. Cheeks: Indian Chrow. Head: eine schwarze Straußenfiber. Der Kopf von Kelsons Black und Orange, diese Krone aus schwarzer Straußenfiber, ist bei diesen irischen Lachsfliegen sehr gängig.

Black and Teal

Whole Feather Wing, Mitte des 19. Jahrhunderts.
Muster wie von Sir Herbert Maxwell.

Tag: Silberdraht und goldenes Floss
Tail: Ein Topping
Butt: Schwarzes Chenille
Body: Ein Drittel oranges Floss, der Rest ist aus schwarzem Floss (oder, bei großen Fliegen, aus Seehundwolle)
Ribs: Breites Silbertinsel
Hackle: Eine schwarze Hahnenhechel über das schwarze Floss
Throat: Perlhuhn (großgetupfte Feder)
Wings: Zwei kurze und zwei lange Jungle Cock Federn, Krickente oder Spießente (Pintail) (zwei ganze Federn), ein Topping darüber
Head: Goldtwist

Die Black and Teal ist eine relativ einfache der alten, klassischen Lachsfliegen. Sir Herbert Maxwell hält sie für eine gute Standardfliege für alle möglichen Witterungsbedingungen.

Sie läßt sich sowohl in hohem als auch in kaltem Wasser einsetzen und sie funktioniert in großen und kleinen Größen gut. Maxwell vereinfacht die kleinen Fliegen, indem er die vier Jungle Cock Federn der großen Modelle durch nur zwei Federn ersetzt.

Wie es so oft der Fall ist, stellen Hardy und Hale dasselbe Muster vor. Es unterscheidet sich von dem Maxwells darin, daß sie den Gebrauch von schwarzer Straußenfiber als Butt dem Chenille vorziehen und daß sie den Körper, unabhängig von der Hakengröße, mit schwarzer Seehundwolle aufbauen. Im Flügel verwenden sie zwei Federfahnen von der Krickente statt ganzer Federn.

Francis Francis überliefert, daß die Black and Teal eine erstklassige Standardfliege ist. Spielt man mit der Größe, so ist sie genauso für das Forellen-, Meerforellen- und Lachsfischen geeignet, und zwar sowohl in Seen als auch in fließenden Gewässern. In kleinen Größen hat auch Francis Francis eine Version mit nur zwei Jungle Cock Federn, aber er fügt noch ein wenig Krickente hinzu. Seine Black and Teal unterscheidet sich wenig von Maxwells Muster. Der schwarze Abschnitt des Körpers kann allerdings entweder aus schwarzem Floss, Pferdehaar, Mohair oder geflochtenem Nähgarn bestehen. Für die größeren Modelle empfiehlt er irgendwelche Wolle oder Haar. Sein Flügel der Black and Teal besteht aus denselben Komponenten wie der von Maxwell, aber er verwendet Federfahnen der Krickente (Teal), Spießente (Pintail) oder Pfeifente (Widgeon) statt ganzer Federn.

Francis Francis fährt mit der Behauptung fort, die Black und Teal sei eine der allerbesten Fliegen für die schottischen Lachsflüsse Spey und Tay und daß einige Fischer es vorziehen, diese Fliege in einem violetten Farbton mit einem Krickentenflügel zu binden, was ebenfalls ein gutes Modell ergibt.

Black and Yellow

Whole Feather Wing, James Wright, Mitte des 19. Jahrhunderts.
Muster wie von Francis Francis.

Tag: Silbertwist und oranges Floss
Tail: Ein oder zwei Toppings, je nach Größe der Fliege
Butt: Black Ostrich Herl
Body: Schwarze Flockseide
Ribs: Silbertinsel (bei einem großen Modell ein wenig Silbertwist mit einfügen)
Hackle: Eine schwarze Hahnenhechel
Throat: Eine hellblaue Hahnenhechel
Wings: Eine rote Feder vom Goldfasanrumpf, der Rest des Flügels besteht aus Toppings, deren Anzahl von der Größe und der Beschaffenheit der Fliege abhängt, wahrscheinlich zwischen drei und sieben oder acht
Cheeks: Eisvogel (Kingfisher)
Horns: Blauer Macaw
Head: Schwarz

Die Black and Yellow gehört nicht zu den bekanntesten klassischen Lachsfliegen und dieses alte Muster kann nur in Francis Francis' Buch «A Book on Angling» (1867) gefunden werden. Die Fliege ist das, was man unter einer Kreuzung zwischen einer Whole Feather Wing und einer Topping Winged Fly bezeichnet. Francis Francis stellte sie als eine allgemein nützliche Lachsfliege vor, die in der Dämmerung erstklassig arbeitet und überall recht fängig ist. Vielleicht war sie einmal sehr bekannt und beliebt, aber heutzutage ist die Black and Yellow eine Fliege, die ganz vernachlässigt wird.

G. M. Kelson erwähnt die Black and Yellow in seiner großen Fliegensammlung nicht, aber er weist auf eine andere Fliege mit ähnlichem Namen hin, nämlich auf die Black and Orange. Diese beiden Fliegen haben allerdings wenig gemeinsam. Die Black and Orange wurde Kelson zufolge erstmalig von Mr. Enright gebunden und sie sieht wie folgt aus. Tag: Silbertwist und violette Flockseide. Tail: Tukan und Indian Crow. Body: orange und schwarze Flockseide in gleich großen Abschnitten. Rib: Silbertinsel. Hackle: eine blaue Eichelhäherhechel, die ab der Körpermitte gedreht wird. Wing: heller und dunkler Bustard, Perlhuhn, gelber und blauer Macaw, Ibis, grüner Parrot und ein Topping. Cheeks: Indian Crow. Head: eine schwarze Straußenfiber. Dieses Muster ist auch in Hardys und Hales Büchern, «Salmon Fishing» und «How to Tie Salmon Flies» (erst in der zweiten und dritten Auflage von Hales Buch) enthalten und es stimmt komplett mit Kelsons Version überein, mit der Ausnahme, daß diese beiden keine Straußenfiber zum Anfertigen des Fliegenkopfes verwendeten.

Die Black and Orange taucht auch in einer etwas abgewandelten Version, wahrscheinlich irischer Prägung, auf und diese wurde von dem bekannten Mr. Rogan gestaltet. Rogans Black and Orange wird mit einem Tag aus schmalem, goldenem Ovaltinsel und gelber Flockseide gebunden. Der Schwanz besteht aus einem Topping, Perlhuhn und Ibis. Der Körper ist ganz schwarz und er wird mit Seehundwolle aufgebaut, mit silbernem Ovaltinsel gerippt und ab der Körpermitte mit einer mittelorangen Hahnenhechel versehen. Der Bart besteht aus blauem Eichelhäher und der Flügel ist ein zusammengesetzter Flügel (Mixed Wing), der zunächst Goldfasantippets und dann verhakte («married») Fibern vom Goldfasanstoß, Ibis, grünem Parrot und vom bronzefarbenen Mallard enthält. Rogans Fliege hat rote und blaue Macawfühler sowie einen schwarzen Kopf.

Black Doctor

Mixed Wing, J. Wright, 1845.
Muster wie von James Wright.

Tag: Silbertwist und gelbes Silk
Tail: Ein Topping und Chatterer
Butt: Scharlachrote Berlin Wool
Ribs: Silbernes Ovaltinsel
Hackle: Eine blaue Hechel ab der zweiten Windung
Throat: Eichelhäher (Jay)
Wings: Tippetfibern; Spießente (Pintail), dunkel gesprenkelter Truthahn, blau und gelb gefärbter Schwan, roter Macaw, Perlhuhn, Goldfasanstoß, Mallard und ein Topping
Horns: Blauer Macaw
Cheeks: Chatterer
Head: Scharlachrote Berlin Wool

Die Black Doctor und die Thunder and Lightning sind zwei der bekanntesten unter den vielen ausgezeichneten Fliegenmustern von James Wright. Die Black Doctor stammt mit größter Wahrscheinlichkeit von ihrer älteren Verwandten, der Blue Doctor, ab. Ihre Beliebtheit über viele Jahre hindurch hat zu einer Anzahl verschiedener Versionen geführt, besonders was die Farbe der Hechel betrifft. Kelson zieht ein Muster vor, das mit dem Original von James Wright übereinstimmt, nämlich eine Black Doctor mit einer blauen Hechel. Etwas Ähnliches schlagen Hardy und Hale vor. Ihre Muster unterscheiden sich von dem Wrights darin, daß sie eine schwarze Hechel verwenden und am Flügel Jungle Cock Federn hinzufügen. Sir Herbert Maxwell zieht ein Modell der Black Doctor vor, das sich von der Silver Doctor nur darin unterscheidet, daß er für den Körper schwarzes Floss verwendet und eine schwarze Hechel einbindet. Maxwells Black Doctor unterscheidet sich somit dadurch vom Original, daß das Silber des Tags aus Draht und nicht aus Twist besteht und daß er die Chattererfedern am Schwanz durch eine kleine Indian Crow Feder ersetzt. Der Flügel, den Maxwell verwendet, ist derselbe wie bei allen Doctor-Fliegen: ein einfacher Flügel, der mit Goldfasanstoß, grauem Truthahn und dominierender Spießente (Pintail) aufgebaut wird, worüber noch ein Topping kommt. Eric Traverner war ein Autor, der über das Lachsfliegenbinden und die Lachsfischerei während der 40er Jahre dieses Jahrhunderts schrieb. Seine beiden wichtigsten Werke sind «Salmon Fishing» (1931) und «Fly Tying for Salmon» (1942). In seinem ersten Buch gibt er das Muster für eine Black Doctor mit einer weinroten oder magentafarbenen Hahnenhechel.

Die Hechel der Black Doctor variiert von schwarz, blau bis zu verschiedenen Rotschattierungen. Wrights Original hatte eine blaue Hechel, aber heute sind dunkelweinrot und schwarz gängiger. Pryce-Tannatt empfiehlt für die Black Doctor ein mit Wrights Muster unterschiedliches, dessen Tag Silberfaden enthält, und anstelle der Chattererfedern verwendet er eine Indian Crow Feder im Schwanz. Die Hahnenhechel seiner Version ist dunkelweinrot, ihr folgt eine getupfte Perlhuhnfeder als Bart. Der Flügel seiner Black Doctor besteht aus vielen Federsegmenten, die wie folgt gebunden werden: erst Goldfasantippetfibern mit einer Goldfasanfederfahne darüber, gefolgt von verhakten Fibern vom scharlachrot, blau und gelb gefärbten Schwan, Florican, Bustard, von der Pfauenschwungfeder und vom hell gesprenkelten Truthahnstoß. Verhakte Segmente von der Krickente und von der gebänderten Wood Duck werden unter die Sides eingebunden, und über den Flügel kommen zwei Federfahnen vom braunen Mallard sowie ein Topping. Der Kopf besteht aus scharlachroter Wolle.

Black Dog

Mixed Wing, G. Kelson, frühes 19. Jahrhundert.
Muster wie von George M. Kelson.

Tag: Silbertwist und kanariengelbes Silk
Tail: Ein Topping und Ibis
Butt: Eine schwarze Fiber
Body: Schwarzes Silk
Ribs: Gelbes Silk und silbernes Ovaltinsel, das auf jeder Seite davon verläuft
Hackle: Eine schwarze Reiherhechel ab der dritten gelben Rippung
Wings: Zwei rotorange Hecheln (Rücken an Rücken), umhüllt von zwei Jungle Cock Federn; nicht gebänderte (unbarred) Carolina-Brautente (Summer Duck), heller Bustard, Amhurst Fasan (Diamantfasan), scharlachrot und gelb gefärbter Schwan und zwei Toppings

Die Black Dog ist eine meiner bevorzugten unter den klassischen Lachsfliegen. Was ich bewundere, sind die schöne Federkombination des Flügels und der schlanke Körper; ihre Art der Rippung, zusammen mit der schwarzen Reiherhechel, gibt der Black Dog aus meiner Sicht eine ganz besondere Art von Eleganz.

Kelson schreibt, daß dies eines der alten Lachsmuster seines Vaters war. Folgt man Kelson, so erbrachte die Black Dog bei hohem Wasserstand gute Ergebnisse und dies ganz besonders am Spey und am Wye. Francis Francis empfiehlt die Black Dog als gute Fliege für den Tay. Er ist der Auffassung, daß diese Fliege, wie viele andere Tay-Fliegen, großen Veränderungen im Laufe der Jahre unterzogen wurde. Die Muster, die er vorstellt, unterscheiden sich deutlich voneinander. Das erste und wahrscheinlich älteste, ist eine relativ einfache Lachsfliege. Ihr Schwanz enthält ein schmales Bündel olivgelber Pig's Wool. Der Körper wird mit schwarzem Mohair aufgebaut, die Rippung ist aus Gold- und Silbertinsel mit dazwischenliegendem orangem Floss, er wird mit zwei oder drei schwarzen Hecheln versehen und er bekommt Perlhuhn an die Schultern. Der Flügel besteht aus zwei langen Federfahnen vom graugetupften Truthahn.

Das zweite Muster von Francis Francis entspricht schon eher dem von Kelson gelieferten. Tag: Silbertinsel. Tail: ein Topping. Butt: Black Ostrich Herl. Body: schwarzes Floss. Ribs: rotes Silk, Silber- und Goldtinsel Seite an Seite. Hackle: schwarz, der ganzen Länge nach. Eine langfibrige Schulter aus einer blau gefärbten Reiherhechel. Wings: ein zusammengesetzter Flügel (Mixed Wing); der Underwing besteht aus einer Tippetfeder mit Wood Duck Segmenten darüber; der Overwing ist aus zusammengesetzten Fibern vom Goldfasanstoß, Bustard, weinrot, gelb und orange gefärbten Schwan, getupften Pfau und dann aus einigen Pfauenfibern, blauem und rotem Macaw und über alles kommt schließlich ein Topping. Head: schwarz. Sir Herbert Maxwell behauptet von seinem Muster der Black Dog, daß es eine «moderne» Version eines sehr alten Musters für den Tay ist. Schwarz war ursprünglich der dominierende Farbton, der aber freundlicheren Farben nachgab. Der Körper dieser Version ist der anderen Fliege von Francis Francis sehr ähnlich. Maxwell meint aber, daß der Schwanz durch ein kleines Büschel oranges Mohair ersetzt werden kann. Der Butt ist aus Chenille und die Rippung ist dieselbe, wie die von Francis Francis, jedoch aus breitem Silbertinsel, Goldtwist und rubinrotem Silk. Maxwells Fliege besteht aus gleichen Teilen außer, daß die blauen Macawfibern fehlen und daß er Wood Duck Segmente über den Pfauenfibern einbindet. Darüber hinaus zieht Maxwell dunkelrot gefärbten Schwan dem weinroten vor. Der Kopf ist aus schwarzem Chenille.

Black Dose

Mixed Wing, Mr. Bernard, Mitte des 19. Jahrhunderts.
Muster wie von George M. Kelson.

Tag: Silbertwist und helloranges Silk
Tail: Ein Topping, Krickente und Ibis
Body: Drei Windungen hellblaues Seal's Fur, gefolgt von schwarzem Seal's Fur
Hackle: Eine natürlichschwarze Hechel ab der blauen Wolle
Throat: Eine helle, pflaumenfarbene bis weinrote Hechel
Wings: Zwei Tippets (Rücken an Rücken) geveiled mit Krickente, hell gesprenkeltem Truthahn, Goldfasanstoß, nicht gebänderter Carolina-Brautente (unbarred Summer Duck), Pfauenfibern, Ibis, grünem Parrot und Mallard
Horns: Blauer Macaw
Head: Eine schwarze Fiber

Die Black Dose ist ein altes Standardmuster, das nie so bekannt geworden ist, wie die ähnlichen Muster der Black Doctor, Black Dog und Black Ranger. Weder Francis Francis noch Sir Herbert Maxwell beziehen sich in ihren umfassenden Werken auf dieses Muster. Dennoch ist die Black Dose ein klassisches Muster, das auch heute oft sowohl in der Federflügelversion als auch in der modernen Haarflügelversion verwendet wird.

Kelson erzählt, es wäre sein Vater gewesen, der ihm diese Fliege gezeigt hat und dieser wiederum hatte das Muster von ihrem Erfinder, Mr. Bernard. John James Hardy, der Gründer der alten Angelgerätefirma Hardy Bros Ltd. und Major J. H. Hale empfehlen beide in ihren Büchern «Salmon Fishing» (1907) und «How to Tie Salmon Flies» (1892) eine zu der von Kelson leicht abgewandelte Black Dose. Die Hechel dieser Version sollte sowohl über die blaue als auch über die schwarze Seehundwolle gedreht werden, d.h. über den ganzen Körper. Dr. T. E. Pryce-Tannatt beschreibt in seinem Buch «How to Dress Salmon Flies» (1914) eine zu Kelsons Muster sehr unterschiedliche Black Dose. Bei ihm wird sie zu einem Mitglied der Whole Feather Wing Familie. Tag, Body und Hechel sind dieselben wie bei Kelson, aber der Schwanz von Pryce-Tannatts Fliege besteht zunächst aus einem Goldfasantopping und dann aus verhakten («married») Segmenten von der Krickente und vom scharlachrot gefärbten Schwan (Rücken an Rücken). Der Bart ist eine weinrot oder feuerbraun gefärbte Hechel. Der Flügel wird zunächst mit zwei Goldfasantippets aufgebaut (Rücken an Rücken) und dann kommen verhakte Segmente vom scharlachrot und grün gefärbten Schwan, hell gesprenkelten Truthahnstoß und Goldfasanstoß hinzu. Einige Pfauenfibern werden über den Flügel eingebunden. Die Fliege wird mit Fühlern aus blauem Macaw und einem schwarzen Kopf beendet. Die Black Dose taucht auch in einer vereinfachten Version auf, welche eine der beliebtesten modernen Lachsfliegen ist. Diese Version entstand in den 30er Jahren dieses Jahrhunderts und ihr Erfinder, Roy Steenrod, war ein Angelkollege von Theodore Gordon, einem der Pioniere des Trockenfliegenfischens auf Lachs. Tag: Silbertinsel. Tail: ein Topping. Body: schwarzes Floss. Ribs: silbernes Ovaltinsel. Throat: eine schwarze Hahnenhechel. Wings: zwei Federfahnen von einer schwarzen Krähe (Crow). Dieses einfache Muster wird mit Cheeks aus kleinen Jungle Cock Federn beendet.

Black Fancy

Whole Feather Wing, G. Kelson, 1875.
Muster wie von George M. Kelson.

Tag: Silbertwist und mittelblaue Flockseide
Tail: Ein Topping und Chatterer
Butt: Black Ostrich Herl
Body: Schwarze Flockseide
Ribs: Silbernes Ovaltinsel
Throat: Eine schwarze Hechel und Jay
Wings: Zwei kurze Tippets (Rücken an Rücken) auf jeder Seite mit darüber hinausreichendem Mallard geveiled und zwei Toppings
Cheeks: Chatterer, nur in dieser Version
Head: Schwarz

Kelson beschreibt die Black Fancy zusammen mit der Variegated Sun Fly. Er rät, wenn sich ein Fisch gezeigt hat, ihm zunächst die Black Fancy anzubieten und, sollte er sie nicht genommen haben, es danach mit der Variegated Sun Fly zu probieren. Es hat sich oftmals erwiesen, daß ein Fisch, der eine ziemlich diskrete Fliege verschmäht, sehr wohl eine mit satten und leuchtenden Farben versehene Fliege, wie die Variegated Sun Fly, nehmen kann. Auch bei der Black Fancy unterscheiden sich die Muster ein wenig. Der Körper ist allerdings immer aus schwarzer Flockseide, wobei er, je nach den Bedingungen, sparsamer oder satter ausgestattet wird. Die Kopfhechel ist in allen Versionen schwarz, mit Ausnahme der Blue (für «blue rivers»), bei welcher die Hechel eine blaue Hahnenhechel sein sollte. Hin und wieder wird diese Fliege auch mit einer schwarzen Körperhechel gebunden und dies ist in Hardys und Hales Versionen der Fall, deren Kehlhechel nur aus Jay besteht. Ansonsten stimmen die Muster Hardys und Hales mit Kelsons Muster überein.

Der Tag, Tail und die Flügel sollten die notwendigen Farben enthalten, um den gewünschten Eindruck zu vermitteln, der von dem Fluß abhängig ist, in dem die Fliege gefischt werden soll (siehe die Variegated Sun Fly).

Was die schwarze Hechel betrifft, die je nach Version eine reine Kehlhechel oder sowohl eine Kehl- als auch Körperhechel sein kann, so sollte diese von Saison zu Saison abgewechselt werden. Kelson informiert uns ebenfalls, daß die besten natürlich schwarzen Hecheln, die sogenannte «Bastard Hechel», am Kragen eines gewöhnlichen graugesprenkelten Hahnes oder an dem eines fehlerhaften «Plymouth rock» Hahnes zu finden ist. Diese Hecheln werden sehr für ihren oft an ihnen zu findenden glänzenden und satten Farbton gerühmt.

Kelson erzählt aber weiterhin, daß früh in der Saison, bis etwa Mitte Mai, eine Hahnenhechel eines eher warmen Schwarztones vorzuziehen ist, das heißt, eine schwarz gefärbte Hahnenhechel. Für den späteren Teil der Lachssaison hält Kelson eine echte schwarze Hahnenhechel für unerläßlich. Den großen Unterschied stellt man erst in schnellem Wasser fest, wo die natürlichschwarze Hechel weit überlegen ist.

Black Heron

Spey Fly, 1850.
Muster wie von A. E. Knox.

Tag: Schwarze Berlin Wool
Ribs: Goldenes Flachtinsel, zwischen der Goldtinselbänderung zwei Gold- und Silberfäden
Hackle: Schwarze Spitzen der Reiherbrust (sehr lang)
Wings: Mallard

Das ist eine sehr einfache Black Heron Musterbeschreibung, die wir in A. E. Knox' Buch «Autumns on the Spey" (1871) finden. Mr. Knox behandelt verschiedene der alten Fliegen von den Ufern des Spey, worunter sich die Gold Reeach, die Culdrain Fly und die Carron Fly befinden. Mr. Knox erzählt, daß diese Speyfliegen keine Köpfe haben, aber da man sie schließlich irgendwie beenden muß, beschloß er, diese «Köpfe» schwarz und so klein wie möglich zu machen. Diese frühe Version der Black Heron war eine der besten Lachsfängerinnen und die absolute Lieblingsfliege Anthony Crossleys, dem Autor von «The Floating Line for Salmon and See Trout» (1939). Die Black Heron ist eine alte Lachsfliege, die in verschiedenen Versionen auftaucht, auch wenn sie nicht in den Sammlungen von Francis Francis, Kelson, Hardy und Hale und Pryce-Tannatt auftaucht. Was die unterschiedlichen Versionen unterscheidet, ist das Flügelmaterial. Die meisten Modelle haben den für die alten Speyfliegen typischen Flügel, der mit der Weiterentwicklung der Black Heron immer komplizierter wurde.

In einem neueren, relativ gängigen Muster der Black Heron, hat diese einen Tag aus Silbertinsel und einen Schwanz aus einem kleinen Goldfasantopping oder in manchen Fällen Ibis. Der Körper hat zwei Windungen gelber Flockseide, gefolgt von schwarzer Flockseide. Die Rippung dieser modernen Version besteht nicht mehr aus drei Fäden, sondern nur noch aus rundem oder ovalem Silbertinsel. Die Reiherhechel reicht nicht mehr über den ganzen Körper; bei dieser Version gibt es nur mehr wenige Windungen. Der Flügel sollte aus zwei Federfahnen deutlich gezeichneter Krickente bestehen.

Die heute gängigste Version der Black Heron unterscheidet sich nur wenig von der vorher beschriebenen. Dieses Muster enthält einen Butt aus silbernem Flachtinsel und einen Schwanz mit einem kleinen Topping. Der Körper ist so sparsam wie zuvor ausgestattet und Rippung und Hechel sind die gleichen. Perlhuhn wird als Bart verwendet und der Flügel besteht jetzt aus zwei Federfahnen dunkelgrauer Hausgans. Jetzt hat sie auch einen deutlicheren Kopf aus schwarzer Bindeseide bekommen, der aber immer noch klein bleibt. Diese moderne Version übt auf die Lachse dieselbe Verführungskraft aus wie das alte, von Anthony Crossley so gelobte Originalmuster.

Knox liefert uns in seinem Buch «Autumns on the Spey» (1872) ein Muster für eine andere Fliege der Reiherfamilie, die Gold Heron. Dieses wird genauso gebunden wie die Black Heron, außer der Hechel, die hier schiefergrau oder das ist, was man eine graue Reiherhechel nennt. Dieses Muster ist das seltenste der ganzen Heron-Familie und ich kann mir denken, daß es lange her ist, seit ein Lachs das Opfer einer Gold Heron wurde.

Black Jay

Mixed Wing, C. Farlow, frühes 19. Jahrhundert.
Muster wie von H. C. Pennell.

Tag: Silbertwist und dunkelgelbe Flockseide
Tail: Ein Topping
Butt: Black Ostrich Herl
Body: Zwei Windungen schwarze Flockseide, der Rest schwarzes Seal's Fur
Rib: Silbertinsel, dem Silberlace bei großen Modellen vorausgeht
Hackle: Eine natürlichschwarze Hahnenhechel, die über das Seal's Fur gedreht wird
Throat: Blauer Jay
Wings: Goldfasantippet, scharlachroter Ibis und Perlhuhn; Goldfasanstoß, Bustard, Krickente, schwarzer Cockatoostoß und grün und dunkelgelb gefärbter Schwan mit zwei Federfahnen Mallard darüber
Horns: Blauer Macaw
Head: Black Ostrich Herl

Die Black Jay gehört zu einer Gruppe irischer Lachsfliegen, als «Jays» bekannt, die in der Art der Mixed Wing Fliegen gebunden werden. Das vorliegende Muster stammt aus H. C. Pennells Buch «Fishing Salmon and Trout» (1885). Pennells Buch enthält 14 als Standardfliegen bezeichnete Muster, worunter sich auch die Black Jay befindet. Er erzählt, daß er für das Bekanntwerden dieser Fliege größtenteils verantwortlich ist, aber auch, daß diese Fliege keine eigene Kreation ist, da sie schon mindestens 25 Jahre bekannt war und ihre Ursprünge wahrscheinlich noch früher liegen. Im Gegensatz zu den anderen «Jays» (Blue Jay, Claret Jay, Dirty Orange unter anderem) erbrachte diese Fliege in dunklem Wasser gute Ergebnisse; sie arbeitete gut auf kleinen Haken, aber wahrscheinlich am besten, wenn sie auf große gebunden wurde. Pennell fügte bei großen Modellen Wangenfedern vom Dschungelhahn und ein Topping hinzu.

Die Black Jay ist eine Fliege, die in vielen verschiedenen Versionen gebunden werden kann. Kelson stellt in seinem Buch «The Salmon Fly» (1895) ein fast identisches Muster vor, mit dem kleinen Unterschied, daß er vor dem Goldfasanenstoßsegment Bustardsegmente einbindet. Kelson berichtet, daß er, viele Jahre bevor er dieses Buch schrieb, dieses Muster von Farlow erhielt. Das ist wahrscheinlich wahr, da Charles Farlow mit dem Fliegenbinden in Irland begann, bevor er 1840 nach London zog und sein Unternehmen gründete. Obwohl Farlow im Erscheinungsjahr von Kelsons Buch «The Salmon Fly» (1895) starb, existiert seine Firma C. Farlow & Co. noch heute.

Hardy und Hale führen ebenfalls die Black Jay als Muster. Ihre Muster stimmen wie gewöhnlich mit Kelsons Version überein. Es gibt ein anderes Muster der Black Jay, das in Irland immer noch beliebt ist und mit Pennells Fliege bis auf einige kleine Details übereinstimmt. Tag: Silberdraht und orange oder gelbe Flockseide. Tail: ein Topping. Butt: Black Ostrich Herl. Body: das erste Viertel schwarze Flockseide, der Rest schwarzes Seal's Fur. Rib: silbernes Ovaltinsel. Hackle: eine schwarze Hahnenhechel, die über das schwarze Seal's Fur gedreht wird. Throat: blauer Jay. Wings: zwei Goldfasantippets, gefolgt von verhakten Segmenten Bustard, Goldfasanstoß, Perlhuhn, rot, grün und gelb gefärbtem Schwan und über die Flügel kommt bronzefarbener Mallard. Horns: blauer Macaw. Der Kopf dieser Version ist auch schwarz.

Black Prince

Topping Wings, J. P. Traherne, Mitte des 18. Jahrhunderts.
Muster wie von George M. Kelson.

Tag: Silbertwist und dunkelgelbes Silk
Tail: Ein Topping
Butt: Black Ostrich Herl
Body: Drei gleiche, jeweils gebuttete Abschnitte aus Silbertinsel (flach), mit zwei schwarzen Federn vom Nacken des Jungle Cock (Rücken an Rücken) und Black Ostrich Herl
Wings: Fünf oder sechs Toppings
Horns: Blue Macaw
Head: Black Ostrich Herl

Die Black Prince ist eine der hervorragendsten Fliegen der eher mißachteten Familie der Topping Winged Flies. Kelson beschreibt sie als eine der speziellen Fliegen. Er sagt, daß die Black Prince eine jener Fliegen ist, auf die die Angler am ehesten zurückgreifen, wenn sie auf schwierige Situationen stoßen und mit anderen Fliegen nichts geht.

Die kleinen schwarzen Halsfedern des Indian Crow, die hier verwendet werden, werden selten in Beschreibungen klassischer Lachsfliegen gefunden. Die kleinen rot-orangen Brustfedern dieses Vogels sind in der Anwendung sehr verbreitet und werden oft als Veilings (bei der Popham) oder sogar öfter als Wangenfedern gebraucht.

Die Beschreibungen der Black Prince von John James Hardy und J. H. Hale sind wieder einmal identisch. In einem Punkt empfehlen sie allerdings etwas anderes als Kelson: sie bevorzugen einen einfachen Kopf aus schwarzer, lackierter Bindeseide statt einem aus schwarzer Straußenfiber. Dr. T. E. Pryce-Tannatt stellt sein Muster der Black Prince in dem kleinen Abschnitt «Topping Wings» in seinem Buch «How to Dress Salmon Flies» (1914) vor. Er beschreibt nur drei Fliegen mit Deckfedern des Goldfasanschopfes als Flügel, den sogenannten «Topping Winged Flies», nämlich außer der Black Prince die Canary und die Variegated Sun Fly.

Pryce-Tannatts Muster der Black Prince unterscheidet sich ein wenig von Kelsons Fliege. Der Tag ist aus Silbertinsel und der Schwanz ein Topping aus zwei kleinen Jungle Cock Federn. Die Butts und die Körper sind in beiden Versionen dieselben, auch wenn Pryce-Tannatt einen ausgezeichneten Ersatz für die kleinen Indian Crow Federn anbietet, nämlich die kleinen, bronzefarbenen Kopffedern des gängigen Jagdfasanes. Pryce-Tannatts Black Prince hat einen kleinen schwarzen Bart aus einer schwarz gefärbten Feder, der an Kelsons Fliege nicht zu finden ist. Sein Flügel besteht auch aus sechs oder mehr Goldfasantoppings und im Gegensatz zu Kelson verwendet er rote Macawfühler. Ähnlich zu Hardy und Hale besteht sein Kopf aus Bindeseide, die anschließend lackiert wird.

Black Ranger

Whole Feather Wings, James Wright, 1840.
Muster wie von George M. Kelson.

Tag: Silbertwist und gelbe Flockseide
Tail: Topping und Indian Crow
Butt: Black Ostrich Herl
Ribs: Silbernes Ovaltinsel
Hackle: Eine natürlichschwarze Hechel, gedreht ab der zweiten Tinselwindung
Throat: Eine hellblaue Hechel
Wings: Vier sich teilweise überlappende Tippets, die zwei weiterreichende Jungle Cock Federn (Rücken an Rücken) ummanteln und ein Topping
Cheeks: Chatterer
Horns: Blue Macaw
Head: Schwarze Berlin Wool

Die Black Ranger ist die älteste der sogenannten «Ranger Flies», unter welchen die bekannteste die Durham Ranger ist. Mr. James Wright ist der Mann, der hinter der Black Ranger steht und es wird oft behauptet, er wäre auch der Erfinder der Durham Ranger. Dies stimmt wahrscheinlich nicht, aber als der Erfinder der Black Ranger ist er für den charakteristischen Ranger-Flügel dieser Familie verantwortlich. Andere Familienmitglieder sind die Red Ranger, die Blue Ranger und die Silver Ranger. Zwei Fliegen, die als «Halbbrüder» dieser Familie betrachtet werden können, sind die irischen Lachsfliegen Irish Ranger und Erne Ranger (ohne Ranger-Flügel). Der Hauptunterschied zwischen diesen Fliegen ist die Farbe ihres Körpers. Tag, Schwanz und Hecheln sind auch von Fliege zu Fliege unterschiedlich. Die Besonderheit, die sie als Familie zusammenbringt, ist ihr typischer Flügel, der bei allen Familienmitgliedern genau gleich ist. Die Ranger-Fliegen sind Weiterentwicklungen der geschichtlich wichtigen Parson-Fliegen, die ursprünglich Imitationen von Schmetterlingen waren. Auch die Ranger-Fliegen kann man als Nachbildung von Schmetterlingen betrachten.

Hardy und Hale stimmen Kelsons Bindemuster der Black Ranger zu, auch wenn ihr Kopf nicht aus einer Straußenfiber, sondern aus Bindeseide gebunden wird.

Kelson berichtet von dieser Fliege, daß es eine im gesamten Raum der Britischen Inseln bekannte Fliege war. Francis Francis überliefert uns ein Muster der Black Ranger, bei welchem sich vor allem der Körper von James Wrights Original unterscheidet. Tag, Butt und Schwanz stimmen mit dem Original überein. Der Körper wird zunächst mit zwei oder drei Windungen goldgelber Flockseide aufgebaut, gefolgt von zwei oder drei Drehungen feuerroter Pig's Wool und schwarzer Pig's Wool für den Rest. Die Rippung ist aus Silbertinsel und Twist, die Körperhechel eine sehr dunkelblaue Hahnenhechel, die ab dem roten Körperabschnitt gedreht wird. Der Bart sollte schwarz und der Flügel ein klassischer Ranger-Flügel sein. Die Wangenfedern sollten kleine, blaue Eisvogelfedern sein und der Kopf aus schwarzer Bindeseide. Pryce-Tannatts Black Ranger ist dem Original ähnlich. Er verwendet allerdings zitronengelbe Flockseide für den Tag und rippt seine Fliege mit silbernem Flachtinsel und Twist. Er zieht einen dunkleren Bart als den des Originals vor. An Pryce-Tannatts Black Ranger fehlen die blauen Wangenfedern, sie hat aber statt dessen Jungle Cock Federn. Die Fühler sollten aus blaugelbem Macaw und der Kopf aus Bindeseide sein.

Bluebell

Simple Strip Wing, Major Traherne, 1880.
Muster wie von George M. Kelson.

Tag: Silbertwist und dunkelorange Flockseide
Tail: Ein Topping
Butt: Black Ostrich Herl
Body: Blaue Flockseide
Ribs: Silbertinsel und -lace
Hackle: Mattblauer Macaw (eine Seite «gestreift»)
Throat: Gelber Macaw
Wings: Roter Macaw in Fibern und zwei Toppings
Sides: Jungle Cock
Horns: Blue Macaw
Head: Black Ostrich Herl

Die Bluebell ist eines der vielen Lachsfliegenmuster von Major Traherne. Er steuerte einige ausgezeichnete Fliegen zu Kelsons Buch «How to Tie Salmon Flies» (1895) bei. Traherne war kein Anhänger komplizierter, aus den Federn vieler verschiedener Vögel bestehender Fliegenflügel. Er zog einfachere Flügel vor, aber Flügel, in denen oft Federn farbenreicher, exotischer Vogelarten zu finden waren. Das wird aus den in Kelsons Buch weiteren enthaltenen Mustern ersichtlich, nämlich in der Chatterer, der Black Prince und der Golden Butterfly. Die Bluebell könnte genauso die Macaw Fly genannt werden, da Traherne sicherlich das farbenreiche Federkleid des Macaws verwendete.

1886 schrieb Major Traherne in Stanley, an den Ufern des Lachsflusses Tweed, einen Brief an George M. Kelson. Er schrieb, daß die Lachse drei Tage lang an nichts Interesse zeigten, bis er eines Nachts eine Bluebell ausprobierte, die sich als sehr erfolgversprechend herausstellte. Am nächsten Tag fing er in demselben Pool drei Lachse, wovon der schwerste fast 13 kg wog.

Es ist sehr wenig über die Bluebell geschrieben worden. Die Muster von Hardy und Hale sind dieselben wie das hier beschriebene Originalmuster von Kelson.

Der Macaw, ein Großpapagei, der der Bluebell hier seine Federn zur Verfügung gestellt hat, ist ein wegen seines schönen und farbenreichen Federkleides äußerst geschätzter Vogel. Viele der klassischen Lachsfliegen aber der Mitte des letzten Jahrhunderts enthalten Fibern dieses Vogels. Was weniger bekannt ist, ist die Tatsache, daß bereits 1658 diese Federn als geeignetes Bindematerial von Captain Richard Franck in seinem Buch «Northern Memoirs» empfohlen wurden. Schon damals bestätigte er, daß es kaum möglich ist, andere Federn mit einem solch schönen Glanz zu finden. Es gibt viele verschiedene Arten Macaws. Die, die am meisten von den Fliegenbindern verwendet werden, sind die blau-gelben Macaws (Ara ararauna). Die roten Macaws (Ara macao) sind in alten Mustern auch relativ oft zu finden. Diese großen Papageien aus Südamerika haben Federn, die vorwiegend für die Fühler der klassischen Lachsfliegen verwendet werden, aber, wie aus dem vorliegenden Muster ersichtlich, werden sie auch als Hecheln verwendet, in manchen Mustern sogar als Flügel.

Blue Charm

Simple Strip Wing, Mr. Brown, Mitte des 19. Jahrhunderts.
Muster wie von John James Hardy.

Tag: Silbernes Tinsel
Tail: Ein Topping
Body: Schwarzes Floss
Ribs: Silbernes Tinsel
Throat: Eine blaue Hahnenhechel
Wings: Breite Mallardfederfahnen, zwei schmale Federfahnen von der Krickente und ein Topping
Head: Schwarz

Die Blue Charm, diese einfache, aber weltweit sehr beliebte Lachsfliege, ist zusammen mit der Silver Blue und der March Brown, eine der bekanntesten Simple Strip Winged Lachsfliegen. Das kommt vielleicht daher, daß diese drei Fliegen die bevorzugten von A. H. Wood (siehe die March Brown) waren. In Anglerkreisen ist Mr. Wood als der Vater des Fischens mit der Schwimmschnur bezeichnet worden. Er maß der Wahl der Fliege wenig Bedeutung zu und begann das Fischen immer mit einer Blue Charm. Erst wenn die Lachse keinerlei Interesse für diese Fliege in den verschiedenen Größen zeigten, wechselte er zu einem anderen Muster. Die Blue Charm hat viele Lachse auf dem Gewissen. Mr. Woods beeindruckender Gesamtfang von 3540 Lachsen zwischen 1913 und 1934, seinem Todesjahr, ist hierfür Beweis genug. Die meisten dieser Fische wurden am Dee, in der Strecke von Cairnton, das Opfer der Blue Charm.

Die Version der oben vorgestellten Blue Charm ist dieselbe, wie die von J. H. Hale empfohlene. Kelson gibt allerdings ein leicht unterschiedliches Muster. Er erzählt, daß die Blue Charm eine ausgezeichnete Sommerfliege ist, vor allem am Dee, und daß sie oft auf kleine Doppelhaken gebunden wird. Kelsons Muster unterscheidet sich von Hardys, da Kelson den Körper mit weinrot gefärbter Flockseide bindet, statt mit schwarzer, und er schwarze Berlin Wool für den Kopf verwendet. Seine Version der Blue Charm ist keine der gängigen und die meisten anderen haben einen Körper aus schwarzer Flockseide. Die Flügel unterscheiden sich oft von Muster zu Muster. Es existiert auch eine Version der Blue Charm mit gelber Flockseide im Tag und einem Butt aus schwarzen Straußenfibern. Dies ist zweifelsohne eine irische Version, die sogar heute noch recht beliebt ist.

Pryce-Tannatt überliefert ein der irischen Version sehr ähnliches Muster für die Blue Charm. Er bindet es mit einem Tag aus Silberfaden und goldgelber Flockseide. Der Schwanz ist ein Topping, gefolgt von einem Butt aus Straußenfibern. Der Körper ist aus schwarzer, mit silbernem Ovaltinsel geripptе Flockseide. Der Bart ist eine blaue Hahnenhechel. Die Flügel unterscheiden sich und Pryce-Tannatt verwendet braun gesprenkelten Truthahn statt Mallard, aber als Dach verwendet er ebenfalls zwei kleine Krickentensegmente und ein Goldfasantopping.

Die Blue Charm wird auch heute noch in einer Vielzahl verschiedener, moderner Versionen gefischt, wovon die meisten einen Haarflügel haben.

Blue Doctor

Mixed Wing, James Wright, 1830.
Muster von Francis Francis.

Tag: Drei oder vier Windungen mit dünnem Goldtwist
Tail: Ein einfaches Goldfasantopping
Butt: Scharlachrote Crewelwolle
Body: Schwachblaues Floss
Ribs: Silbertinsel (in großen Fliegen aller Art kann das Tinsel durch das parallele Miteinbinden von Twist sichtbarer gemacht werden)
Hackle: Einen Tick dunkler als der Körper, vom Schwanz zum Kopf drehen (kann manchmal mit einer blauen Jayfeder abgewechselt werden)
Shoulder: Eine braune Grouse- (schottisches Moorschneehuhn), Partridge- (Rebhuhn) oder Bustardhechel
Wings: Der Flügel ist ein Mixed Wing, bestehend aus Fibern vom Bustard, dunklem Truthahn, Argusfasan, sowie blau und gelb gefärbte Schwanfibern, wobei letztere dominieren. In kleineren Fliegen werden Mallard und Pintail eingefügt
Head: Scharlachrote Crewelwolle

Dieses Muster der Blue Doctor wird von Francis Francis in seinem Buch «A Book on Angling» (1867) vorgestellt. Es ist wahrscheinlich das erste Muster der ganzen Doctor-Serie. Die Blue Doctor ist ein Vorläufer der heute üblicheren Black Doctor und Silver Doctor, sogar der White Doctor und der Helmsdale Doctor. Ich habe Herrn James Wright als Erfinder dieser Fliege angeführt und er war auch aller Wahrscheinlichkeit nach der erste, der eine Black Doctor band. Zweifelhafter ist dies allerdings bezüglich der Blue Doctor. Kelson betrachtet Mr. Wright als Erfinder der Blue Doctor, aber es gibt viele Hinweise darauf, daß sie älteren Ursprunges ist. Kelson, Hardy und Hale stimmen überein, wie die Blue Doctor gebunden werden soll. Ihr Muster ist allerdings deutlich unterschiedlich zu jenem, das uns Francis Francis zu dieser klassischen Lachsfliege gibt.

Kelson stellt die Blue Doctor als eine der frühen, spektakulären Tweedfliegen vor, die auch an anderen Flüssen einen ausgezeichneten Ruf genießt.

Kelson bindet die Blue Doctor auf die folgende Weise. Tag: Silbertwist und gelbes Floss. Tail: ein Topping und Chatterer. Butt: scharlachrot gefärbte Berlin Wool. Body: hellblaues Floss. Ribs: silbernes Ovaltinsel. Hackle: eine hellblaue Hechel, die ab der zweiten Tinseldrehung eingebunden wird. Throat: blauer Jay. Wings: Tippetfibern, Perlhuhn, Goldfasanstoß, hell gesprenkelter Truthahn, Pintail, gelb und hellblau gefärbter Schwan, Ibis, Mallard und ein Topping. Horns: blauer Macaw. Cheeks: Chatterer. Head: scharlachrote Berlin Wool.

Sir Herbert Maxwell überliefert uns, daß von der Blue Doctor behauptet wurde, sie wäre nicht in der Lage, im nördlichen Tyne einen Lachs zum Biß zu verleiten, aber er wäre allzu verleitet, es auszuprobieren. Dies ist wahrscheinlich Maxwells Art zu sagen, daß er diese Fliege mochte. Er band sie fast genauso wie Kelson, wobei er lediglich die Chattererfeder des Schwanzes durch eine kleine Indian Crow ersetzte. Seine Flügel sind einfacher, mit verhakten Segmenten des Goldfasanstoßes, grauen Truthahnes und deutlich sichtbaren Pintails sowie einem Goldfasantopping. Pryce-Tannatt bindet statt der Chattererfeder im Schwanz einige Tippetfibern des Goldfasanes ein. Der Flügel von Pryce-Tannatts Version der Blue Doctor besteht aus viel mehr Komponenten als der in Kelsons Version. Erst werden Goldfasantippetfibern und Goldfasanstoß eingebunden, dann verhakte Segmente scharlachrot, blau und gelb gefärbter Schwan, Florican, Bustard, Pfauenschwungfeder und hell gesprenkelter Truthahnstoß. Nun werden verhakte Segmente Krickente und gebänderte Wood Duck entlang der Seiten eingebunden sowie zwei Federfahnen vom Mallard über den Flügel und ein Topping. Der Kopf besteht aus scharlachroter Wolle.

Blue Jay

Mixed Wing, Edward Fitzgibbon, frühes 19. Jahrhundert.
Muster wie von Edward Fitzgibbon.

Tag: Orange Flockseide
Tail: Ein kleines Goldfasantopping
Butt: Black Ostrich Herl
Body: Hellblaue Flockseide
Ribs: Goldtinsel
Hackle: Eine blaue Jay (Eichelhäher) Hechel
Wings: Perlhuhnfedern, gesprenkelter Truthahn, Silberfasanstoß, Mallard und ein Topping
Horns: Blauer, gelber und roter Macaw
Head: Klein, aus Black Ostrich Herl

Die Blue Jay ist eine Mixed Wing Fliege, die zusammen mit der Claret Jay, der Black Jay und der Dirty Orange, zu der Familie der «Jays» gehört. Die bekannteste hiervon ist die Claret Jay.

Das hier vorliegende Muster der Blue Jay kommt von Edward Fitzgibbon, der auch unter dem Pseudonym «Ephemera» bekannt war, unter welchem er sein Buch «Book of the Salmon» schon 1850 schrieb. Fitzgibbon schrieb über die Blue Jay, daß sie eine seiner Standardfliegen für das südliche Irland war, daß sie sehr geschätzt wurde, gut im Lachsfangen war und er mit ihr immer recht viel Glück hatte, besonders in der Gegend des Southerlandshires. Fitzgibbon beschreibt auch eine andere Version der Blue Jay, wobei er einen Schwanz aus verschiedenen Tippetfibern, Mallard und hellblauem Macaw empfiehlt. Wie im Original bleibt auch hier die Eichelhäherhechel, aber er fügt noch einen Bart aus einer blutroten Hahnenfeder hinzu. Der Flügel ist anders und wird mit Goldfasantippet, Mallard, hellblauem Macaw und Eisvogel gebunden. Er unterstreicht, daß diese Version an Sommer- und Frühherbstmorgen mit einem orangen statt dem blauen Körper probiert werden sollte. John James Hardy stellt in seinem Buch «Salmon Fishing» (1907) eine Version der Blue Jay vor, die sich sehr von Ephemeras Blue Jay unterscheidet. Hardys Fliege hat auch eine blaue Eichelhäherhechel, daher der Name, sollte aber wie folgt gebunden werden. Tag: Silbertinsel. Tail: ein Topping. Butt: Black Ostrich Herl. Body: mittelblaue Flockseide. Rib: Silbertinsel. Hackle: blauer Jay. Throat: eine gelb gefärbte Hahnenhechel. Wings: Bustard, Goldfasantippet, grüner Parrot, violett gefärbter Schwan und Perlhuhn. Head: schwarz.

Francis Francis bezieht sich in seinem Buch «A Book on Angling» (1867) auch auf die Blue Jay und erwähnt sie als für den Fluß Bann tauglich. Mit einigen kleinen Unterschieden beschreibt er seine Blue Jay als ähnlich zu seiner Blue Doctor. Sie sollte zusammengesetzte Federfahnschwingen (Mixed Wings) haben sowie ein Topping darüber und ansonsten wie die Blue Doctor gebunden werden, außer daß die blaue Hechel durch eine blaue Eichelhäherhechel ersetzt wird.

Blue Palmer

Mixed Wing, Hardy Bros, spätes 19. Jahrhundert.
Muster wie von George M. Kelson.

Tag: Silbertwist und dunkelblaue Flockseide
Tail: Ein Topping
Butt: Black Ostrich Herl
Ribs: Silbernes Ovaltinsel
Body: Dunkelblaue Flockseide
Hackle: Eine hell-weinrote Hechel ab der zweiten Windung
Throat: Jay
Wings: Tippetfibern, dunkler Truthahn, Bustard, Goldfasanenstoß, verhakte Fibern gelb, blau und rot gefärbten Schwans und darüber zwei Federfahnen vom Mallard
Head: Black Ostrich Herl

Die Blue Palmer ist eine der bekanntesten Mixed Wing Fliegen aus Irland. Das hier vorgestellte Muster erhielt Kelson allerdings von der alten, respektablen Angelgerätefirma Hardy Bros. Dies ist das älteste Muster für diese Fliege, das ich finden konnte und wahrscheinlich stimmt es auch mit dem Original überein. Da es aber sehr viele verschiedene Versionen dieser Fliege gab, bestehen diesbezüglich immer noch einige Zweifel. Kelson hielt die Blue Palmer für ein ausgezeichnetes irisches Lachsfliegenmuster, mit welchem man, wenn die Fliege sparsam ausgestattet wurde, auch für die Sommerfischerei am schottischen Dee bestens gerüstet war. Das hier vorgestellte Muster stimmt mit dem von John James Hardy empfohlenen überein, und natürlich auch mit dem von Hale in seinem Buch «How to Tie Salmon Flies» (1892) vorgestellten.

Dr. T. E. Pryce-Tannatt war der jüngste der klassischen Autoren, die über das Lachsfliegenbinden geschrieben haben. Er stellte verschiedene Muster alter irischer Lachsfliegen in seinem Buch «How to Dress Salmon Flies» (1914) vor, worunter sich auch die Blue Palmer befand. Seine Musterbeschreibung unterscheidet sich in verschiedenen Punkten von der Kelsons. Wie es bei Pryce-Tannatt oft der Fall ist, macht er das Muster komplizierter. Er empfiehlt einen Tag aus Goldtinsel und fügt einige Tippetfibern in den Schwanz ein. Er rippt die Fliege statt mit Silbertinsel mit Goldtinsel und windet die Eichelhäherhechel über den ganzen Körper. Der Flügel dieser Version der Blue Palmer ist mit dem von Kelson beschriebenen recht unterschiedlich. Pryce-Tannatt setzt die Flügel folgendermaßen zusammen. Erst Tippetfibern, gefolgt von verhakten Segmenten scharlachrot, blau, gelb und orange gefärbten Schwanes, Florican, Bustard, Goldfasanstoß; außerhalb davon kleine verhakte Segmente Krickente und gebänderte Carolina-Brautente. Über den Flügel kommen breite Federfahnen von braunem Mallard. Pryce-Tannatt fügt auch Fühler aus blauem und gelbem Macaw hinzu.

Es gibt ein weiteres, relativ gängiges Muster der Blue Palmer, das als Variation von Pryce-Tannatts Muster betrachtet werden kann. Hier fehlt der Florican am Flügel und die Krickentensegmente werden durch Pintail ersetzt. Das Dach dieser Fliege sollte aus bronzefarbenem Mallard sein und die Fühler aus blauem Macaw. Ansonsten stimmt dieses Muster mit Pryce-Tannatts Version überein.

Blue Wasp

Mixed Wing, Mr. Paton aus Perth, frühes 19. Jahrhundert.
Muster wie von Francis Francis.

Tag: Goldtwist
Tail: Ein Topping
Butt: Black Ostrich Herl
Body: Hintere Hälfte rötlich-orange Wolle, vordere Hälfte dunkelblaue Wolle
Ribs: Goldfaden über die hintere Hälfte, Silbertinsel und Silbertwist über die vordere
Hackle: Eine dunkel-malvenfarbige (schon eher ein Violett) Hechel über die blaue Wolle
Throat: Perlhuhn
Wings: Goldfasanenstoß, Bustard, Fibern weinroten, blauen und orangen Schwanes, ein wenig Tippet, Pintail, einen Spross Wood Duck auf jeder Seite und ein Topping über alles
Horns: Blue Macaw
Head: Schwarz

Francis Francis überliefert uns das Muster der Blue Wasp zusammen mit den Mustern der Black Wasp, Yellow Wasp und der Claret Wasp. Folgt man Francis Francis, so sind diese drei Mitglieder der Wasp-Familie am schottischen Tay äußerst fängig. Es ist anzunehmen, daß es sich hierbei um drei anerkannte Variationen von Mr. Patons Wasp (Wespen-)Fliegen für den Fluß Earn handelt (siehe die Wasp Fly). Eine Bestätigung dieser Theorie kann die Tatsache sein, daß Mr. Paton Francis Francis scheinbar darüber informierte, daß sich die am Tay verwendeten Wasp-Fliegen erheblich verändert haben. Trotz dieser großen Veränderungen der Flügel können aber immer noch Ähnlichkeiten festgestellt werden.

Die Blue Wasp taucht in verschiedenen Mustern auf. Die Muster von Kelson und die Hardys und Hales stimmen miteinander überein, aber die Version von Francis Francis ist deutlich unterschiedlich. Seine Version, zweifellos die ältere, wird wie folgt gebunden. Tail: ein Topping mit Federn der Carolina-Brautente und vom Ibis. Body: zwei gleiche Teile gelbes und blaues Seal's Fur. Ribs: dünnes, silbernes Ovaltinsel über die gelbe Körperhälfte und breites, silbernes Ovaltinsel über die blaue Körperhälfte. Hackle: eine blaue Hahnenhechel, die über die blaue Körperhälfte gebunden wird. Throat: blue Jay. Wings: zwei Federfahnen zimtfarbenen Truthahnstoßes mit weißen Spitzen und darüber ein Topping. Sides: Wood Duck. Head: schwarze Berlin Wool.

Bei Pryce-Tannatt findet man eine Fliege, die er Blue and Yellow Wasp nennt. Diese Fliege kann man als «moderne» Kreuzung zwischen einer Blue Wasp und einer Yellow Wasp bezeichnen. Pryce-Tannatt beschreibt diesen «Bastard» folgendermaßen. Tag: Silbertinsel. Tail: ein Topping und ein paar Fibern von den roten Brustfedern des Goldfasans. Butt: Black Ostrich Herl. Body: erste Hälfte aus zitronengelbem Seal's Fur, die zweite aus hellblauem Seal's Fur. Ribs: silbernes Ovaltinsel. Hackle: eine hellblaue, über die blaue Körperhälfte gebundene Hahnenhechel. Throat: eine zitronengelbe Hahnenhechel. Wings: zimtfarbene Federfahnen vom Truthahnstoß. Das Muster von Francis Francis für die Black Wasp ist auch in Hardys und Hales Sammlung und wird wie folgt gebunden. Tag: Goldtinsel. Tail: ein Topping und eine Windung oranger oder schmutzig-roter Berlin Wool. Body: erste Hälfte schmutziggelbe Wolle, zweite Hälfte aus schwarzer Wolle. Ribs: gehämmertes Goldtinsel über die gelbe Wolle und Silbertinsel über die schwarze. Hackle: eine schmutziggelb-oliv gefärbte Hahnenhechel über die gelbe Körperhälfte und eine schwarze Hechel über die schwarze. Throat: blue Jay. Wings: Goldfasanenstoß, Bustard, weinrot und orange gefärbter Schwan, Tippetfibern, Pintail und kurze Jungle Cock Federn an den Seiten und ein Topping darüber.

Britannia

Whole Feather Wing, E. Fitzgibbon, 1840.
Muster wie von Edward Fitzgibbon.

Tail: Zwei Toppings (eher lang)
Butt: Black Ostrich Herl
Body: Orange Pig's Wool
Ribs: Gold- und Silbertwist
Hackle: Eine scharlach- oder blutrote Hechel
Shoulder: Eine violette Hechel an und über der Schulter
Wings: Zwei Shoveler Duck (Löffelente) Federn und vier Toppings
Sides: Eine blaue Chattererfeder an jeder Seite und außen sowie, ein wenig darunter, einige Silberfasanstoßfedern
Head: Klein und schwarz

Die Britannia war eine Fitzgibbons allerliebster Fliegen. Er hielt sie für eine der besten ihm bekannten Standardfliegen. In allen Lachsflüssen der Welt würde sich kein großer Lachs weigern, diese Fliege zu nehmen, vorausgesetzt, das Wasser ist hoch und durch das Ansteigen leicht getrübt. Fitzgibbon schrieb über diese Fliege, die ihn so begeisterte, «Wie Britannien die Meere beherrscht, so beherrscht ihr Namensbruder die Flüsse."

Francis Francis stellt die Britannia als eine der Standardlachsfliegen vor, die sich als ausgezeichnetes Modell an vielen Lachsflüssen oft bewährt hat, so auch am Thurso, wo er sie in den 1850er Jahren eingeführt hat. Für ihn ist die Britannia eine warm gefärbte, wunderbare Lachsfliege. Durch das Verwenden einer dunkelorangen oder rot-braunen Hechel kann sie ein wenig dunkler getönt werden. Er selbst zog eine grüne Hechel über den Schultern vor. Das Muster, das Francis Francis in seinem Buch «A Book on Angling» (1867) gibt, ist folgendes. Tag: Goldtwist. Tail: ein ordentliches Topping, ein wenig scharlachroter Ibis und Fibern glänzenden Floricans (Trappenbastard). Body: zwei oder drei Windungen goldglänzendes Floss und dann orangeglänzende Pig's Wool. Ribs: Goldtinsel und Silbertwist. Hackle: eine weinrot glänzende Hechel, darüber eine Bustard oder Wood Duck Hechel. Shoulder: eine dunkelblaue oder grüne Hechel als Schulter oder eher als Krause über den Flügel. Wings: der Unterflügel besteht aus zwei Löffelentenfedern mit drei bis fünf Toppings darüber. Sides: zwei kurze Jungle Cock Federn an jeder Schulter. Cheeks: zwei kurze Eisvogelfedern. Head: Goldfaden.

Sir Herbert Maxwell liefert auch ein Muster dieser farbenreichen Lachsfliege namens Britannia. Sein Muster ist mit dem, das Francis Francis rühmt, ähnlich, aber sehr viel anders als Fitzgibbons Fliege. Maxwell schreibt, daß die Fliege farbenreich gestaltet ist und sie den Ruf hat, ein sehr wirksamer «Killer» zu sein. Maxwell fügt einen Schwanz aus Goldtinsel hinzu und baut den Körper mit einem Fünftel goldgelbem Silk und den Rest aus orange gefärbter Pig's Wool oder Mohair auf. Die Hechel, die vor dem Flügel eingebunden wird, ist in Maxwells Muster blau, was bedeutet, daß das Muster mit der grünen Hechel, das Francis Francis bevorzugte, Maxwells Geschmack ziemlich entsprach oder aber, daß er diese Farbversion nicht kannte. Der Flügel besteht wie bei den anderen Versionen aus zwei Federn der Löffelente, die aber hier von zwei Toppings bedeckt werden. Die Anzahl der Toppings soll der Größe der Fliege angepaßt werden. Die Jungle Cock Seitenfedern reichen bis zur Mitte der Flügel; die Wangenfedern sind aus blauem Chatterer. Er fügt Fühler aus blauem Macaw hinzu und der Kopf wird straff gebunden und mit Goldtwist versehen.

Kelson hat auch ein Muster der Britannia, welches sowohl mit dem von Fitzgibbon als auch mit dem von Francis Francis Ähnlichkeit hat. Kelson gibt Mr. Bernard die Ehre als Erfinder dieses Musters und schreibt ihm auch die Louise, die Lorne, die Lady Blanch, die Harlequin und die Goldfinch zu. Es ist aber unwahrscheinlich, daß Mr. Bernard der Mann ist, der hinter der Britannia steht, da dieses Muster sehr wahrscheinlich schon existierte, bevor er Fliegenmuster entwarf.

Kelson erzählt, daß die Britannia ein ausgezeichnetes Muster für den Fluß Wye und eine alte Standardfliege am Fluß Thurso ist, wo sie, wie vorher erwähnt, von Francis Francis eingeführt wurde. Kelsons Muster der Britannia ist dasselbe, wie das von Hardy und Hale empfohlene und ist eine leicht abgeänderte oder modernisierte Version der alten Bindeweise. George Mortimer Kelsons Britannia wird wie folgt gebunden. Tag: Goldtwist (viel). Tail: ein Topping. Butt: Black Ostrich Herl. Body: rotoranges Seal's Fur. Ribs: Goldtinsel. Wings: Löffelentenfedern und ein Topping. Sides: Jungle Cock. Cheeks: Chatterer. Horns: blue Macaw. Head: eine dunkelblaue Hahnenhechel.

Abschließend kann festgestellt werden, daß die Britannia viele Ähnlichkeiten in der Art der Anwendung der Hahnenhecheln mit einer Version der Ballyshannon, die William Blacker in seinem Buch «The Art of Fly Making» (1855) vorstellt, aufweist.

Diese handgezeichnete Variante der Ballyshannon aus William Blackers Buch «The Art of Fly Making» (1855), stimmt in vielen Punkten mit der Britannia überein.

Bull Dog

Mixed Wing, Ende des 19. Jahrhunderts.
Muster wie von Sir Herbert Maxwell.

Tag: Goldtinsel und rubinrotes Floss
Tail: Ein Topping und Chatterer
Butt: Schwarzes Chenille
Body: Eine Hälfte aus silbernem Flachtinsel, über welches auf die Jock Scott Art Indian Crow Federn eingebunden werden, über die Butts der Federn wird schwarzes Chenille gedreht; die vordere Hälfte ist aus französischblauem Floss
Ribs: Silbertwist
Hackle: Eine blaue Hahnenhechel über das blaue Floss, Pintail an der Schulter
Wings: Mehrere Fiberbündel gelb und schwarz gefärbter Schwan, darüber Hauserpel und Dschungelhahn; über das Ganze ein Topping
Cheeks: Blauer Chatterer
Head: Schwarzer Lack

Die Bull Dog Sir Herbert Maxwells Version hat einen sehr eigenartigen Flügel. Die sich wiederholenden schwarzen und gelben Schwansegmente hinterlassen einen sehr charakteristischen Eindruck. Die einzige andere klassische Lachsfliege mit einem vergleichbar aufgebauten Flügel ist die Ray Mead. Diese Lachsfliege ist dazu gedacht, auf relativ große Haken gebunden zu werden. Maxwell überliefert, daß die Bull Dog einen herausragenden Ruf am Cumberland Eden genossen hat, wo sie eine der beliebtesten Fliegen war. Die Bull Dog ist eine Fliege, die nicht in vielen der gängigen Bücher über das Binden von Lachsfliegen auftaucht. Von den modernen Lachsanglern wurde sie fast gänzlich vergessen und es ist zweifelhaft, ob sie heute überhaupt noch irgendwo verwendet wird. Eine Version, die eine der gängigsten war, unterscheidet sich von der Maxwells darin, daß ihr Tag aus silbernem Rundtinsel und weinrot gefärbtem Floss besteht.

An der Fliege fehlt der Schwanz, aber dafür hat sie einen Butt aus schwarzen Straußenfibern. Ähnlich wie Maxwells Muster besteht der Körper aus zwei Hälften, eine aus Silbertinsel, die andere aus hellblauem Floss. Ein kleiner Butt aus Straußenfibern unterteilt die Körperhälften. Der Körper seiner Bull Dog sollte ebenfalls Veilings enthalten, allerdings nicht aus den von Maxwell gewählten Indian Crow Federn, sondern aus kleinen Tukanfedern. Die Rippung und die Hechel sind dieselben wie an Maxwells Fliege. Der Bart sollte aber eine Perlhuhnhechel sein. Statt Hauserpel als Flügelmaterial zu nutzen, wird in dieser Version Carolina-Brautente oder Krickente verwendet.

Diese Version hat Wangenfedern aus Jungle Cock, der Blue Chatterer fehlt und der Kopf dieser Bull Dog besteht aus einer schwarzen Straußenfiber.

Butcher

Built Wing, S. Jewhurst aus Tunbridge, Kent, 1838.
Muster wie von George M. Kelson.

Tag: Silbertwist und gelbes Silk
Tail: Topping und mattblauer Macaw
Butt: Eine schwarze Fiber
Body: Aus vier gleich großen Abschnitten Seal's Fur: zunächst hellweinrot, danach hellblau, dann dunkel-weinrot und schließlich dunkelblau
Ribs: Silbertinsel (auf großen Haken parallel mit Silberlace binden)
Hackle: Eine natürlichschwarze Hechel, von dem hell-weinroten Seal's Fur ab gebunden
Throat: Eine gelbe Hechel und Perlhuhn
Wings: Ein Tippet und Brustfedern des Goldfasans (Rücken an Rücken) geveiled mit Krickente, Goldfasanstoß, Perlhuhn, Bustard und Pfauenschwungfederstreifen; Fibern gelb gefärbten Schwanes und vom grünen Parrot; zuletzt Mallard
Horns: Blauer Macaw
Cheeks: Chatterer – *Head:* Eine schwarze Fiber

Kelson behauptet von seiner Butcher, er würde bei dem Originalmuster immer noch ein Goldfasantopping hinzufügen. Die Muster, die Hardy und Hale für die Butcher vorstellen, stimmen vollständig mit dem Original überein, aber keiner von ihnen empfiehlt ein Topping als Abschluß des Flügels.

Die Butcher ist ein sehr altes Lachsfliegenmuster, welches ursprünglich den Namen Moon's Fly trug. Erst als William Blacker (1838) ihr den Namen «The Butcher» gab, wurde sie richtig bekannt und sie hat seitdem nicht aufgehört, ihrem Namen gerecht zu werden.

Francis Francis erkennt die Butcher als eine Lachsfliege an, die ein wirksames Lachsfischen in den verschiedensten Flüssen ermöglicht. Er liefert uns in seinem Buch «A Book on Angling» (1867) drei verschiedene Versionen. Das erste Muster geht auf Farlow zurück und wird wie folgt gebunden. Tag: Goldtwist und dunkeloranges Floss. Tail: ein Topping. Butt: Black Ostrich Herl. Body: zwei oder drei Windungen weinroter Pig's Wool, ebenso mit mittelblauer und roter und der Rest mit dunkelblauer Pig's Wool. Ribs: breites Silbertinsel. Hackle: eine mittel-weinrote Hechel und an der Schulter eine Perlhuhnhechel. Underwing: ein Tippet und eine Goldfasanrumpffeder, darüber Federfahnen vom braunen Mallard, Bustard, Pfau, Wood Duck, sowie gelber und blauer Schwan. Head: schwarz.

Die zweite Version von Francis Francis wurde ihm von jemandem mit dem Pseudonym FIN vorgestellt. Der Flügel von FINs Butcher ist derselbe, wie in seiner ersten Version, es werden aber zwei lange Jungle Cock Federn an den Flügelseiten hinzugefügt und darüber kommen noch zwei kleine Eisvogelfedern als Cheeks. Weiterhin werden in dieser Version ein paar Wood Duck Federn am Schwanz hinzugefügt. Der Körper und die Hechel unterscheiden sich auch ein wenig. FINs Version sieht wie folgt aus. Gleiche Teile weinrot, blau und orange gefärbter Pig's Wool. Ribs: drei Windungen mit breitem Silbertwist. Hackle: eine hellweinrot gefärbte Hechel und ein dunkel-weinroter Bart. FIN erzählt, er hätte mit dieser Butcher-Version Dutzende von Lachsen gefangen.

Die dritte Version, die Francis Francis vorstellt, ist die Nr. 3 seiner Serie von Lachsfliegen für zwei englische Flüsse, die Awe und die Orchy. In dieser Version wird die weinrot gefärbte Pig's Wool durch sattrote ersetzt. Das Blau sollte ein Mittelblau sein und die Hechel oliv-braun mit einem Blue Jay Bart. Der Flügel ist ein zusammengesetzter aus Goldfasantippetfibern, Goldfasanstoß, Bustard, Perlhuhn, blauer, roter und gelber Schwan, ein Topping und ein Paar kurze Jungle Cock Federn als Seitenfedern. Sir Herbert Maxwell war von diesem Muster nicht begeistert, fand, daß es anstrengend zu binden und häßlich anzusehen ist. Der Unterschied zwischen Maxwells Fliege und der von Kelson ist, daß Maxwell einen Butt aus schwarzem Chenille empfiehlt und einen Körper, der aus vier gleichen Teilen Pig's Wool in den Farben dunkel-weinrot, dunkelblau, scharlachrot und hellblau besteht. Die Hechel sollte weinrot gefärbt sein und der Flügel aus Tippet, roten Goldfasanschwertfedern, braunem Mallard, Pfauenschwungfedern, Goldfasanstoß, weißem, blauem und gelbem Schwan, mit zwei kleinen Blue Chattererfedern als Cheeks, Fühler aus blauem Macaw sowie einem Kopf aus schwarzem Chenille.

Wie immer überliefert uns Dr. T. E. Pryce-Tannatt ein Muster, das eine Mischung der drei Versionen darstellt. Mit dem Kelsons unterscheidet sich sein Muster darin, daß sein Schwanz aus einem Topping und blauem Chatterer besteht und bei seinem Körper das hell-weinrot gefärbte Seal's Fur durch feuerbraun gefärbtes ersetzt wird. Der Flügel enthält zwei Tippets und zwei Brustfedern des Goldfasans (Rücken an Rücken), Krickente und verhakte Fibern vom gelben Schwan, Bustard, scharlachrot, blau und orange gefärbten Schwan, Goldfasanstoß, Mallard und, falls erwünscht, ein Goldfasantopping; die Wangenfedern sind aus blauem Chatterer und die Fühler aus blauem Macaw.

Die Eleganz des viktorianischen Zeitalters spiegelte sich nicht nur in den Fliegen wider, sondern auch in dem anderen Gerät der lachsfischenden Gentlemen. Hier ist eine Werbung aus George M. Kelsons Buch «Tips» (1901) abgebildet.

Byrel

Mixed Wing, J. Wright, 1870.
Muster wie von James Wright.

Tag: Silbertwist und gelbes Silk
Tail: Ein Topping, Ibis und mattblauer Macaw
Butt: Black Ostrich Herl
Body: Silbernes Flachtinsel
Ribs: Silbernes Ovaltinsel
Hackle: Eine hellblaue Hechel, ab der zweiten Tinselwindung
Throat: Eine hellorange Hechel und eine Widgeon (Pfeifente) Hechel
Wings: Zwei lange Jungle Cock Federn (Rücken an Rücken), geveiled mit Pfeifente, Perlhuhn, Bustard, Pfauenfiber, Ibis, Parrot (grün), Mallard und ein Topping
Horns: Blauer Macaw
Cheeks: Chatterer
Head: Schwarze Wolle

Die Byrel ist eines der weniger bekannten Lachsfliegenmuster des legendären Fliegenbinders James Wright. Er band Fliegen, bis er 73 Jahre alt war und dann 1902 an Typhus starb.

George M. Kelson beschreibt die Byrel als eine der Silberkörper-Lachsfliegen mit dem besten Ruf. Des weiteren erzählt Kelson, daß sie vielerorts einen besseren Ruf genoß, als ihre bekannteren Geschwister, die Silver Doctor und die Lion. Der einzige Unterschied zwischen Wrights Originalmuster und dem von Kelson überlieferten ist, daß Kelson für den Kopf seiner Byrel keine schwarze Wolle, sondern Bindeseide verwendet. J. J. Hardy und J. H. Hale halten sich auch getreu an das Originalmuster, obwohl auch sie beim Kopf die Bindeseide der bauschigen, schwarzen Wolle vorziehen.

Sir Herbert Maxwells Buch «Salmon and Seatrout» (1898) enthält ein Muster, welches er als die Beryl bezeichnet. Dieses ist mit Wrights Byrel sehr ähnlich, und da Maxwells Muster sich oft nur leicht vom Original unterscheiden, handelt es sich wahrscheinlich um dieselbe Fliege und ist entweder das Ergebnis eines Druckfehlers in Maxwells Buch oder Maxwell hat den Namen von Wrights Fliege falsch verstanden. Es ist äußerst wahrscheinlich, daß die Beryl Maxwells von Wrights Byrel abstammt.

Das von Maxwell verwendete Muster ist folgendes. Tag: Silberdraht und zitronenfarbenes Floss. Tail: ein Topping und Fiberbüschel von grauem Pintail, scharlachrotem Ibis und eine Blue Chattererfeder. Butt: schwarzes Chenille. Body: Silbertinsel, gerippt mit Silbertwist. Hackle: eine sattorange Hahnenhechel an der Schulter, darüber eine graue Pintailhechel. Wings: zwei lange Jungle Cock Federn, ein Stückchen Goldfasanstoß, Streifen scharlachrot und blau gefärbten Schwanes und Segmente von grauem Pintail. Blue Chatterer Wangenfedern, darüber ein Topping. Head: schwarzes Chenille. Maxwell behauptet von dieser Fliege, sie wäre eine «moderne» Lachsfliege, die für das Fischen am Tweed gut geeignet wäre und daß er mit ihr viele erfolgreiche Angelausflüge gemacht hat, die ihm einige schöne Lachse gebracht haben.

Canary

Topping Wing, Colonel Campbell, Mitte des 19. Jahrhunderts.
Muster wie von Francis Francis.

Tag: Goldtinsel und gold gefärbte Flockseide
Tail: Ein Topping und eine kurze, gelbe Tukanfeder
Butt: Black Ostrich Herl
Body: Goldtinsel in zwei Abschnitten, geteilt durch zwei Straußfiberbutts; kurze gelbe Tukanfedern, die an die Hecheleinbindungsstellen gebunden werden. Die an der Brust sind natürlich eine Nummer größer.
Wings: Fünf oder sechs Toppings
Horns: Blauer Macaw
Head: Black Ostrich Herl

Dieses Muster ist eines derjenigen, die Colonel Campbell Francis Francis zuschickte, als dieser gerade Musterempfehlungen für sein Buch «A Book on Angling» (1867) sammelte. Campbell schickte Francis Francis vier Fliegen, die für das Lachsfischen an den Flüssen Awe und Orchy gedacht waren. Er schrieb Francis Francis, daß es dieses Muster war, das er verwendete, wenn diese Flüsse Niedrigwasser führten. Tatsache ist, daß er bei niedrigem Wasserstand nur diese Fliege verwendete und er war stolz darauf, so viele oder mehr Lachse als die anderen Angler zu fangen. «Wenn die anderen keine Lachse fangen, dann versuche ich es nicht einmal.» Das zeigt, daß der gute Colonel Campbell gerne ein wenig angegeben hat, aber es besteht kein Zweifel, daß er ein geschickter und erfolgreicher Angler war, der oft auch dann in der Lage war Fische zu fangen, wenn es sonst niemand schaffte. Er schrieb auch erfolgreiche Bücher, wie «The Old Forest Ranger» und «My Indian Journal».

Francis Francis schreibt, daß diese Fliege auch oft als die Goldfinch bezeichnet wurde. Es handelt sich hierbei aber nicht um das hier vorgestellte Muster und er bezog sich mit dieser Feststellung auf ein anderes Muster der Canary. Die Canary taucht noch mit verschiedenen anderen Mustern auf, Francis Francis liefert z.B. eine Version für das Frühjahrsfischen an dem walisischen Fluß Wye. Er nennt diese Fliege Canary, ansonsten ist sie aber unter dem Namen Dhoon Fly bekannt, so auch in diesem Buch.

Dr. T. E. Pryce-Tannatt gibt in seinem Buch «How to Dress Salmon Flies» (1914) auch eine Version der Canary, die sich von Campbells Beschreibung ein wenig unterscheidet und sogar noch unterschiedlicher ist als die Dhoon Fly von F. Francis. Der Tag besteht aus Goldtinsel und der Schwanz aus einem Topping und Indian Crow. Der Körper dieser Version sollte aus in zwei Abschnitte aufgeteiltem Flachtinsel bestehen. Jeder Abschnitt hat einen Straußfiberbutt und Veilings aus drei oder vier Tukanfedern auf jeder Seite. Der Bart ist eine Cock-of-the-Rock Hechel (Paradiesvogel) und der Flügel besteht aus sechs oder sieben Goldfasantoppings. Die Horns sind aus rotem Macaw und Pryce-Tannatts Version wird mit einem zarten, schwarzen Kopf beendet.

Unter «The Dhoon Fly» stelle ich verschiedene Muster vor, die manchmal unter dem Namen Canary bekannt sind, aber letztlich ihren Ursprung in der von Francis Francis als Dhoon Fly bezeichneten Fliege haben.

Carron Fly

Spey Fly, A. E. Knox, 1850.
Muster wie von T. E. Pryce-Tannatt.

Body: Orange Berlin Wool
Ribs: Silbernes Flachtinsel, scharlachrotes Floss und Silberfaden (in die entgegengesetzte Richtung)
Hackle: Eine schwarze Reiherhechel (ab der vierten Tinseldrehung)
Throat: Krickente
Wings: Braune Mallard Federfahnen (kurz)
Head: Schwarz

Die Carron Fly gehört zu den wirklich alten Fliegen für den Fluß Spey. Diese Fliegen mit ihren langen, spielenden Hecheln, der großen Rippung und den kurzen, flach gebundenen Flügeln, waren am Spey mehr oder weniger die einzigen verwendeten Fliegen, bis die prunkvollen Fliegen zur Mode wurden. Das Muster, das ich hier für die Carron Fly gegeben habe, ist nicht das älteste, aber heute das gängigste. Diese Fliege ist eine der alten Fliegen, die sich ihre Beliebtheit bis heute erhalten hat, was für viele der alten Fliegen vom Spey und vom Dee zutrifft.

Pryce-Tannatts Muster, das hier abgebildete, unterscheidet sich wenig von den älteren Beschreibungen der Carron Fly. Es hat mehr Rippung und einen Bart, im Gegensatz zu dem Muster aus Kelsons Buch «The Salmon Fly» (1895). Kelson zieht einen kurzen Körper aus oranger Berlin Wool vor, gehechelt mit einer schwarzen Reiherhechel und gerippt mit Silbertinsel. Er windet seine Hechel über den ganzen Körper und anders als Pryce-Tannatt, dreht er keine Rippung über den Reiherhechelkiel. Dies würde Kelsons Muster weniger widerstandsfähig erscheinen lassen (es sei denn, er würde den Trick anwenden, den er uns an der Gold Riach vorführt). Kelson empfiehlt Segmente vom braunen Mallard mit braunen Spitzen und grauem Wurzelansatz für die Flügel. Wie immer stimmen die Muster Hardys und Hales überein.

Die Carron Fly ist eine der wenigen, ein bißchen farbenfroheren alten Spey-Fliegen. Normalerweise sind diese Fliegen unauffällig gefärbt, mit Schwarz, Braun und Grau als Farben, vielleicht manchmal ein wenig Gelb. Es ist denkbar, daß die Carron Fly eine der Spey-Fliegen war, die verwendet wurden, wenn das Wasser etwa zu Saisonbeginn noch hoch, gefärbt und dunkel war.

Mr. A. E. Knox war der erste Autor, der den alten Spey-Fliegen ein ganzes Kapitel widmete. In seinem Buch «Autumns on the Spey» (1872) gibt es ein Kapitel, das er «Spey-Fliegen und Watgerät» nennt. Dieses Kapitel stellt 16 Muster aus der «guten, alten Zeit» vor, worunter sich auch die Carron Fly befindet. Ähnlich wie die anderen ist es ein sehr einfaches Muster mit einem orangen Körper (Berlin Wool), Rippung aus Silbertinsel, eine schwarze Feder von der Reiherbrust als Hechel und Mallard für den Flügel. Es ist ungewiß, ob Knox der erste war, der die Carron Fly band, aber man kann sicher sein, daß ihr Muster sehr alt ist. Unter den anderen Mustern von Knox befinden sich die Grey Heron, die Gold Reeach und die Culdrain Fly.

Champion

Mixed Wing, G. Kelson, spätes 19. Jahrhundert.
Muster wie von George M. Kelson.

Tag: Silbertwist und hellgelbes Silk
Tail: Ein Topping, nicht gebänderte Carolina-Brautente; hellkarmin und hellblau gefärbter Schwan
Butt: Black Ostrich Herl
Body: Zwei Windungen hellblaues Silk und gleich große Abschnitte dunkelgelb, karmin, dunkelblau und schwarz gefärbtes Seal's Fur
Ribs: Silberlace und Silbertinsel
Hackle: Eine natürlich-schwarze Hechel, ab Seehundwolle gedreht
Throat: Jay
Wings: Zwei Federfahnen der Carolina-Brautente (Rücken an Rücken), unten mit verhakten Fibern vom Diamantfasan und Goldfasanstoß, blauen Macaw, karmingefärbten Schwan, von der Krickente, ungebänderten Carolina-Brautente, vom gelb gefärbten Schwan, von der Pfauenschwungfeder und vom Mallard geveiled, darüber ein Topping
Sides: Jungle Cock – *Cheeks:* Chatterer
Horns: Blue Macaw – *Head:* Black Ostrich Herl

Die Champion ist eines der vielen Muster George M. Kelsons. Er schreibt, daß für die größeren, Anfang Frühling verwendeten Fliegen, wenn der Körper buschiger und voller sein muß, der Körper mit Pig's Wool statt mit Seal's Fur gebunden werden sollte. Die Champion ist eine der kompliziertesten der klassischen Lachsfliegen. Der Körper, der aus fünf verschiedenen Abschnitten besteht, hat keinen Butt oder Veiling, aber man kann sagen, daß fast alles andere enthalten ist. Unabhängig von den Sides, Cheeks und Horns besteht der zusammengesetzte Flügel aus elf verschiedenen Materialien. Das sind sogar für eine klassische Lachsfliege viele Komponenten und man muß beim Binden eines Flügels mit so vielen Teilen aufpassen, daß die fertige Fliege keinen «übertriebenen» Eindruck macht. Darin war Kelson ein großer Meister. Seine Fähigkeit, immer die korrekten Proportionen einzuhalten, egal, ob es nun eine Simple Strip Wing oder, wie hier, eine komplizierte Mixed Wing war, war einer der Hauptgründe, warum er in der Kunst des Lachsfliegenbindens ein so großer Meister geworden ist.

Kelson machte weiterhin durch das Verwenden nur einer oder zwei Fibern jeder Feder die Struktur eines Mixed Wings komplizierter und, um die korrekte Flügelhöhe zu erreichen, wiederholte er diesen Vorgang mindestens viermal. Diese Methode des Flügelaufbaus einer Lachsfliege ist sehr arbeitsintensiv und dauert sehr lange. Das Ergebnis, wenn jemand genau genug arbeitet, ist fast ein kleines Kunstwerk. Für uns heute ist es schwer verständlich, daß er damals die Flügel so band, weil er davon überzeugt war, diese Fliegen wären fängiger als die traditionelleren Mixed Wings. Für mich ist die Champion eine Fliege, die eher dafür geeignet ist, gerahmt zu werden. Sie hat zu ihrer Zeit zweifellos viele Lachse gefangen, aber es gibt viele andere klassische Lachsfliegen, die ich mir eher an das Vorfach binden würde.

Heute gibt es nur wenige Fliegenbinder die versuchen, eine Lachsfliege auf diese zeitaufwendige Art und Weise zu binden und es gibt sehr wenige, wenn überhaupt, die mit solcherart gebundenen Fliegen den Lachsen nachstellen. Diese Fliegen, die einst in täglichem Gebrauch standen, sind heute Zier- oder Ausstellungsstücke geworden.

Charlie

Mixed Wing, Captain Dundas, spätes 19. Jahrhundert.
Muster wie von George M. Kelson.

Tag: Silbertwist und hellblaues Silk
Tail: Ein Topping
Body: Gelbes und schwarzes Seal's Fur in gleich großen Abschnitten
Ribs: Silbernes Ovaltinsel
Hackle: Eine schwarze Hechel, ab dem gelben Pelz
Throat: Jay, aber für größere Muster blau gefärbtes Perlhuhn
Wings: Tippetfibern, Goldfasanstoß und Krickente als Underwing; dunkel gesprenkelter Truthahn, Bustard, Pfeifente, Pfauenschwungfeder, gelb, rot und hellblau gefärbter Schwan; Mallard
Horns: Blauer Macaw
Cheeks: Chatterer (früher Eisvogel)
Head: Schwarz

Die Charlie ist eine klassische Lachsfliege die nie so bekannt wurde, wie viele der anderen. Sie ist allerdings auch noch nicht gänzlich vergessen und es ist immer noch möglich, Angler von dieser Fliege sprechen zu hören. Was für eine Person der Erfinder, Captain Dundas, war und wo er angelte, wird uns wahrscheinlich für immer verborgen bleiben. Es ist anzunehmen, daß er ein Bekannter Kelsons war und ihm das Muster vorstellte. Das Muster finden wir in Kelsons Buch «The Salmon Fly» (1895), allerdings ohne Hinweise darauf, wo und wann diese Fliege am fängigsten ist. Dieselbe Beschreibung der Charlie finden wir in Hardys Buch «Salmon Fishing», obwohl Hardy nicht deutlich macht, ob die Hechel über den ganzen Körper oder nur, wie bei Kelson, über die schwarze Körperhälfte gedreht werden soll. Hardys Muster finden wir auch in Hales Buch «How to Tie Salmon Flies» (1892) wieder.

Die klassische Lachsfliege Charlie sollte nicht mit der moderneren, als Charlie O bekannten Fliege verwechselt werden, eine Fliege, die 1914 nach einem Gillie von Herbert Howard und Roy A. Thomson benannt wurde. Sie ist eine Mischung zwischen einer alten klassischen Lachsfliege und einer modernen, hat aber nichts mit der Charlie gemeinsam. Die Charlie ähnelt ein wenig einem anderen von Kelson vorgestellten Muster, nämlich der Brown Dog. Diese Fliege hat den gleichen zweifarbigen Seehundwollkörper und die gleichen Farben an den Schwansegmenten des Flügels. Kelson überliefert, daß die Brown Dog eine der besten Fliegen für den schottischen Fluß Ness war und sie sollte, um korrekt gebunden zu sein, bei ihrem Erfinder, Mr. D. Watson aus Inverness, bestellt werden. Sein Muster sah wie folgt aus. Tag: Goldtwist und goldgefärbte Flockseide. Tail: ein Topping und Indian Crow. Butt: Black Ostrich Herl. Body: gleich große Abschnitte schmutzig-orangen und braunen Seal's Furs. Keine Hechel. Rib: goldener Ovaltinsel. Throat: Grouse (schottisches Moorschneehuhn). Der Flügel ist einfacher als der der Charlie; der Underwing wird aus Tippetfibern gebunden und darüber kommen verhakte Segmente Krickente, gelb, rot und hellblau gefärbter Schwan und darüber ein Goldfasantopping. Die Brown Dog wird mit Cheeks aus Jungle Cock und einem Kopf aus schwarzer Berlin Wool beendet.

Chatterer

Topping Wing, Mr. Traherne, Ende des 19. Jahrhunderts.
Muster wie von George M. Kelson.

Tag: Silbertwist und helloranges Silk
Tail: Zwei Toppings
Butt: Black Ostrich Herl
Body: Zwei Windungen hellviolettes Silk, als Angelpunkt für unzählige kleine Chattererfedern, die dicht um den Rest des Körpers befestigt werden
Throat: Perlhuhn
Wings: Vier Indian Crow Federn in Paaren (Rücken an Rücken); das erste Paar länger als das zweite, welches wiederum an seinen Seiten jeweils eine Eichelhäherfeder von zwei Dritteln der eigenen Länge hat; darüber kommen fünf oder sechs Toppings
Cheeks: Chatterer
Horns: Blauer Macaw
Head: Eine schwarze Fiber

Diese schöne Lachsfliege ist eine der von Major J. P. Traherne gestalteten. Er war der Mann, der hinter verschiedenen bekannten Lachsfliegen stand, worunter sich die Golden Butterfly, die Black Prince und Fra Diavolo befinden. Kelson schreibt über die Chatterer, daß sie eine zum Fischen in «blue rivers» geeignete Lachsfliege ist. In einer Version mit einem Mixed oder Built Wing ist sie auch für den Tweed ausgezeichnet. Für ihn war es eher eine spezielle Fliege und keine allgemein bekannte. Die Federn des Körpers werden am besten von hinten nach vorne gebunden, wobei man den Haken nicht an der Biegung, sondern weiter oben, am Schaft, halten sollte, vorausgesetzt, die Fliege wird auf die klassische Art, d.h. ohne Bindestock gebunden, so Kelson.

Die Chatterer ist im Hinblick auf ihren Körper wahrscheinlich heutzutage die am teuersten zu bindende Fliege und es erscheint ein wenig unnötig, die so seltenen und teuren Chattererfedern auf diese Art zu verschwenden. Nicht nur, daß viele dieser Federn für den Körper gebraucht werden, sie werden auch in den Flügel mit eingefügt, zusammen mit den gleichermaßen seltenen und teuren Indian Crow Federn.

Chattererfedern waren auch während der viktorianischen Ära schwer aufzutreiben und relativ teuer. Die Federn stammen von einem Vogel mit dem gleichen Namen, einem Mitglied der Cotinga-Familie, so wie auch der Indian Crow und der Cock-of-the-Rock (Paradiesvogel). Dieser Vogel lebt im Nordosten Südamerikas und erstmals kam sein Federkleid in der Mitte des 18. Jahrhunderts nach Großbritannien. Es war ein Teil der für Madame de Pompadour, der Maitresse des französischen Königs Ludwig XVI., bestimmten Federsammlung aus Französisch Guayana. Das Schiff fiel in die Hände der Engländer und lieferte so den britischen Fliegenbindern die ersten Chattererfedern.

Die Chatterer, dieser Schatz unter den klassischen Lachsfliegen, wurde aus offensichtlichen Gründen nie besonders oft an den britischen Lachsflüssen angetroffen, aber sie ist unter demselben Muster, wie das hier vorgestellte, in den Sammlungen Hardys und Hales aufzufinden. Ich selbst habe diese Fliege noch nie in der Originalversion gebunden gesehen.

Childers

Mixed Wing, Colonel Childers, 1850.
Muster wie von George M. Kelson.

Tag: Silbertwist und hellblaues Silk
Tail: Ein Topping, Fibern vom roten und mattblauen Macaw, Pintail
Butt: Eine schwarze Fiber
Body: Zwei Windungen hellgelbes Silk, gefolgt von hellgelbem Seal's Fur und drei Windungen scharlachrotes Seal's Fur am Bart
Ribs: Silberlace und silbernes Ovaltinsel
Hackle: Eine weiße Furnace Hechel, hellgelb gefärbt
Throat: Eine scharlachrote Hechel und Pfeifente
Wings: Tippetfibern, Goldfasanstoß; braun gesprenkelter Truthahn, Diamantfasan, Pintail, Bustard, Carolina-Brautente, Parrot (grün), mattblauer und roter Macaw, Perlhuhn, Mallard und ein Topping
Horns: Blauer Macaw
Cheeks: Chatterer
Head: Eine schwarze Fiber

Die Childers ist eine der ganz alten Klassiker, von der gesagt wird, daß sie überall auf den britischen Inseln erfolgreich gefischt hat. Colonel Childers, der Erfinder dieser Fliege, angelte oft mit einer Childers ohne Topping über dem Flügel, gestand aber, daß er immer eines hinzufügen würde, wenn er eine Feder ergattern konnte. Wie so oft stimmen die Muster von J. J. Hardy und J. H. Hale mit dem von Kelson empfohlenen überein. Francis Francis stellt die Childers als ausgezeichnetes Standardmuster vor, welches in vielen verschiedenen Lachsflüssen erfolgreich ist. Den ersten Kontakt bekam er mit der Childers über die bekannte Angelgerätefirma Farlows. Sein Muster unterscheidet sich allerdings erheblich vom Original. Tag: Goldtwist und gold gefärbtes Floss. Tail: ein Topping, ein wenig Krickente und Tippet. Body: gelbe, orange und dunkelrote Pig's Wool. Rib: breites Goldtinsel. Hackle: dunkel-weinrot und hellblau an der Schulter. Wings: eine größere Fahne dunklen Truthahns mit weißlichen Spitzen und Federfahnen vom Bustard, Goldfasanstoß darüber, vermischt mit Segmenten blauem, blaßrotem, orangem und gelbem Schwan, beendet wird diese Fliege mit einem schwarzen Kopf.

Die Childers war keine von Sir Herberts Lieblingsfliegen, aber er gab zu, daß sie Tausende Lachse gefangen hat. Sein Muster hat denselben Flügel wie der, den er für die Jock Scott empfiehlt; ansonsten unterscheidet sie sich nur dadurch von Francis Francis' Childers, daß sie am Bart anstelle der hellblauen Hahnenhechel eine Krickentenhechel hat.

Dr. T. E. Pryce-Tannatt stellt wiederum eine andere Version der Childers vor. Sie hat mit den anderen wenig gemeinsam. Das Muster wird wie folgt gebunden. Tag: Silberfaden und blaues Floss. Tail: ein Topping und Indian Crow. Butt: eine schwarze Fiber. Body: goldgelbes Floss, oranges und feuerbraunes Seal's Fur zu gleichen Teilen. Ribs: silbernes Flachtinsel und Twist. Hackle: eine «badger» Hechel, zitronenfarbig gefärbt. Throat: Goldfasanbrustfeder, gefolgt von Pfeifente. Wings: ein zusammengesetzter Flügel (mixed), ein Paar Goldfasanbrustfedern (Rücken an Rücken); verhakte Fibern vom scharlachroten, blauen, orangen und gelben Schwan, Bustard, Florican, Goldfasanstoß, zimtfarbenen und grau gesprenkelten Truthahnstoß und über alles ein Topping. Sides: gebänderte Carolina-Brautente. Cheeks: blue Chatterer. Horns: blauer Macaw.

Claret Jay

Mixed Wing, Farlow, frühes 19. Jahrhundert.
Muster wie von H. C. Pennell.

Tag: Silbertwist und hellgelbes Silk
Tail: Ein Topping, scharlachroter Ibis und Perlhuhn
Butt: Eine schwarze Fiber
Body: Zwei Windungen hell-weinrotes Silk, der Rest weinrotes Seal's Fur
Rib: Silbertinsel
Hackle: Weinrot
Throat: Jay
Wings: Krickente, Tippet und Florican; hell gesprenkelter Truthahn, Parrot (grün), Goldfasanstoß, Perlhuhn und dunkler Bustard; hellgelb, gelb-grün (oder mattblau), gelb und weinrot gefärbter Schwan, mit zwei Federfahnen vom Mallard darüber
Sides: Gelber Macaw und Ibis in verhakten Streifen
Horns: Blauer Macaw
Head: Eine schwarze Fiber

Die Claret Jay ist wahrscheinlich die bekannteste der Jay-Serie. Diese Fliegen waren farbenmäßig oft recht eintönig und sehen weder sehr kompliziert noch besonders elegant aus. Beliebte Verwandte der Claret Jay waren unter anderem die Black Jay, die Blue Jay und die Dirty Orange. Wie so oft bei den alten Klassikern, gibt es verschiedene Versionen. Eine der gängigsten erhält man, indem man das hellrote Silk durch gelb gefärbtes Seal's Fur ersetzt. Man könnte meinen, daß die Claret Jay eines von Kelsons Mustern ist, aber er gibt zu, daß es Farlow war, der ihm diese Fliege zeigte. Die Claret Jay ist eine sehr alte Fliege und wahrscheinlich irischer Abstammung aus der ersten Hälfte des 19. Jahrhunderts. Das von Kelson für die Claret Jay empfohlene Muster entspricht in jedem Detail denjenigen von Hardy und Hale, unterscheidet sich ein wenig von Pennells Version. Kelson baut seinen Flügel mit Tukanfibern anstelle von Floricanfibern auf, und die Schwansegmente sind gelb, hellblau und weinrot. Dies ist ein deutlicher Unterschied zwischen Kelsons und Pennells Fliege.

Francis Francis beschreibt auch eine Claret genannte Fliege,wahrscheinlich eine frühe Version der Claret Jay. Er schreibt, daß das Basismuster dieser Fliege von Hellrot zu Dunkellila variieren kann. Die Beschreibung ist folgende. Tag: Goldtwist und goldenes Floss. Tail: ein Topping. Butt: Black Ostrich Herl. Body: drei Windungen oranges Floss, der Rest mittelrote Pig's Wool. Rib: dicker Goldfaden. Hackle: eine hell-weinrote Hechel, die etwa ab der Körpermitte beginnt. Shoulder: zwei oder drei Windungen mit einer schwarzen Hechel. Wings: zwei Tippetfedern (Rücken an Rücken) und verhakte Fibern vom Goldfasanstoß, Truthahn, Bustard und darüber Pfau, mit dazwischenliegenden Fibern vom grünen und roten Parrot, ein Topping über alles. Horns: blauer Macaw und schwarzer Kopf. Francis Francis empfiehlt eine andere Version der Claret für das Lachsfischen in Irland. Dieser fehlt das Orange am Körper, und als Bart verwendet er eine blaue Eichelhäherhechel. Der Flügel besteht aus dünnem Mallard mit blauen Streifen. Dr. T. E. Pryce-Tannatts Claret Jay ist ganz anders. Es sieht wie folgt aus. Tag: Silberfaden und dunkeloranges Floss. Tail: ein Topping, Cock-of-the-Rock und Tippet in Fibern. Body: die ersten drei Viertel dunkel-weinrotes Seal's Fur, der Rest violettes Seal's Fur. Ribs: goldenes Ovaltinsel. Hackle: eine dunkel-weinrote Hechel. Throat: Jay. Wings: mixed Tippet in Fibern, verhakte Fibern scharlachroten, blauen, gelben und orangen Schwanes, Florican, Bustard, Goldfasanstoß, verhakte schmale Federfahnen von der Krickente (oder Pintail) und gebänderten Carolina-Brautente, darüber Federfahnen (eher breit) vom braunen Mallard. Horns: blauer und gelber Macaw. Beendet wird die Fliege mit einem Kopf aus schwarzer Straußenfiber.

Claret Wasp

Simple Strip Wing, Mr. Paton, frühes 19. Jahrhundert.
Muster wie von George M. Kelson.

Tag: Silbertwist und gelbes Silk
Tail: Ein Topping, Pfeifente und Ibis
Body: Gleiche Teile von gelbem und weinrotem Seal's Fur
Ribs: Silbertinsel (oval und dünn) über die gelbe Hälfte, silbernes Flachtinsel sonst
Hackle: Eine weinrote Hechel entlang vom weinroten Seal's Fur
Throat: Perlhuhn
Wings: Zwei Federfahnen zimtfarbener Truthahn
Head: Schwarz

Die Claret Wasp ist ein weiteres Mitglied der Wasp-Familie. Ich habe hier Kelsons Muster vorgestellt, da diesem wahrscheinlich weniger Veränderungen widerfahren sind, als dem von Francis Francis. Alle Wasps waren ursprünglich Simple Strip Wing Fliegen, und der kompliziertere Flügel, den wir bei Francis Francis finden, ist das Resultat vieler Jahre langsamer Weiterentwicklung, besonders an den Ufern des Tay. Wie üblich stimmen die Muster von Hardy und Hale mit dem Kelsons überein. Die von Francis Francis vorgestellte Claret Wasp ist allerdings recht unterschiedlich. Nicht nur die Flügelstruktur ist eine andere, die Fliege gibt auch einen anderen Gesamteindruck wieder. Francis Francis liefert folgende Beschreibung. Tag: Goldtinsel. Tail: ein Topping und eine Windung oranger oder schmutzig-roter Wolle. Body: ein Drittel schmutzig-gelbe, ein Drittel weinrote und das letzte Drittel dunkelblaue Wolle. Der blaue Abschnitt sollte an den Schultern ein wenig gezupft sein. Ribs: Silbertinsel. Hackle: eine rostfarben gefärbte Coch-y-Bondhu-Hechel. Throat: Perlhuhn. Wings: Goldfasanstoß, Bustard, weinrot und orange gefärbter Schwan, ein paar Tippetfibern und Pintail. Ein Segment der Wood Duck auf jeder Flügelseite und ein Topping über alles. Horns: blauer Macaw. Head: schwarz.

Bei Sir Herbert Maxwell finden wir nur ein Muster aus der Wasp-Familie, nämlich eines für die Yellow Wasp. Maxwell schreibt, daß diese Fliege am Tay einmal für unersetzlich gehalten wurde, aber in den letzten Jahren farbenreichere Kreationen die Überhand gewonnen haben. Maxwells Fliege ist eine der alten, einfachen Art und wird wie folgt gebunden. Tag: Silbertinsel. Tail: ein Topping, ein paar Tippetfibern, scharlachroter Ibis und grüner Pfau. Butt: smaragdgrünes Chenille. Body: hintere Hälfte aus gelber Pig's Wool und die vordere aus hellblauer Pig's Wool. Ribs: Goldtinsel über den gelben Körperabschnitt und Silbertinsel über den blauen. Hackle: eine blau gefärbte Hahnenhechel über den blauen Körperteil. Throat: eine schwarze Hahnenhechel mit blauem Jay darüber. Wings: dunfarbener Truthahn mit weißen Spitzen («dun» bedeutet blaß, verblichen und grau, neben der Grundfarbe ist ein deutlicher Grauton vorhanden). Head: klein, schwarz und lackiert. Francis Francis, Hardy und Hale stellen alle ähnliche Beschreibungen der Yellow Wasp vor. Der einzige Unterschied ist, daß sie statt Maxwells grünem Pfau eine kleine Indian Crow Feder in den Schwanz eingebunden wird. Der Butt wird bei Maxwell aus Chenille gebunden, wogegen die anderen drei Black Ostrich Herl vorziehen. Für Francis Francis war die Yellow Wasp die schönste aus der Wasp-Familie. Eine nahe Verwandte ist eine als Wasp Grub bezeichnete Fliege. Sie hat zwar den charakteristischen Wasp-Körper, wird aber in die Familie der Grubs eingeordnet.

Cock Robin

Mixed Wing, G. Kelson, Mitte des 19. Jahrhunderts.
Muster wie von George M. Kelson.

Tag: Silbertwist und gelbes Silk
Tail: Ein Topping und Ibis
Butt: Black Ostrich Herl
Body: Schwarzes Silk mit zwei Windungen rot-orangem Seal's Fur am Bart
Ribs: Silbernes Ovaltinsel
Hackle: Eine blaue Hechel ab der zweiten Windung
Throat: Eine rot-orange Hechel
Wings: Zwei Tippets (Rücken an Rücken) geveiled mit Perlhuhn, hell gesprenkeltem Truthahn, Goldfasanstoß, dunkel gesprenkeltem Truthahn, hellgelb und rot-orange gefärbtem Schwan und Mallard
Horns: Blauer Macaw
Head: Black Ostrich Herl

Die Cock Robin ist eine Fliege, die uns George Mortimer Kelson in seinem Buch «The Salmon Fly» (1895) vorstellt. Es ist nicht seine eigene Fliege, sondern er erhielt sie von seinem Vater. Es war sein Vater, ein Angler und Fliegenbinder mit Herz und Seele, der bei ihm erstmals das Interesse für klassische Lachsfliegen weckte. George Mortimer Kelson wurde später zur Autorität auf diesem Gebiet, ganz besonders was die Mixed Wing Fliegen betrifft. In «The Salmon Fly» schreibt er, daß die Cock Robin eine der bekannten alten Lachsfliegen seines Vaters ist. Ich zweifle allerdings daran, daß die Cock Robin so bekannt war, wie er behauptet, da in keinem anderen Werk über klassische Fliegen von ihr die Rede ist. Vielleicht möchte Kelson seinen Vater als bedeutenderen Fliegenbinder darstellen, als dieser wirklich war. Seinem Vater schreibt er ebenfalls die Wilkinson, die Black Dose, die Black Dog und die Ike Dean zu, und obwohl er wahrscheinlich den Erstkontakt zu diesen Fliegen über seinen Vater bekam, ist es zweifelhaft, ob dieser für die Originalmuster verantwortlich ist. Was aber die Cock Robin betrifft, so ist ihr Erfinder mit Sicherheit sein Vater.

Die Cock Robin kann man auch in Hardys Buch «Salmon Fishing» (1907) und dann natürlich auch in Hales Buch «How to Tie Salmon Flies» (1892) in der zweiten und dritten Ausgabe finden. Die Muster sind dieselben, aber Hardy und Hale ziehen einen Kopf aus schwarzer Bindeseide vor. Mit allergrößter Wahrscheinlichkeit verfügte Hardy beim Zusammenstellen seiner Sammlung von 345 klassischen Lachsfliegen über das Buch von Kelson, da ihre Meinung über die Bindemuster selbst selten auseinandergeht.

Colonel

Mixed Wing (Farlow), spätes 19. Jahrhundert.
Muster wie von Francis Francis.

Tag: Goldtwist und zwei Windungen sattgelbe Flockseide
Tail: Ein rotes und gelbes Büschel (Schwan), gemischt mit Perlhuhn und schließlich ein Topping
Body: Bis zur Hälfte gelbes Floss, danach orange Pig's Wool
Ribs: Goldtwist, Goldtinsel und schwarzes Floss, Seite an Seite (ein wenig grobes Nähgarn ist besser geeignet). Erst das Twist, dann das Tinsel und zuletzt das schwarze Silk
Hackle: Eine gelbe Hechel, vom Schwanz zum Kopf
Throat: Eine Bustardhechel
Wings: Underwing aus Goldfasantippet, auf beiden Seiten davon Federfahnen vom Bustard und Argusfasan (die dunkle, kleingetupfte Feder); hier und da Fibern von gelbem Schwan dazwischen und über alles ein Topping
Horns: Blauer Macaw
Head: Schwarz

Francis Francis ordnet dieses Muster der Colonel unter die Standardfliegen ein, welche er als für die meisten der britischen Lachsflüsse geeignet betrachtet. Zusammen mit dieser gelben Version liefert er ein erheblich orangeneres Muster. Diese eigenartige Version der Colonel hat einen Tag aus rot-oranger Flockseide. Der gelbe Körperabschnitt sollte ebenfalls aus rot-oranger Flockseide bestehen, so wie auch die Hahnenhechel rot-orange sein sollte. Sogar die gelben Schwansegmente des Flügels sind durch orange ersetzt worden. Die Bindeanweisungen bleiben ansonsten für diese Version der Colonel gleich.

W. Earl Hodgsons Buch «Salmon Fishing» (1906) enthält eine Abbildung der Colonel. Diese von Mr. P. D. Malloch gebundene Fliege ist der von Francis Francis empfohlenen sehr ähnlich. Von Malloch gebunden, hat sie Bustard im Schwanz statt Perlhuhn und Schwan, der andere Unterschied ist, daß Mallochs Fliege im Flügel sowohl gelbe als auch orange Schwansegmente enthält.

Auch George M. Kelson überliefert ein Muster für die Colonel, welches er als eine «moderne» Version bezeichnet und das mit den Mustern von Hardy und Hale übereinstimmt.

Kelson schreibt, daß diese schöne Fliege sich sehr für einige der bekanntesten britischen Flüsse, ganz besonders den Thurso und den Don eignet, aber auch für den Fluß Wye ein ausgezeichnetes Muster ist. Dieses Muster, das Kelson von Farlow erhielt, wird wie folgt gebunden. Tag: Goldtwist und gelbes Silk. Tail: ein Topping. Body: zwei Windungen gelbes Silk, gefolgt von gelbem Seal's Fur. Ribs: schwarzes Silk, Goldlace und Silbertinsel (zusammen). Hackle: ab dem gelben Silk eine gelbe Hechel. Throat: heller Bustard. Wings: Federfahnen vom dunkel gesprenkelten Truthahn, Goldfasanstoß und Bustard; gelb, rot und blau gefärbter Schwan; ein Topping. Horns: blauer Macaw. Head: schwarze Berlin Wool.

Crane

Whole Feather Wing, Francis Francis, 1885.
Muster wie von Francis Francis.

Tag: Silberfaden und orange Flockseide
Tail: Ein sehr langes Segment sattgelben Schwanes
Butt: Rote Crewelwolle
Body: Satt-mittelblaue Flockseide
Rib: Silbertinsel
Hackle: Eine blaue Reiherhechel auf der ganzen Länge
Shoulder: Perlhuhn
Wings: Zwei lange Jungle Cock-Federn mit einer dunfarbenen Kuckuckshechel darüber
Head: Rote Crewelwolle

Die Crane ist eher eine seltsame Fliege. Sie ist nicht wie viele andere klassische Reiherhechelfliegen aufgebaut, wie etwa die Dee Strip Wing Fliegen oder die Spey-Fliegen, und die Erklärung hierfür ist, daß ihr Ursprung weit entfernt von den schottischen Flüssen Dee und Spey liegt, nämlich in Irland. Francis Francis erhielt die Crane von einem Angler, den er an einem der guten Abschnitte des irischen Flusses Suir antraf. Es war eine Fliege für große Haken, schnelles und hohes Wasser.

Nach Francis Francis sollte die Crane mit einer Reiherhechel gebunden werden. Man fragt sich, folgt man dem Namen, ob diese Fliege nicht ursprünglich dazu gedacht war, mit einer Hechel vom Kranich (Crane) gebunden zu werden. Farbe und Art der Federn dieses Vogels sind denen des Graureihers sehr ähnlich, und sie wären für diese Fliege sehr geeignet. Die Fliege der Abbildung ist aber, wie alle Fliegen in diesem Buch, nach den genauen Anweisungen gebunden worden, d.h. daß die Crane der Abbildung mit einer Reiherhechel versehen ist.

J. J. Hardy und J. H. Hale überliefern ebenfalls Muster für die Crane, die in diesem Fall auch mit dem von Francis Francis übereinstimmen. Da dies nicht oft der Fall ist, ist es sehr gut möglich, daß sie dieses Muster direkt aus seinem Buch «A Book on Angling» (1867) übernommen haben.

Francis Francis stellt eine andere Fliege vor, die in vielen Punkten der Crane ähnelt. Es war eines der Muster von Mr. Haynes und Francis Francis nennt es die Spider. Es hat ebenfalls eine blau-graue, um den Körper gedrehte Reiherhechel und einen Flügel aus langen Jungle Cock-Federn. Diese schöne Reiherhechelfliege, von welcher Francis Francis behauptet, sie würde gut in einem kleinen irischen Lachsfluß namens Lee fischen, wird wie folgt gebunden. Tag: Silbertinsel und blaue Flockseide. Tail: zwei kleine Jungle Cock-Federn. Kein Butt. Body: Zwei Windungen schwarze Flockseide, der Rest aus helloranger. Rib: Silbertinsel. Hackle: eine große, blaue Reiherhechel auf der ganzen Körperlänge, die vom Kopf bis etwas über einen Zentimeter weiter als das Hakenende hinausreicht. Shoulder: eine kurze, schwarze, als Kragen gebundene Hechel. Wings: ein Paar Jungle Cock Federn, die entlang des Hakens zum Verstecken des Körpers eingebunden werden und bis zum Tag reichen. Head: schwarz.

Culdrain Fly

Spey Fly, A. E. Knox, 1850.
Muster wie von A. E. Knox.

Body: Schwarze Berlin Wool
Rib: Weit auseinanderliegende Silbertinselrippen, dazwischen jeweils zwei Silkfäden, einer orange, der andere gelb
Hackle: Eine kohlschwarze Hahnenhechel
Wings: Grauer Mallard

Die Culdrain Fly ist eine der seltenen alten Spey-Fliegen und der einzige Hinweis, den ich auf sie finden konnte, war in dem Buch «Autumns on the Spey» (1872) von Mr. A. E. Knox. Knox schreibt, daß sie oft auf große Haken gebunden wurde. Er stellt in seinem Buch 16 alte Lachsfliegen für den Spey vor. Es handelt sich hierbei um einfache Kreationen der gleichen Art, wie andere klassische Spey-Fliegen, z.B. der Lady Caroline und der Grey Heron. Alle in seinem Buch enthaltenen Fliegen wurden von einem außergewöhnlich begabten Fliegenbinder, Shanks of Craigellachie, gebunden und es ist berechtigt anzunehmen, daß nicht er der Erfinder dieser Spey-Fliegen war, sondern daß viele Muster von Shanks stammen.

Ich habe in diesem Buch mehrere Fliegen aus Mr. Knox' Buch vorgestellt (siehe: die Grey Heron, die Black Heron, die Carron Fly und die Gold Reeach). Die meisten dieser Fliegen werden von nachfolgenden Fliegenbindeautoren erwähnt, aber einige Muster werden von Knox allein vorgestellt. Das erste hiervon ist die Culdrain Fly.

Knox stellte auch zwei Speal-Fliegen vor. Die erste hiervon, die Gold Speal, sollte wie folgt gebunden werden. Body: schwarze Berlin Wool. Rib: zwei oder drei Windungen sehr breites, goldenes Flachtinsel, mit einer Windung dünnes Silbertinsel zwischen jeder einzelnen Windung. Hackle: eine sehr weiche, rote Deckfeder vom Hahnenstoß. Wing: Mallard. Die zweite Speal-Fliege, die Silver Speal, wird genauso gebunden, mit dem Unterschied, daß das breite Tinsel ein silbernes und das dünne ein goldenes sein sollte.

Knox überliefert auch zwei andere, unübliche Spey-Fliegenmuster ohne Familiennamen: die Gold-Green Fly und die Silver-Green Fly. Sie ähneln den Reeach-Fliegen und sind wahrscheinlich Abwandlungen dieser. Die erste wird folgendermaßen gebunden. Body: der gleiche wie bei der Gold-Green Reeach, d.h. olivgrün. Diese Farbe erhält man durch das Mischen roter, grüner und purpurfarbener Berlin Wool. Rib: Abhängig von der Größe, drei oder vier Windungen Goldtinsel. Zwischen jeder einzelnen dieser Rippungen eine Windung orange Flockseide. Hackle: eine rote Hahnenhechel. Wings: Krickente oder grauer Mallard. Die Silver-Green Fly ist eine rein farbliche Abwandlung des vorherigen Musters, bei welcher das Tinsel silbern statt golden und die Hechel grau statt rot sein sollte.

Diese Spey-Fliegen sind an unseren Lachsflüssen vollständig verschwunden, aber ich bin überzeugt, daß sie sich auch heute als sehr fängig herausstellen würden, sofern man ihnen eine Chance gibt.

Dallas Fly

Spey Fly, John Dallas, Ende des 19. Jahrhunderts.
Muster wie von George M. Kelson.

Body: Drei Windungen gelber Berlin Wool, gefolgt von schwarzer Wolle
Ribs: Silbertinsel, Goldtinsel (oval, schmal), roter und blauer Faden, alle verlaufen in gleichen Abständen voneinander
Hackle: Eine schwarze Spey-Hahnenhechel ab dem Körperende, in die entgegengesetzte Richtung gebunden, so daß sie die Rippung kreuzt
Throat: Eine rote Hechel des Goldfasans
Wings: Zwei Federfahnen einfachen, zimtfarbenen Truthahnes
Head: Orange Wolle, ein wenig gezupft

Die Dallas Fly ist ein Muster von Mr. John Dallas, auch wenn die Fliege von Mr. Little Gilmore nach ihrem Erfinder benannt wurde. Das hier vorgestellte Muster stammt aus Kelsons Buch «The Salmon Fly». Kelson hatte das Muster aus Mr. C. M. Burns Buch «Fisherman at Pitcoy», der wiederum ein Original von Mr. Dallas selbst erhalten hatte, welches dem hier vorgestellten genau entsprach.

Die Dallas Fly ist eine der Fliegen, die normalerweise als Spey-Fliegen bezeichnet werden, was bedeutet, daß sie ihren Ursprung an den Ufern des Spey hatten, wo sie in einem bestimmten Zeitabschnitt äußerst beliebt waren und seither weltbekannt wurden. Zwei der charakteristischen Merkmale der Spey-Fliegen sind die große Zahl der Rippungen und der kurze Flügel, wie es auch hier bei der Dallas Fly der Fall ist. Wie Kelson bestätigt, haben viele dieser Fliegen viel kürzere Körper: die Dallas hat einen so kurzen Körper, daß dieser nicht weiter hinten als etwa 3 – 4 mm von der Hakenspitze beginnen sollte. Dies ist, verglichen mit anderen lokalen Spey-Fliegen, ein sehr langer Körper.

Kelson betrachtete die Dallas Fly als eine der wichtigsten Fliegen für diesen schottischen Fluß, was sicherlich einmal gestimmt hat. Heute allerdings ist die Dallas Fly das typische Beispiel für eine Fliege, deren Beliebtheit fast ganz geschwunden ist. Ihr Muster ist fast gänzlich vergessen worden, aber dies ist auch nicht weiter überraschend, da der einzige Punkt, durch den ich diese Fliege von anderen alten Spey-Fliegen aus denselben Materialien unterscheiden kann, der buschige Kopf aus Berlin Wool ist. Wie dem auch sei, es gibt andere Spey-Fliegen mit einem viel größeren Anspruch auf Ruhm. Heute sieht man oft Angler eine Grey Heron, eine Carron oder eine Black Heron binden. Und diese Fliegen ziehen auch heutzutage viele Lachse aus dem Wasser. Andere, historisch interessante Fliegen vom Spey, die in diesem Buch enthalten sind, sind unter anderem die Green King, die Purple King, die Gold Riach, die Mrs. Grant, die Glen Grant, die Lady Caroline und die Grey Heron.

Dandy

Whole Feather Wing, James Wright, Mitte des 19. Jahrhunderts.
Muster wie von George M. Kelson.

Tag: Silbertwist und gelbes Silk
Tail: Ein Topping, Fibern der Carolina-Brautente und vom Chatterer
Butt: Eine schwarze Fiber
Body: Silbertinsel, fast zwei Drittel, der Rest hellblaues Silk
Ribs: Silbernes Ovaltinsel
Throat: Eine hellblaue Hechel und Perlhuhn
Wings: Zwei Tippets (Rücken an Rücken), zwei weiterreichende Jungle Cock-Federn umhüllend (Rücken an Rücken)
Sides: Carolina-Brautente, den unteren Teil des Tippets bedeckend
Cheeks: Chatterer
Horns: Blauer Macaw
Head: Schwarze Berlin Wool

Dies ist eine andere von James Wrights wunderbaren Fliegen. Mr. Wright wohnte nur einen Steinwurf von dem einst berühmten Fishing-Lodge «Sprouston Club» entfernt, an den Ufern des Tweed. Er war einer der begeisterten Fischer, die den Trend weg vom Fischen mit den lehmfarbigen Fliegen, wie die Toppy und die Dun Wing, hin zum Fischen mit komplizierteren und farbenfrohen Mustern wie die Dandy, die Silver Grey, die Wilkinson und die Ranger-Fliegen, am Tweed in Gang setzten und unterstützten. Von der Dandy wird behauptet, daß sie nach Lord Alexander Padget benannt wurde, welchem dies sicherlich eine besondere Ehre gewesen wäre.

Die Dandy wurde von Hardy und Hale genauso wie von Kelson gebunden. Sir Herbert Maxwell verlangte allerdings eine Indian Crow-Feder statt dem Chatterer und der Carolina-Brautente. Wie immer empfiehlt Maxwell einen Butt aus Chenille. Der Körper besteht aus gleichen Abschnitten silbernem Flachtinsel und hellblauem Silk, wobei der vordere blaue Abschnitt mit einer hellblauen Hahnenhechel gehechelt ist. Der Bart ist aus Perlhuhn. Ansonsten stimmen Kelsons und Maxwells Muster genau überein. Dies war Maxwells bevorzugtes Modell aus der Kategorie der «Whole Feather Wing» Fliegen. Dr. Pryce-Tannatts Dandy unterscheidet sich leicht von der Kelsons dadurch, daß sein Schwanz aus einem Topping besteht, an welches zwei Jungle Cock-Federn kommen, an deren Außenseiten sich wiederum zwei leicht kürzere Chattererfedern befinden. Körper und Rippung stimmen bei Pryce-Tannatt mit dem Muster von Kelson überein, allerdings sollte, wie bei Maxwell, eine hellblaue Hechel über den blauen Körperteil gedreht werden. Eine gesprenkelte Perlhuhnhechel wird eingebunden.

Dawson

Mixed Wing, Kennet Dawson, Ende des 19. Jahrhunderts.
Muster wie von George M. Kelson.

Tag: Silbertwist und gelbes Silk
Tail: Ein Topping und Chatterer
Butt: Black Ostrich Herl
Body: Zwei gleiche Abschnitte Silbertinsel, in der Mitte mit Indian Crow und Black Ostrich Herl
Ribs: Silbernes Ovaltinsel
Throat: Indian Crow, so wie zuvor, und eine hellblaue Hechel
Wings: Hell gesprenkelter Truthahn, gelber Macaw, Goldfasanstoß, Krickente, mattblauer Macaw, Ibis, dunkel gesprenkelter Truthahn, grauer Mallard; Mallard und ein Topping
Horns: Blauer Macaw
Head: Black Ostrich Herl

Die Dawson ist eine der weniger gängigen, aber sehr eleganten Fliegen. Kelson betrachtete sie als ausgezeichnete Fliege, die er immer in verschiedenen Größen mit sich führte. Die Dawson ist eine der wenig verwendeten Fliegen, die in vielen unterschiedlichen Gewässern Lachse fangen können. An einigen Lachsflüssen ist sie unter dem Namen «Baron Dawson» besser bekannt.

Kelson war unter den ersten, die Fliegen mit den sogenannten «Mixed Wings» entwarfen. Er selbst hielt sich für den ersten, was allerdings nicht ganz stimmt, da zu gleicher Zeit sich auch einige andere mit dieser Idee befaßten. Er selbst schreibt, daß er viele Jahre brauchte, um die Schwingen der Lachsfliegen so zu gestalten, wie wir sie heute unter dem Namen «Mixed Wing» kennen. Diese Schwingen bestehen aus den Segmenten verschiedener Federn, die mit Hilfe von Häkchen an jeder Federfiber zu einer Federfahne verhakt werden können. Es ist wichtig, Segmente von der gleichen Federseite miteinander zu verhaken; ansonsten halten sie nicht aneinander. So stellte Kelson zwei breite Federfahnen her, die jeweils aus den Fibern mehrerer verschiedener Vögel bestanden. Nach mehreren Jahren erfolgreichen Testens dieser Methode veröffentlichte er eine Reihe von Artikeln in der «Fishing Gazette» (1883–1884), in welchen er diese Schwingenkonstruktion beschrieb. Diese Artikel stießen auf großes Interesse und diese Methode wurde überall auf den britischen Inseln verwendet.

1888 änderte Kelson seine Methode leicht ab. Es wurde komplizierter. Die Federsegmente, die er zuvor zur Flügelerstellung verwendete, teilte er auf und verarbeitete nur mehr eine Fiber gleichzeitig. Zum Beispiel nahm er für die Erstellung eines Flügels aus gelbem und blauem Schwan, Truthahn und Goldfasanstoß jeweils nur eine Fiber pro Feder, verhakte («married») diese miteinander und wiederholte diesen Vorgang normalerweise viermal, jedenfalls so lange, bis er eine ausreichend breite Federfahne hatte. Wichtig ist ebenfalls, daß die unteren Fibern kürzer als die oberen sind. Die Form der so entstandenen Federfahne wird durch das Buckeln dieser erreicht. Der gleiche Prozeß wird mit dem zweiten Flügel wiederholt und wenn beide fertig sind, werden sie zusammen eingebunden («with a simple manipulation»). Das Herstellen und Binden von Kelsons «Mixed» Lachsfliegenschwingen ist zweifellos die schwierigste Aufgabe in der Kunst des Fliegenbindens. Beispiele für Fliegen mit solchen Flügeltypen sind die Silver Doctor, Gordon, Beresford Fancy, Black and Gold und die Floodtide.

Denison

Whole Feather Wing, Mr. Denison, Mitte des 19. Jahrhunderts.
Muster wie von Francis Francis.

Tag: Eine Windung Silbertwist, eine mit weinrotem und eine mit gelbem Floss
Tail: Ein Topping und ein Sproß Wood Duck
Butt: Black Ostrich Herl
Body: Eine Hälfte Silberfaden, die andere hellblaues Floss
Rib: Silbertwist
Hackle: Eine hellblaue Hechel, nur über das Floss
Shoulder: Blauer Jay
Wings: Zwei Tippetfedern mit einer Jungle Cock-Feder in Hakenlänge an jeder Seite; darüber zwei Goldfasanrumpffedern (so groß wie das Tippet); ein Topping über alles
Horns: Blauer Macaw
Head: Schwarz

Francis Francis überliefert, daß der Erfinder dieser schottischen Lachsfliege der Bruder eines früheren Abgeordneten des House of Commons war. Er angelte oft und erfolgreich am schottischen Fluß Ness, diesem reizvollen und majestätischen Lachsfluß, der das bekannte Loch Ness mit dem Meer verbindet, in welchen sich wiederum viele schöne Lachsflüsse ergießen, wovon der bekannteste sicherlich der Garry ist. Eine große Zahl Lachse steigt in den Ness auf, da alle Garry-Lachse zunächst gegen die Strömung des Ness ankämpfen müssen. Die besten Fliegen für diesen Fluß sind relativ klein. Francis Francis stellt in seinem Buch «A Book of Angling» (1867) die Muster von neun guten Fliegen für die Ness-Lachse vor, worunter die Denison eine sichere Wahl ist. Der Körper ist eine Kreuzung zwischen zwei Doctor-Fliegen, nämlich der Silver Doctor und der echten Blue Doctor. Auch wenn für ihn diese Fliege eine schöne Fliege war, so fand er, daß es vorteilhaft wäre, die gelben Rumpffedern durch zwei zusätzliche Jungle Cock-Federn zu ersetzen und so die Attraktivität zu steigern.

Kelson stellt ebenfalls die Denison vor, allerdings in einer ein wenig anderen Version, indem er zum Topping im Schwanz Summer-Duck hinzufügt. Francis Francis empfiehlt Wood Duck, was letztlich bloß eine andere Bezeichnung für denselben Vogel ist. Kelson rät ebenfalls, etwas am Flügel hinzuzufügen, nämlich zusätzlich zu den gelben Rumpffedern ein Krickentensegment an jede Seite des Flügels einzubinden. Diese Segmente sollten relativ schmal sein und an die Oberseite des Flügels plaziert werden. Ergänzt wird Kelsons Muster durch einen Kopf aus schwarzer Straußenfiber. Ansonsten wird die Fliege auf die gleiche Art gebunden. Kelsons Fliege ist zweifellos heute das gängigste Muster. Hardy und Hale veröffentlichten dasselbe Muster mit einem geringfügigen Unterschied, sie zogen einen Kopf aus schwarzer Bindeseide dem aus Straußenfiber vor.

Dhoon Fly

Simple Strip Wing, frühes 19. Jahrhundert.
Muster wie von Francis Francis.

Tag: Goldtinsel und rubinrotes Floss
Tail: Ein Topping
Butt: Black Ostrich Herl
Body: Aus vier Abschnitten gelbem Floss; in jeden Abschnitt wird hechelartig buschige, sattgelbe Wolle eingebunden; in den beiden hinteren Abschnitten ist es gelbe Wolle, in den vorderen ist es sehr buschige satt-orangegelbe Pig's Wool
Rib: Goldtwist
Throat: Eine gelbe Hechel und darüber eine orange
Wings: Zwei große Federfahnen satt-orange gefärbter Schwan
Cheeks: Zwei lange Chatterer- oder Eisvogelfedern
Head: Schwarz

Die Dhoon Fly hat einen recht ungewöhnlichen Ursprung. Sie kommt aus dem Himalaya-Raum, wo sie zum Fang von Masheers verwendet wurde, einem großen, karpfenartigen Fisch, der ein wenig einem kämpferischen Salzwasserfisch, dem Tarpon, ähnelt. Es waren wahrscheinlich Engländer, die in ihrer Kolonie damit Masheer fingen und diese Fliege mitbrachten. Francis Francis erzählt, daß dieses Muster mit Erfolg am Thurso und an anderen Flüssen verwendet wurde. In einem walisischen Lachsfluß, dem Wye, war sie unter dem namen «Canary» bekannt, darf aber nicht mit der echten Canary verwechselt werden. Der Hauptunterschied zwischen diesen Fliegen ist, daß das hier vorgestellte Muster eine Simple Strip Wing-Fliege ist, während die echte Canary eine Topping Wing-Fliege darstellt.

Hardy und Hale, zwei der Größen in der Geschichte des Lachsfliegenbindens, nennen diese Fliege, meiner Meinung nach zu Unrecht, die Canary. Ihre Muster unterscheiden sich ein wenig mit dem von Francis Francis. Sie ziehen es vor, in allen vier Körperabschnitten Büschel aus Pig's Wool einzubinden. Ein anderer Unterschied ist, daß sie ein Goldfasantopping über den Schwanflügel hinzufügen. Ansonsten sind die Muster identisch.

Hardy und Hale überliefern ebenfalls ein Muster für einen nahen Verwandten der Canary, der meiner Meinung nach Dhoon Fly genannt werden sollte. Dieser Verwandte ist unter dem Namen Silver Canary bekannt und sein Muster kann in Hardys Buch «Salmon Fishing» (1907) und in Hales Buch «How to Tie Salmon Flies» (1892) gefunden werden. Es sieht folgendermaßen aus. Tag: Silbertinsel und gelbe Flockseide. Tail: ein Topping, Pfeifente, Tippet und eine kleine Chatterer Feder. Der Butt ist wie immer aus schwerer Straußenfiber, auf die ein silberner Körper folgt, der mit silbernem Ovaltinsel gerippt ist. Eine kanariengelbe Hechel wird über den Körper gebunden, worauf ein blauer Bart folgt. Der Flügel sieht eher unüblich aus und besteht zunächst aus goldgefärbtem Mohair, worüber dann verschiedene Goldfasantippetfibern und ein Topping kommen. Die Fliege hat Seitenfedern aus Jungle Cock und Wangenfedern aus Chatterer. Das Muster wird mit einem schwarzen Kopf beendet.

Dirty Orange

Mixed Wing, Mr. Farlow, Mitte des 19. Jahrhunderts.
Muster wie von George M. Kelson.

Tag: Goldtwist und hellblaues Silk
Tail: Ein Topping und Tippetfibern
Butt: Black Ostrich Herl
Body: Zwei Windungen hellorange Flockseide, gefolgt von hell-schmutzigorangem Seal's Fur
Ribs: Goldenes Ovaltinsel
Hackle: Eine hell-schmutzigorange Hechel, ab der Flockseide gebunden
Throat: Jay
Wings: Gingerfarbener Truthahn (Federfahnen); Perlhuhn und rote Brust des Goldfasans in Fibern; Bustard, Pfauenfibern, Goldfasanstoß, Fibern von schwarzem Truthahn mit weißen Spitzen, roter Macaw, schmutzigorange und dunkelblau gefärbter Schwan und Mallard
Sides: Carolina-Brautente
Horns: Blauer Macaw
Head: Black Ostrich Herl

Dirty Orange ist der Name einer Fliege, die sich unter den Fliegen in George Mortimer Kelsons Buch «The Salmon Fly» (1895) befindet. Er schreibt, daß er mit ihr erstmalig über Farlow in Kontakt kam.

Charles Farlow war der Mann, der 1840 die Angelgerätefirma C. Farlows gründete, welche später unter dem Namen C. Farlow & Co. bekannt wurde. Zusammen mit dem noch bekannteren Unternehmen Hardy Bros. war C. Farlow & Co. für die Entwicklung der Lachsfischerei von großer Bedeutung. Das Unternehmen wurde 30 Jahre früher als das von John James Hardys Sohn William Hardy geschaffene Hardy Bros. gegründet. Charles Farlow war ein begeisterter Lachsfischer und über sein Unternehmen kam er mit Lachsanglern aus ganz Großbritannien in Kontakt. Dies ermöglichte es ihm, erfolgreiche Muster einer Gegend in eine andere weiterzuleiten. Er und sein Unternehmen, das damals sogar Lachsfliegen verkaufte, wurden nach und nach zu einem wichtigen Verbindungsfaktor in der Verteilung vieler klassischer Muster.

Es ist sehr gut möglich, daß es nicht Farlow war, der erstmalig die Dirty Orange band, sondern daß er sie von einem Kunden oder Freund erhalten hat. Wie dem auch sei, Kelson erhielt über Farlow sein Muster. Es ist Kelson zu verdanken, daß wir heute noch über dieses Muster verfügen. Die Dirty Orange taucht auch in Hardys Buch «Salmon Fishing» (1907) auf. Weder Hardy noch Hale («How to Tie Salmon Flies») erwähnen, daß das Seal's Fur am Körper hell-schmutzigorange sein sollte, sondern sie empfahlen lediglich schmutzigoranges Seal's Fur. Der Kopf von Hardys Fliege besteht nicht aus Straußenfiber, sondern aus schwarzer Bindeseide. Das sind die einzigen Unterschiede mit Kelsons Muster.

Unabhängig von der Tatsache, daß Farlow seinen Sitz in London hatte, weist vieles darauf hin, daß die Dirty Orange ihren Ursprung in Irland haben könnte. Die Fliege war an bestimmten irischen Lachsflüssen sehr beliebt, obwohl sie dort ein wenig anders gebunden wurde. Der Körper besteht zunächst aus einigen Windungen gelboranger Flockseide, gefolgt von schmutzigorangem Seal's Fur. Besonders der Flügel unterscheidet diese alte irische Version von Kelsons Muster. Er ist ein wenig einfacher und enthält rote Brustfedern des Goldfasans, Goldfasanstoß, Wood Duck, rot, orange und blau gefärbten Schwan sowie bronzefarbenen Mallard.

Duchess

Topping Wing, Mr. Turnbull, Ende des 19. Jahrhunderts.
Muster wie von George M. Kelson.

Tag: Silbertwist und hellgelbes Silk
Tail: Zwei Toppings, Indian Crow und Blue Chatterer
Butt: Pfauenfiber
Body: Schwarze Flockseide
Ribs: Silbernes Lace und Silbertinsel
Hackle: Eine schwarze Hechel, ab der zweiten Tinselwindung
Throat: Jay
Wings: Sechs Toppings
Sides: Carolina-Brautente
Cheeks: Indian Crow und Chatterer
Horns: Rot-blauer Macaw und hellgrüner Parrot
Head: Black Ostrich Herl

Für mich ist die Duchess eine der schönsten Fliegen aus der Familie der Topping Wing-Fliegen. Mit ihrer graziösen Form wird sie ihrem Namen sicherlich gerecht. Das hier vorgestellte Muster ist das von George M. Kelson in seinem Buch «The Salmon Fly» (1895) beschriebene. Kelson erwähnt einen Mann, den er «Master of the Dumfriesshire Otter Hounds» nennt, der mit dieser Fliege eines Tages am Fluß Annan zehn Lachse fing, alle zwischen siebzehn und sechsundzwanzig Pfund schwer. Die Muster der Duchess von Hardy und Hale stimmen mit Kelsons Muster in jedem Detail überein.

Das Hauptmerkmal der Duchess ist, sofern sie korrekt gebunden wurde, das Vorhandensein von zwei verschiedenen Fühlerpaaren. Wie oben angeführt, bestehen diese aus rot-blauem Macaw und hellgrünem Parrot. Es ist für klassische Lachsfliegen ungewöhnlich, zwei Fühlerpaare zu haben (ist aber in verschiedenen Mustern aufzufinden). Das Ergebnis ist ein eher eigenartiges und schönes Aussehen. Trotz der Tatsache, daß die Duchess ihre Fängigkeit einst bewiesen hat, ist es ein Muster, das heute in der Praxis nicht angewendet wird. Sie bleibt aber ein dekoratives Objekt in jeder Sammlung klassischer Lachsfliegen.

W. Earl Hodgson schrieb 1906 ein Buch mit dem Titel «Salmon Fishing», das eine sehr schöne Sammlung von Mustern enthält, worunter sich auch die Duchess befindet. Die beschriebenen Fliegen wurden von Mr. P. D. Malloch meisterhaft gebunden. Bis auf einige Kleinigkeiten stimmt die Duchess aus Hodgsons Buch mit der Kelsons überein. Statt Kelsons Pfauenfiber für den Butt verwendet Malloch schwarze Straußenfiber. Malloch verwendet für drei Fühlerpaare ausschließlich roten Macaw, was ihr meiner Meinung nach ein wenig von ihrem Charme und ihrer Originalität nimmt. Er beendet die Fliege ohne schwarze Straußenfiber, sondern mit einem Kopf aus schwarzer Bindeseide.

Dunt

Dee Strip Wing Fly, Mr. Murdoch, frühes 19. Jahrhundert.
Muster wie von George M. Kelson.

Tag: Silbertwist und hellblaues Silk
Tail: Ein Topping und Krickente
Body: Gelb, orange und rot-weinrot gefärbtes Seal's Fur, zu gleichen Teilen
Ribs: Silbernes Lace und Silbertinsel
Hackle: Eine schwarze Reiherhechel ab dem weinroten Seal's Fur
Throat: Krickente
Wings: Zwei Federfahnen einfach brauner Truthahn mit schwarzer Bänderung und weißen Spitzen
Sides: Jungle Cock, kurz und über den Bart hängend
Head: Schwarz

Der Erfinder der Dunt, Mr. Murdoch, behauptete von dieser Fliege, daß es für den Dee im Frühling und Herbst keine bessere Standardfliege gäbe. Daß sich diese Fliege nicht nur am Dee ausgezeichnet bewährte, beweist die Tatsache, daß 1893 am Tweed, in der Strecke von Birnham, sieben von neun Lachsen mit dieser Fliege gefangen wurden, wie uns Kelson überliefert.

Die Dunt ist eines der typischen Mitglieder der Dee Strip Winged-Familie. All diese Fliegen wurden in erster Linie für den schottischen Dee gebunden, welcher sich mit seinem seichten Bett sehr für das Lachsfischen mit der Fliegenrute eignet. Die Hauptmerkmale dieser Fliegen sind die einfachen Flügel, die niedrig und leicht abstehend eingebunden werden sollten. Der Flügelansatz dieser charakteristischen Flügel sollte nicht wie immer auf den Hakenschenkel, sondern halbkreisförmig um den Hakenschenkel gerollt eingebunden werden. Die meisten Mitglieder dieser Familie sind ebenfalls mit einer Reiherhechel versehen (außer den Eagle-Fliegen). Diese Hechel sollte lang sein, allerdings nicht so lang wie die der Fliegen des nahen Spey. Ein weiteres Merkmal der Dee Strip Winged-Fliegen ist, daß sie oft einen Krickentenbart haben.

Diese Fliegengruppe ist eine der ältesten und die meisten von ihnen werden immer noch dazu verwendet, die Silberbarren der Flüsse, Salmo Salar, zu verführen. Die Dee Strip Winged-Fliegen werden auf sehr langschenklige Haken gebunden. Für diesen Typ existierten sogar Limerick-Haken, die Dee-Haken genannt wurden. Hauptsächlich bestehen die Körper dieser Fliegen aus Seal's Fur. Beim Binden sollte dieses Material möglichst sparsam angebracht, aber dennoch gut gezupft werden. Das gewährleistet der Fliege eine fast durchsichtige Erscheinung im Wasser und erlaubt ihr, durch ihre so gewonnene Schlankheit, im Frühling größere Tiefen zu erreichen.

Wie immer überliefern uns J. J. Hardy und J. H. Hale dieselben Muster wie Kelson. Pryce-Tannatt hat die Dunt ebenfalls in seinem Buch «How to Dress Salmon Flies» (1914) aufgenommen. Dies kann als weiterer Beweis für ihre Beliebtheit betrachtet werden. Sein Muster unterscheidet sich in einigen Punkten von dem Kelsons. Statt im Schwanz Krickente zu verwenden, bindet er dort zwei kleine Jungle Cock-Federn (Rücken an Rücken) ein. Sein Körper besteht auch aus Seal's Fur, allerdings ist sein vorderer Körperabschnitt nicht rot-weinrot, sondern feuerbraun. Zuletzt empfiehlt er, die schwarze Reiherhechel ab der dritten Tinseldrehung zu binden. Ansonsten stimmt seine Beschreibung mit der Kelsons überein.

Einige andere beliebte Dee Strip Winged-Fliegen sind die Akroyd, die Glentana, die Gardener, die Tri-colour und die Eagle-Fliegen.

Dun Wing

Simple Strip Wing, frühes 19. Jahrhundert.
Muster wie von Francis Francis.

Tail: Ein Topping und Tippetfibern
Body: Hellorange, rot-weinrote, dunkelblaue und schwarze Pig's Wool in ungefähr gleich großen Abschnitten und leicht ineinander übergehend
Ribs: Breiteres Silbertinsel
Hackle: Eine schwarze Hechel bis zur roten Wolle, einige Fibern der blauen Wolle werden an der Brust leicht herausgezupft
Wings: Zwei Federfahnen der «dun»-braunen (blaß-braunen) Feder, die manchmal im Truthahnstoß gefunden werden kann
Head: Schwarz

Diese Lachsfliege ist eine der alten, schlichten und einfachen Fliegen, die sehr gängig waren, bevor die prunkvollen und farbenreichen Kreationen zur Mode wurden. Zusammen mit der White Wing und der Toppy war sie einer der beliebten frühen Diener.

Die Dun Wing ist eine der von Francis Francis für den Tweed empfohlenen Fliegen und er fügte noch hinzu, daß sie auch eine gute und gängige Fliege am Kirkcudbrightshire Dee (nicht zu verwechseln mit dem Aberdeenshire Dee), am Annan und der Nith war. Auf einen großen «Low-Water»-Haken gebunden, erbrachte sie auch am Tay gute Ergebnisse. Henry Wade, ein anderer der frühen Autoren des Lachsfliegenbindens, schrieb 1861 ein Buch mit dem Titel «Halycon», in welchem er Muster sowohl von bekannten, als auch von unbekannten Lachsfliegen beschreibt. Unter der Nummer 22 überliefert er ein Muster für eine als Dun Wing bezeichnete Fliege, die mit der Version von Francis Francis nichts gemeinsam hat. Wades Dun Wing ist eine einfache, rotblaue Fliege, deren Flügel aus zwei weißen Schwansegmenten besteht. Sir Herbert Maxwells Buch «Salmon and Seatrout» (1898) enthält das Muster einer Fliege, die er die Dun Turkey nennt. Aller Wahrscheinlichkeit nach handelt es sich bei dieser Fliege um eine mit dem Original der Dun Wing von Francis Francis identische. Maxwell schreibt, daß sie, zusammen mit ihrer nahen Verwandten Brown Mallard, zu bestimmten Momenten in vielen Lachsflüssen unersetzlich war. Es gab verschiedene Variationen der Dun Turkey, hauptsächlich eine unterschiedliche Körperfärbung. Versionen mit schwarzen oder braunen Körpern waren relativ gängig. Stellenweise wurde auf den blauen Bart verzichtet, was der Fliege nur größere Ähnlichkeit mit der Version von Francis Francis verschaffte.

Maxwells Muster sieht wie folgt aus. Tag: Silbertinsel. Tail: ein Topping und Indian Crow. Body: gelbes, oranges, weinrotes und schwarzes Mohair, ineinander übergehend und gezupft. Ribs: doppelter Goldfaden. Hackle: eine dunkel-weinrote Hahnenhechel über die Wolle. Throat: eine sattblaue Hahnenhechel. Wings: zwei Federfahnen dunfarbener (rötlich-brauner) Truthahn mit weißen Spitzen. Head: klein, schwarz lackiert. Die Brown Mallard ist eine nahe Verwandte der Dun Wing. Wie der Name schon sagt, besteht der Flügel der Brown Mallard aus zwei Segmenten braunem Mallard, was ihr Unterschied von der Dun Turkey ist. Die Brown Mallard kann auch in einer anderen Version gefunden werden, wo ihr Körper aus gleichen Teilen gelbem und schwarzem Mohair besteht und bei welcher sich die Hechel sowohl von der Dun Turkey als auch von der Brown Mallard unterscheidet. Der Körper bleibt ungehechelt, der Bart wird aus einer schwarzen Hechelfeder gedreht. Die Dun Wing und ihre nahen Verwandten sind gute Lachsfliegen.

Durham Ranger

Whole Feather Wing, William Henderson, 1840 – 1845.
Muster wie von Francis Francis.

Tag: Silbertinsel und goldenes Floss
Tail: Ein Topping
Butt: Zwei Windungen Black Ostrich Herl
Body: Gleiche Abschnitte in folgender Reihenfolge: Helloranges Floss, dunkelorange-weinrote und schwarze Pig's Wool
Ribs: Silbertwist und Silbertinsel
Hackle: Über den ganzen Wollabschnitt eine rot-orange Coch-y-Bondhu Hechel
Throat: Zwei Windungen mit einer schwarzen Hechel, gefolgt von einer hellblauen Hechel
Wings: Ein Paar längliche Jungle Cock Federn (Rücken an Rücken), doppelte Tippets an jeder Seite, ein Topping über alles
Cheeks: Eisvogel
Horns: Blauer Macaw
Head: Schwarz

Dieses Muster für die berühmte Whole Feather Winged Fliege Durham Ranger stammt aus dem Buch von Francis Francis «A Book on Angling» (1867). Er erzählt, daß die Fliege für das Fischen am Tweed gebunden wurde, aber daß sie auch an anderen Lachsflüssen gute Ergebnisse erbrachte. Die Durham Ranger war die erste der Ranger-Fliegen. Unter den anderen, die lediglich Abwandlungen der Durham Ranger sind, befinden sich die Blue, Black, Red und Silver Ranger.

George Mortimer Kelson schreibt, daß es James Wright war, der erstmalig eine Durham Ranger band, aber dies war nicht der Fall und es ist sehr wahrscheinlich Mr. William Henderson aus Durham gewesen, der Anfang 1840 John Forrest aus Kelso das Binden dieser Fliege beibrachte. Zweifellos hatte er bei der Gestaltung dieses Musters die Parson-Fliegen im Kopf. Dies waren ursprünglich Imitationen von Schmetterlingen und die Durham Ranger ähnelt diesen frühen Fliegen sehr.

Es bestehen unterschiedliche Auffassungen, ob es nun die Jock Scott oder die Durham Ranger war, bei deren Herstellung zum ersten Mal Jungle Cock Federn verwendet wurden, diese Federn, die später so außerordentlich beliebt werden sollten. In Anbetracht der Tatsache, daß die Durham Ranger die ältere der beiden ist, ist es wahrscheinlich, daß sie in diese Fliege erstmalig eingebunden wurden. Die Geburtsstunde der Jock Scott liegt um 1850 herum und es gibt Gründe anzunehmen, daß Mr. Henderson bereits 1846 große Lachse mit der Durham Ranger fing.

George Mortimer Kelson stellt in seinem Buch «The Salmon Fly» (1895) ein Muster der Durham Ranger vor, das sich erheblich vom Muster von Francis Francis unterscheidet. Kelson verwendet im Tag Silbertwist und gelbes Silk und fügt im Schwanz eine Indian Crow Feder hinzu. Der Butt ist derselbe. Kelson baut den Körper mit zwei Windungen oranger Flockseide auf, worauf zwei Windungen oranges Seal's Fur folgen. Der Rest des Körpers ist aus schwarzem Seal's Fur. Die Rippung ist aus silbernem Lace und Silbertinsel und er hechelt die Seehundwolle mit einer ähnlichen Hechel wie Francis Francis. Der Bart besteht lediglich aus einer hellblauen Hahnenhechel; der Flügel ist derselbe wie der zuvor angeführte, aber Kelson zieht Chatterer Federn an den Wangen, blauen Macaw als Fühler und einen Kopf aus schwarzer Berlin Wool vor. Dieses Muster war auch das Vorzugsmuster von J. J. Hardy und J. H. Hale. Pennell stellt ebenfalls dieses Muster vor, mit dem kleinen Unterschied, daß er hellgelbe Flockseide im Tag empfiehlt.

Die Durham Ranger von Dr. T. E. Pryce-Tannatt unterscheidet sich darin von der Version von Francis Francis, daß er einen Tag aus reinem Silbertinsel und einen Schwanz mit einer eingefügten Indian Crow Feder vor-

Francis Francis und sein Gillie, porträtiert in seinem «Book on Angling» (1867).

zieht. Seinen Körper baut er aus gleich großen Abschnitten zitronengelben Silks sowie aus orange, feuerbraun und schwarzgefärbter Seehundwolle auf. Die Fliege wird mit Silbertinsel und -twist und mit einer gelbgefärbten Badgerhechel versehen. Als Wangenfedern verwendet Pryce-Tannatt blauen Chatterer.

Sir Herbert Maxwell beschreibt wiederum eine andere Version der Durham Ranger in seinem Buch «Salmon and Seatrout» (1898). Ein Fünftel seines Körpers ist aus oranger Flockseide, worauf gleich große Abschnitte orange, weinrot und schwarzgefärbte Pig's Wool folgen. Gerippt wird er mit silbernem Ovaltinsel und mit einer orange gefärbten Coch-y-Bondhu-Feder gehechelt.

Der Ranger Flügel bleibt bei allen Versionen unverändert, auch wenn es in den letzten Jahren üblich wurde, Jungle Cock Federn als Seitenfedern hinzuzufügen.

Dusty Miller

Built Wing, Jewhurst, frühes 19. Jahrhundert.
Muster wie von George M. Kelson.

Tag: Silbertwist und gelbes Silk
Tail: Ein Topping und Indian Crow
Butt: Eine schwarze Fiber
Body: Gehämmertes Silbertinsel auf zwei Drittel der Körperlänge, der Rest aus orangem Silk
Ribs: Silbernes Ovaltinsel
Throat: Perlhuhn
Wings: Zwei Federfahnen schwarzer Truthahn mit weißen Spitzen, Goldfasanstoß, Bustard, Pintail, Perlhuhn, Mallard und ein Topping auf jeder Seite, das von der Flügelinnenseite nach außen verläuft
Sides: Jungle Cock
Horns: Blauer Macaw
Head: Schwarz

Die Dusty Miller ist eine der ältesten Klassiker unter den Standardfliegen. Sie war viele Jahre hindurch sehr beliebt und taucht daher in verschiedenen Versionen auf. Die Muster von Kelson, Hardy und Hale stimmen oft überein, so auch bei der Dusty Miller. Francis Francis und Sir Herbert Maxwell waren beide Autoritäten auf dem Gebiet der Lachsfischerei und des Lachsfliegenbindens und lernten einander im Laufe der Jahre kennen. Zu irgendeinem Anlaß schickte Sir Herbert Maxwell einige Fliegen an Francis Francis, die für den schottischen Lachsfluß Luce geeignet waren. Darunter befand sich eine Fliege, die Maxwell besonders für klares und niedriges Wasser empfahl, nämlich die Dusty Miller.

Das Muster, das Francis Francis in seinem Buch «A Book on Angling» (1867) beschreibt, unterscheidet sich erheblich von dem von Kelson. Der Tag bei der Fliege von Francis Francis besteht aus dunkeloliver Flockseide und in seinem Schwanz verarbeitet er keine Indian Crow Feder. Der Körper dieser Version wird mit gehämmertem Silbertinsel aufgebaut, mit goldenem Ovaltinsel gerippt und mit einer dunkeloliven Hahnenhechel versehen. Der Flügel der Dusty Miller von Francis Francis besteht aus Segmenten in folgender Reihenfolge: Goldfasanstoß, Mallard, Krickente, grüner Parrot und lavendelfarben gefärbter Schwan. Die Wangenfedern der Fliege sind aus Jungle Cock Federn, die Fühler aus blauem Macaw und der Kopf ist klein und schwarz. Sir Herbert Maxwell fügt in seinem Buch «Salmon and Seatrout» (1898) noch ein Topping über dem Flügel hinzu. Wie so oft bei Maxwell bestehen Butt und Kopf seiner Fliege aus Chenille, hier in schwarz.

Dr. Pryce-Tannatts Lachsfliegenmuster sind in vielen Punkten eher komplizierter als die seiner Vorgänger, mit Flügeln, die aus einer Vielzahl von Federsegmenten bestehen. Dies trifft auch beim Muster der Dusty Miller zu. Der Tag, Tail und Körper von Pryce-Tannatts Dusty Miller sind mit jenen von Kelson identisch. Die Hechel von Tannatts Fliege ist allerdings goldoliv gefärbt und wird über das orange Drittel des Körpers gedreht. Desweiteren wird die Fliege mit einer Kopfhechel aus getupftem Perlhuhn versehen. Der Flügel dieser Version ist komplizierter als der von Kelson. Er besteht aus zwei Federfahnen vom schwarzen Truthahnstoß mit weißen Spitzen (Rücken an Rücken); darüber kommen Federfahnen aus verhakten Fibern der Krickente, des gelben, scharlachroten und orangen Schwanes, des Bustards, des Floricans und vom Goldfasanstoß; schmale Federfahnen vom braunen Mallard darüber. Die Seitenfedern sind verhakte Fibern der Spießente (Pintail) und der gebänderten Wood Duck. Die Fliege wird mit Wangenfedern aus Jungle Cock, einem Topping über dem Flügel und Fühlern aus blau-gelbem Macaw beendet.

Empress

Mixed Wing, G. Kelson, 1890er Jahre.
Muster wie von George M. Kelson.

Tag: Silbertwist und gelbe Berlin Wool
Tail: Vier goldene Paradiesvogelfedern (oder Cock-of-the-Rock) und dünne Streifen Ibis und Carolina-Brautente
Butt: Schwarze Berlin Wool
Body: Zwei Drittel Ovaltinsel, ein Drittel violettes Seal's Fur
Rib: Silbernes Ovaltinsel über die Seehundwolle
Hackle: Eine violette Hahnenhechel über die Seehundwolle
Throat: Eine blaue Hechel
Wings: Zwei Federfahnen dunkelbraun gesprenkelter Truthahn, Goldfasanstoß, grau gesprenkelter Truthahn, zwei breite Segmente rosa gefärbter Schwan, Pfauenfibern, Diamantfasanstoß und zwei Toppings
Horns: Blauer Macaw
Sides: Jungle Cock
Head: Schwarz

Die Empress ist eines der vielen Lachsfliegenmuster von George M. Kelson. Kurz nachdem sie am Carlogie eingeführt wurde, wurde sie eine der beliebtesten Fliegen entlang der gesamten Flußstrecke. Sie ist in erster Linie eine Hochwasserfliege, die im Mai fast immer gute Resultate ermöglicht, sofern sie auf große Haken von mindestens 5,5 cm gebunden wird. 1895 fing sie an Kelsons Hauswasser in drei Tagen 14 Lachse mit dem guten Durchschnittsgewicht von 7 kg. Kelson zufolge erzielt man mit der Empress die besten Ergebnisse, wenn das Wasser «porterfarben» (Porter ist ein dunkelbraunes, englisches Bier) ist.

Kelson schreibt, daß diese Fliege besonders gut von dem professionellen Fliegenbinder William Gardner aus Aberdeen gebunden wurde. Gardner war ansonsten für seine ausgezeichneten Dee Strip Winged Lachsfliegen bekannt und hatte den Ruf, der beste Binder dieser Fliegen von ganz Großbritannien zu sein. Von einer durch Mr. Gardner gebundenen Akroyd behauptet Kelson, daß sie, nachdem er neun Jahre mit ihr gefischt hatte, noch immer in bestem Zustand war. Es ist fast unglaublich, daß sich die Flügel nach so langer Zeit noch nicht gespaltet hatten.

Das oben angeführte Muster stammt nicht aus Kelsons Buch «The Salmon Fly» (1895), sondern aus seinem zweiten Buch «Tips», welches 1901 veröffentlicht wurde. Es war eine Folge seines erfolgreichen ersten Buches. In «Tips» veröffentlicht Kelson einiges, was er in «The Salmon Fly» noch nicht erwähnt hat. Obwohl es genaugenommen kein Buch über das Fliegenbinden war, enthielt es sechs neue Standardmuster. Dies waren die Empress, die Eve's Fancy, die Nunwick, die Red Tag, die Silver Scout und die Silver Jock. Die Red Tag ist die einzige dieser Fliegen, die einigermaßen bekannt ist. Die Silver Jock ist eine viel einfachere Silberkörperversion der berühmten Jock Scott.

Kelson stellte sein Buch «Tips» als ein Buch vor, das die Neuerungen sowohl im Bereich der Ausrüstung als auch im Bereich der Techniken enthält, die sich seit der Veröffentlichung von «The Salmon Fly» 1895 ergeben haben; während dieser Zeit lernte Kelson viel über die Lachsfischerei dazu. Auch heute stellt dieses Buch eine nützliche Lektüre für Lachsangler dar, da Kelson ein überaus begabter und erfindungsreicher Angler war. Besonders interessant sind die detaillierten Wurfanleitungen, die durch Zeichnungen des Meisters selbst illustriert wurden. Zweifellos war er ein Experte im Umgang mit den alten und schweren Zweihandruten, aber er war wahrscheinlich nicht in der Lage, die Tricks seiner Zeichnungen durchzuführen.

THE FLIP CAST.

Die Bücher George M. Kelsons «The Salmon Fly» (1895) und «Tips» (1901) enthalten Abbildungen des Autors, auf welchen er viele – und scheinbar unmögliche – Würfe vorführt. Auf dieser Abbildung aus seinem früheren Buch zeigt er den Flip-Cast.

Evening Star

Whole Feather Wing, George M. Kelson, Ende des 19. Jahrhunderts.
Muster wie von Major J. H. Hale.

Tag: Silbertwist und tippetfarbene Flockseide
Tail: Ein Topping
Butt: Black Ostrich Herl
Body: In vier gleichen Abschnitten; die ersten drei sind aus silbernem Ovaltinsel, wobei zwischen jeden der Abschnitte ein Butt aus schwarzer Straußenfiber gebunden wird. An die gleichen Stellen wird jeweils ein Paar Jungle Cock Federn nach oben und nach unten sowie Rücken an Rücken eingebunden; der letzte Abschnitt ist aus blauer Flockseide
Ribs: Silbernes Ovaltinsel über das blaue Floss
Throat: Jungle Cock wie vorher. Dieses Paar und die Körperveilings werden vom Körperende bis zum Bart immer größer
Wings: Vier Diamantfasantippets in zwei Paaren (Rücken an Rücken), das äußere Paar ist kürzer als das innere Paar, ein Topping über alles
Cheeks: Auf jede Seite kommt die Spitze einer gebänderten Carolina-Brautentenfeder und eine kürzere Indian Crow Feder
Horns: Roter Macaw – *Head:* Black Ostrich Herl

Die Evening Star ist ein Muster, das in J. H. Hales kleinem und schönem Buch «How to Tie Salmon Flies» (1892) gefunden werden kann. Dies ist ein typisches Muster für eine Fliegensammlung und der beste Platz dieser Fliege ist wahrscheinlich hinter Glas gerahmt zu sein. Hale schreibt die Ehre der Erfindung Kelson zu, obwohl sie in Kelsons Buch «The Salmon Fly» (1895) nicht enthalten ist. Es ist anzunehmen, daß Hale dieses Muster in einem der zahlreichen Artikel in der zur damaligen Zeit besten Fliegenfischerzeitschrift, «The Fishing Gazette», gefunden hat. Kelson arbeitete viel mit dieser Zeitschrift zusammen und veröffentlichte in ihr viele seiner Muster, bevor er sein Buch schrieb. Obwohl Hale sein Buch drei Jahre vor Kelsons Buch veröffentlichte, war es sicherlich von den Gedanken Kelsons geprägt, die dieser durch seine zahlreichen Artikel bekanntgab.

Hale war einer der ersten alten Meister, der Haken mit Stahlösen nicht nur akzeptierte, sondern bevorzugte. Die meisten Angler waren damals konservativer und zogen die Ösen aus Darmsaiten vor. Hale empfand, daß die Fliegenköpfe auf diesen Haken schöner waren und daß das Binden der Fliegen ebenfalls einfacher wurde. Da Darm mit der Zeit auch an Strapazierfähigkeit verliert, sind Fliegen mit Stahlösen auch zuverlässiger. Allerdings darf man nicht vergessen, daß die damaligen Stahlösen nicht so wie die heutigen waren. Die Ösen waren gerade und nicht gearbeitet. Der Hakenschenkel wurde lediglich erhitzt und ösenförmig gebogen.

Pryce-Tannatt überliefert auch ein Muster einer Evening Star, die aber nichts mit Hales Fliege gemeinsam hat und deren Erfinder auch nicht Kelson ist.

Dieses Muster ist nicht so alt wie das hier von Hale vorgestellte. Pryce-Tannatts Evening Star wird folgendermaßen gebunden. Tag: Silberfaden und zitronenfarbenes Floss. Tail: ein Topping. Body: schwarze Seehundwolle, an der Schulter gezupft. Ribs: silbernes Ovaltinsel. Hackle: eine schwarze Hechel. Throat: eine tiefblaue Hechel. Wings: drei Paar Jungle Cock Federn (Rücken an Rücken), jedes Paar kürzer als das vorherige; vier oder fünf Toppings darüber.

Fiery Brown

Simple Strip Wing, Michael Rogan, 1850.
Muster wie von George M. Kelson.

Tag: Goldtwist und helloranges Silk
Tail: Ein Topping
Body: Feuerbraunes Seal's Fur
Ribs: Goldtinsel
Hackle: Eine feuerbraune Hechel ab der zweiten Windung
Wings: Tippetfibern und breite Mallardfederfahnen
Horns: Blauer Macaw
Head: Eine schwarze Fiber

Michael Rogan, der Erfinder der Fiery Brown, wurde 1833 in dem kleinen Dorf Ballyshannon im Donegal District geboren. Sein Vater hielt sich später als professioneller Fliegenbinder über Wasser. Michael Rogan wurde für sein Geschick im Umgang mit Färbetechniken bekannt und dies ist besonders an seiner Fiery Brown sichtbar, die die Farbe stark verfärbter Herbstblätter haben soll. Es wird behauptet, daß eines seiner Geheimnisse hinter der Gewinnung des feuerbraunen Farbtones die Verwendung von Eselurin war.

Die als Fiery Brown vorgestellten Muster von J. J. Hardy und J. H. Hale stimmen mit den Originalmustern von Kelson und Rogan überein. Diese berühmte, alte irische Lachsfliege kann auch in einer weit weniger gängigen Meerforellenversion gefunden werden. Der Tag dieser Fliege besteht aus Silbertinsel und der Schwanz aus einigen Fibern einer feuerbraun gefärbten Hahnenhechel. Der Körper sollte dünn sein und aus feuerbrauner Seehundwolle aufgebaut werden. Bei dieser Version fehlt die Rippung. Der Flügel besteht aus zwei Segmenten der Schwungfeder (mit Kiel) des Stares und die Seitenfedern sind aus hell gesprenkeltem Rebhuhn. Eine feuerbraune Hechel wird kragenartig vor den Flügel gebunden. Diese Meerforellen-Version der Fiery Brown wurde von Dan o' Fee zum Fangen von Meerforellen in der unteren Strecke des Flusses Bann gebunden.

Dr. Pryce-Tannatt stellt in seinem Buch «How to Dress Salmon Flies» (1914) eine entschieden kompliziertere Version dieses alten, irischen Klassikers vor. Pryce-Tannatt war ein sehr geschickter Fliegenbinder, aber er verspürte einen eher ungewöhnlichen Stolz darin, die alten klassischen Lachsfliegen noch komplizierter zu gestalten. Sein Muster der Fiery Brown kann sehr wohl als Muster einer neuen Lachsfliege betrachtet werden. Es sieht folgendermaßen aus. Tag: Silberfaden und goldgelbes Floss. Tail: ein Topping und Tippetfibern. Body: erstes Viertel sattorange Seehundwolle; zweites Viertel hellblaue Seehundwolle; der Rest feuerbraune Seehundwolle. Ribs: silbernes Ovaltinsel. Hackle: eine feuerbraune Hechel über die blaue und feuerbraune Seehundwolle. Throat: Eichelhäher. Wings: gemischte Tippetfibern; verhakte Fibern scharlachroter, blauer, gelber und oranger Schwan, Florican, Bustard, Goldfasanstoß; verhakte schmale Federfahnen von der Krickente (oder Spießente) und breitere von der gebänderten Carolina-Brautente mit braunem Mallard darüber. Dieses Muster der Fiery Brown wird mit Fühlern aus blau-gelbem Macaw und einem kleinen Kopf aus schwarzer Straußenfiber beendet.

Fairy King

Mixed Wing, G. Kelson, Mitte des 19. Jahrhunderts.
Muster wie von George M. Kelson.

Tag: Goldtwist und scharlachrotes Silk
Tail: Tukan und Jungle Cock (die Tupfen), scharlachrot gefärbt
Body: Schwarzes Seal's Fur
Ribs: Goldenes Ovaltinsel
Throat: Eine lange, hellblaue Hechel und orange gefärbtes Perlhuhn
Wings: Pfauenfibern, gelb und scharlachrot gefärbter Schwan, Carolina-Brautente, bedeckt von zwei Federfahnen schwarzem Truthahn mit weißen Spitzen
Sides: Scharlachrot gefärbter Jungle Cock
Head: Black Ostrich Herl

Die Fairy King, der König der Fairy-Fliegen, ist eine der von George M. Kelson selbst erfundenen Fliegen, sofern man dem, was er in seinem Buch «The Salmon Fly» (1895) schreibt, Glauben schenkt. Das oben angeführte Muster stammt aus diesem Buch. Kelson behauptet von dieser Fliege, daß es ein altes Standardmuster am Fluß Usk ist. Er fügt weiterhin hinzu, daß sie von vielen seiner engsten Angelfreunde sehr gerühmt wurde.

Die Fairy King, zusammen mit ihrem Partner, der Fairy Queen, ist in einem Punkt einzigartig, denn es sind die einzigen Fliegen meines Wissens nach, bei denen die Musterbeschreibungen gefärbte Jungle Cock Federn verlangen. Die scharlachroten Jungle Cock Federn erhalten durch das Färben einen ganz besonderen Glanz, den viele der heutigen Lachsangler schätzen. Früher wurde das Färben einer solch schönen Feder sicherlich eher verachtet. Heute ist es allgemein üblich und keine Ausnahme mehr, Jungle Cock Federn zu färben, wenn ihnen der korrekte, goldbraune Farbton fehlt.

Ohne die gefärbten Jungle Cock Federn und die ebenfalls unübliche, orange gefärbte Perlhuhnhechel, wären sowohl die Fairy King als auch die Fairy Queen recht gewöhnliche Lachsfliegen, was nicht heißt, daß sie nicht fängig sind. Eher das Gegenteil ist der Fall, denn es sind oft Fliegen dieses Typs (dunkel und reichlich ausgestattet), die mehr Bisse als andere provozieren.

Es gibt auch eine Fliege, die lediglich als die Fairy bezeichnet wird. Es ist eine einfachere Simple Strip Wing Fliege und sehr wahrscheinlich ein Vorgänger der Fairy King und der Fairy Queen. Diese unauffällige, aber sehr geschmackvoll gestaltete Fliege hat aller Wahrscheinlichkeit nach Mr. Farlows Bindetisch als Ursprung. Kelson schreibt, daß dieses Muster an kanadischen Lachsflüssen gute Ergebnisse erzielte (wie auch immer er das erfahren haben mag) und daß diese Fliege eine nützliche Niedrigwasserfliege ist.

Das Muster, das Kelson in «The Salmon Fly» gibt, sieht wie folgt aus. Tag: Silbertwist. Tail: ein Topping. Kein Butt. Body: in verschiedenen Abschnitten; das hintere Drittel aus gelbgefärbter Seehundwolle, gefolgt von schwarzer Seehundwolle. Rib: silberner Ovaltinsel. Ab der gelben Seehundwolle mit einer schwarzen Hahnenhechel gehechelt. Wing: lediglich aus Mallard. Horns: blauer Macaw. Head: schwarz.

Fairy Queen

Mixed Wing, G. Kelson, Mitte des 19. Jahrhunderts.
Muster wie von George M. Kelson.

Tag: Goldtwist und scharlachrote Flockseide
Tail: Tukan, eine kleine scharlachrot gefärbte Jungle Cock Feder, mit zwei darüber hinausreichenden Fibern der Pfauenschwungfeder
Butt: Black Ostrich Herl
Body: Zwei Windungen schwarze Flockseide, danach schwarzes Seal's Fur – *Ribs:* Goldenes Ovaltinsel
Throat: Eine mittelblaue Hechel und eine orange gefärbte Perlhuhnhechel (die gleiche Farbe wie der Tukan)
Wings: Perlhuhn und Tippetfibern in verschiedenen Längen als Underwing, Pfauenfibern, orange, scharlachrot und blau gefärbter Schwan; zwei dünne Streifen der Carolina-Brautente, die von zwei Federfahnen glänzendem, schwarzem Truthahn mit weißen Spitzen bedeckt werden. Diese Federn stammen vom Unterschwanz eines alten Vogels. Über alles kommt ein Topping
Sides: Scharlachrot gefärbter Jungle Cock
Horns: Roter Macaw – *Head:* Black Ostrich Herl

Die Fairy Queen, Gemahlin der Fairy King, ist ein anderes Muster aus dem Buch «The Salmon Fly» (1895) von George Mortimer Kelson. Das von Kelson bevorzugte Muster ist ebenfalls das Muster, das in den Büchern von Hardy und Hale gefunden werden kann, auch wenn weder Hardy noch Hale schwarze Straußenfiber für den Kopf verwenden. Ich halte das Muster der Fairy Queen für interessanter als das Muster der Fairy King. Kelson behauptet von der Fliege, daß sie im Usk gute Ergebnisse erzielte, so wie auch in anderen «roten Flüssen», besonders dann, wenn die äußeren Bedingungen eine andere, unübliche Fliege verlangen. Für Kelson erforderten rote Flüsse ein Fischen mit rötlichen Fliegen. Soweit ich weiß, ist die Fairy Queen zusammen mit der Fairy King die einzige klassische Lachsfliege mit einer gefärbten Jungle Cock Feder (siehe die Fairy King).

Es scheint mir, als müsse die Fairy Queen ein wenig schlanker als ihr Gatte gebunden werden. Nicht dünn, sondern graziös, wie es sich für eine Königin gehört.

Die Black Fairy ist eine weitere Fliege, die in Verbindung mit der Fairy King und der Fairy Queen steht. Kelsons Sammlung umfaßt sie nicht, aber Hardy und natürlich auch Hale, stellen ihr Muster vor. Die Black Fairy ähnelt der Fairy. Hardy überliefert folgendes Muster (dasselbe wie Hale) in seinem Buch «Salmon Fishing» (1907). Tag: Goldtinsel, gefolgt von gelber Flockseide. Tail: ein Goldfasantopping. Ähnlich wie bei der Fairy kein Butt. Body: schwarz gefärbtes Seal's Fur, nicht gehechelt, aber mit Goldtinsel gerippt. Throat: eine schwarze Hechel. Wings: lediglich brauner Mallard. Diese sehr einfache klassische Lachsfliege wird mit einem schwarzen Kopf beendet. Eine ältere, fast gänzlich vergessene Version wird folgendermaßen gebunden. Tag: goldfarbener Draht und orange Flockseide. Tail: Goldfasantippet und ein Topping. Body: schwarze Flusen vom Bärenfell oder dunkelpurpurne Pig's Wool. Rib: goldener Flachtinsel. Hackle: eine schwarze Hahnenhechel, die ab der Mitte gedreht wird. Throat: blauer Eichelhäher. Wings: bronzefarbener Mallard.

Floodtide

Whole Feather Wing, G. Kelson, Ende des 19. Jahrhunderts.
Muster wie von George M. Kelson.

Tag: Dünnes, silbernes Ovaltinsel und karminrotes Silk
Tail: Ein Topping und Carolina-Brautente
Butt: Black Ostrich Herl
Body: Kanariengelbes, gelbes, dunkelorange und karminrotes Seal's Fur
Ribs: Silbertinsel und silbernes Lace
Hackle: Eine gelbe Adlerhechel ab dem dunkelorangen Körperabschnitt
Throat: Zwei Windungen karminrot gefärbtes Perlhuhn
Wings: Zwei Goldfasanschwertfedern (Rücken an Rücken), zwei längliche Jungle Cock Federn umhüllend (Rücken an Rücken); Bustard, Diamantfasanstoß, gelb und karminrot gefärbter Schwan, über alles ein Topping
Sides: Jungle Cock
Cheeks: Jungle Cock (die Tupfen)
Head: Schwarz

Ich halte die Floodtide für eines der schönsten Lachsfliegenmuster Kelsons. Obwohl sie auf klassische Art und Weise gestaltet ist, hat sie etwas Unkonventionelles an sich. Lachsfliegen mit solch vielfarbigen Körpern aus Seehundwolle oder Pig's Wool flößen einem Zuversicht ein. Die gefärbte Adlerhechel gibt der Fliege eine buschige, fast schon lebendige Erscheinung und ich glaube, daß gerade dies die Lachse weitaus mehr reizt, als viele andere typische Merkmale der klassischen Lachsfliegen. Der Flügel der Floodtide ist ein Zwischending eines Ganzfederflügels (Whole Feather Wing) und eines zusammengesetzten Flügels (Mixed Wing). Die Art, wie Kelson hier die Seiten- und Wangenfedern anbringt, ist eher ungewöhnlich. Hinzu kommt der karminrot gefärbte Perlhuhnbart und das Ergebnis ist eine Fliege mit sehr origineller Erscheinung.

Kelson überliefert, daß die Floodtide eine der besten Fliegen für die Zeit des höchsten Tidenhubes ist, zumindest dort, wo die Gezeiten überhaupt noch Einfluß haben. Wahrscheinlich kommt auch ihr Name von ihrer großen Fängigkeit in diesem Zeitabschnitt (Floodtide bedeutet in etwa «Flut»).

Kelson band seine Fliege nach der obigen Beschreibung für die Fischerei während der Sommermonate. Für die Frühjahrsfischerei bevorzugte er einen Körper aus Pig's Wool. Dieses Material gewährleistete einen volleren, satteren Körper, was Kelson für hohes und kaltes Wasser als besser empfand. Ist das Wasser klar und sind kleinere Fliegen erwünscht, so rät Kelson, die Adlerhechel durch eine gelbe Feder der Fasanenhenne auszutauschen.

Die Bücher von John James Hardy und Major J. H. Hale enthalten auch Beschreibungen der Floodtide. Ihre Beschreibungen unterscheiden sich leicht von der Kelsons. Sie schreiben «vulturine» im Körper vor. Hierbei kann es sich sehr wohl um einen Schreibfehler in Hardys Buch handeln, den Hale unwissentlich abgeschrieben hat. Sollte dies der Fall sein, so meinte Hardy damit sehr wahrscheinlich, daß der Körper aus Seehundwolle folgendermaßen aussehen müßte: kanariengelb, vulturine-blau, gelb, dunkelorange und karminrot. Vulturine wäre dann die Federfarbe des Geierperlhuhns (Vulturine guinea fowl). Ich halte dies für unwahrscheinlich und glaube, daß es sich hier um einen Schreibfehler handelt.

Francis Favourite

Simple Strip Wing, Francis Francis, 1865 – 1870.
Muster wie von Francis Francis.

Tail: Tippet und ein wenig Ibis
Body: Einige Windungen mit gelber Wolle und der Rest aus dunkelweinroter Wolle
Ribs: Goldfaden
Hackle: Eine längliche Coch-y-Bondhu Hechel, schwarz am Buttende an der Schulter
Shoulder: Eine Coch-y-Bondhu Hechel, am Butt schwarz
Wings: Dunkel gesprenkelter Truthahn
Head: Schwarz

Die Francis Favourite ist ein von Francis Francis persönlich gestaltetes Muster. Er erzählt, daß er einmal viele Lachse mit derselben Fliege aus dem Fluß Usk gefangen hat, so daß er sie zum Schluß die Francis Favourite nannte. Am Nachmittag desselben Tages band er am berühmten Fliegenbindetisch des bekannten «Three Salmon» Hotels eine andere seiner typisch walisischen Fliegen, die Berrington's Favourite. Diese Fliege wird wie folgt gebunden. Tag: goldenes Flachtinsel. Tail: einige Fibern scharlachrotes Mohair, Goldfasantippets und darauf wird eine kleine Jungle Cock Feder flach gebunden (oft wird sie auch weggelassen). Body: feuerbraune Seehundwolle. Ribs: dünnes, goldenes Flachtinsel, dicht gerippt. Throat: eine Coch-y-Bondhu Hahnenhechel. Wings: Segmente einer sattbraunen Truthahnschwungfeder, mit einem Streifen Truthahn mit weißen Spitzen dazwischen, alles kurz und aufrecht gebunden; die Spitze des Flügels darf nicht über die Körperlänge hinausreichen. Diese Fliege benannte er nach seinem Angelkollegen Mr. Berrington.

Das Three Salmons Hotel wurde im 18. Jahrhundert an den Ufern des Usk errichtet. Viele der ganz großen Angler übernachteten dort und unter ihnen befanden sich auch die vier in diesem Buch so oft erwähnten Herren Francis Francis, George Mortimer Kelson, Sir Herbert Maxwell und Dr. Thomas Edwin Pryce-Tannatt.

Francis Francis (1822 bis 1886) wurde in Devonshire geboren und sein echter Name war Francis Morgan. Sein Stiefvater, dessen Nachname Francis war, hinterließ ihm eine große Erbschaft, allerdings mit der Bedingung verknüpft, daß er seinen Namen in Francis Francis umändert. Er hatte eine Motorenschlosserausbildung, verschrieb aber sehr früh sein Leben der Fischerei und ganz besonders der Fliegenfischerei auf Lachs. Er entwickelte großes Interesse für Lachsfliegen und ohne selbst ein Meister in der Kunst des Fliegenbindens zu werden, wurde er eine der größten Autoritäten, die es jemals auf dem Gebiet der Lachsfliegen gegeben hat.

Seine Erbschaft erlaubte es ihm zu reisen und er befischte viele der besten britischen Lachsflüsse. Er war ein begabter Autor und er schrieb eine große Anzahl Artikel für die geschätzte Zeitschrift «The Field». Schließlich wurde er Angeljournalist. Er schrieb auch verschiedene ausgezeichnete Bücher, wovon das wichtigste «A Book on Angling» (1867) war. Es erschien in vielen Neuauflagen und dieses gut gestaltete Buch enthält viele Muster, sowohl von berühmten als auch von seltenen Lachsfliegen. Durch das Sammeln all dieser Muster hinterläßt Francis Francis ein beeindruckendes Werk.

Gallantine

Grubs (Larven), G. Kelson, Mitte des 19. Jahrhunderts.
Muster wie von George M. Kelson.

Tag: Silbertwist und gelbes Silk
Tail: Zwei hellweinrote Starenfedern (Rücken an Rücken)
Butt: (oder erste Hechel) eine hellweinrot gefärbte weiße Furnacehechel
Body: Weinrotes Chenille, die zweite oder die Mittelhechel, ist eine dunkelweinrot gefärbte weiße Furnacehechel
Head: (oder die dritte Hechel) eine große schwarze Hechel und zwei Windungen dunkelblau gefärbtes Perlhuhn
Cheeks: Chatterer (klein, vom Kopf)

Die Gallantine ist eines der vielen Grub-Muster (Larven) von Kelson, von welchem behauptet wird, es wäre besonders für den walisischen Lachsfluß Usk geeignet. In diesem Fluß wurde dieser Fliegentyp erstmals gefischt. Die Gallantine war eine von Kelsons bevorzugten Grub-Fliegen. Dies ist besonders verständlich, wenn man ihre Entstehungsgeschichte kennt. In einer späten Augustwoche 1882, bei extrem niedrigem Wasserstand, gelang es Kelson, eine schöne Strecke Lachse mit dieser Fliege im Usk zu fangen: fünfzehn Lachse zwischen 6,5 und 11 kg. All diese Fische stiegen auf eine auf einen 1er Einfachhaken gebundene Gallantine. Eine andere von Kelsons schönen Grub-Fliegen ist die Glow Worm. Kelson erzählt, daß diese Fliege auch eine alte Standardfliege am Usk sowie an anderen guten Lachsflüssen war. Sie ist so leicht zu binden, daß sogar ein Neuling in der Bindetechnik große Chancen hat, diese Fliege ordentlich zu binden, was nicht oft bei klassischen Lachsfliegen der Fall ist. Tag: Silbertwist und gelbes Seal's Fur, gut gezupft. Tail: Ibis. Body: aus Kupfertinselchenille und, wie bei vielen anderen Grub-Fliegen, drei Ringhecheln; dies sind drei Coch-y-Bondhu Hahnenhecheln, eine als Butt, eine in der Körpermitte und eine als Kopfhechel. Diese einfache Fliege wird mit einem kleinen, schwarzen Kopf beendet.

Die Wasp Grub ist ein anderes von Kelsons Mustern. Sie kann als Kreuzung einer Wasp-Fliege und einer Grub-Fliege gesehen werden, wird aber als Mitglied der Grub-Familie aufgeführt. Kelson beschrieb diese Fliege als eine einfache, aber manchmal in der Wespenzeit, bei Niedrigwasser, sehr effektive Fliege. Er selbst hatte mit ihr am Usk einigen Erfolg, aber auch am Dee soll sie recht tauglich gewesen sein. Diese Insekten-Nachbildung wird folgendermaßen gebunden. Tag: Silbertwist. Tail: die Spitze der roten Feder von der Unterseite des Tukanstoßes. Body: gelbes und schwarzes Chenille, straff gedreht, allerdings nicht spiralförmig, sondern wespenähnlich. Hackle: eine natürlichblaue Coch-y-Bondhu Hechel, ein wenig bismarckbraun gesprenkelt. Die Hechel sollte ab der Körpermitte zum Kopf gebunden werden, wo zwei zusätzliche Windungen gemacht werden. Head: eine schwarze Straußenfiber.

Gardener

Dee Strip Winged Fly, Mr. W. Garden, Mitte des 19. Jahrhunderts.
Muster wie von George M. Kelson.

Tag: Goldtwist und karminrotes Silk
Tail: Ein Topping und Tippetfibern
Body: Gelb-grünes und dunkelblaues Seal's Fur in gleich großen Abschnitten
Ribs: Silbertinsel
Hackle: Ein Topping (als Hechel) ab der gelb-grünen Seehundwolle
Throat: Eine schwarze Reiherhechel
Wings: Zwei Federfahnen zimtbrauner Truthahn
Sides: Jungle Cock (kurz und hängend)

Die Gardener ist eine der weniger bekannten Dee Strip Winged Lachsfliegen. Sie wurde von einem ganz der Fischerei im Dee verschriebenen Angler, Mr. W. Garden, entworfen. Er war ein geschickter Fliegenbinder und er entwarf verschiedene schöne Muster. Die Gardener trägt ein kleines Detail, das sie von den anderen Dee Strip Winged Lachsfliegen unterscheidet, nämlich die Körperhechel aus einer Toppingfeder. Ihre Hechel ähnelt eher einer Hechel der Parson-Fliegen.

George Mortimer Kelson, der Mann, der hinter dem wahrscheinlich wichtigsten Buch in der Geschichte des Fliegenbindens, «The Salmon Fly» (1895) steht, war in vielerlei Hinsicht eine Autorität. Allerdings wird ihm vorgeworfen, verschiedenen seiner engen Freunde die Ehre einiger Fliegenmuster gegeben zu haben. Mr. Garden schreibt er zum Beispiel großzügigerweise zehn verschiedene klassische Lachsfliegen zu. Ich kann weder bestätigen noch verneinen, ob nun Herr Garden der Erfinder all dieser Fliegen war. Bei all diesen Mustern handelt es sich um Fliegen, die für die Lachse des Aberdeenshire Dee geeignet sind. Sieben davon sind Simple Strip Winged Fliegen für die Sommerfischerei, die auf kleine Haken gebunden werden und, folgt man Kelson, oft auch auf kleine Zwillingshaken. Dies war damals nicht sehr gängig, da meistens Einfachhaken verwendet wurden. Drei von Mr. Gardens Mustern gehörten zur Dee Strip Winged Familie und sie waren, im Gegensatz zu den anderen Fliegen, für die frühe Frühjahrsfischerei gedacht. Die bekanntesten Fliegenmuster, von denen Kelson behauptet, Mr. Garden wäre ihr Erfinder, sind die Glentana (siehe Glentana) und die Balmoral.

Pryce-Tannatt erwähnt die Gardener ebenfalls in seinem Buch «How to Dress Salmon Flies» (1914). Diese Version ist deutlich anders als die von Kelson. Der Tag ist aus Silberfaden und karminroter Flockseide. Tail und Body sind identisch mit Kelsons Version. Pryce-Tannatt verwendet eine doppelte Rippung, wozu er silbernes Flachtinsel und Silbertwist empfiehlt. Der Hauptunterschied ist die Hechel. Hier verwendet Pryce-Tannatt eine normale Hahnenhechel, die er über den ganzen Körper dreht. Der Bart, die Flügel und die Wangenfedern entsprechen denen von Kelsons oben angeführtem Muster.

Garibaldi Fly

Mixed Wing, William Doherty & Son, Mitte des 19. Jahrhunderts.
Muster wie von Francis Francis.

Tag: Silberfaden und zitronenfarbenes Floss
Tail: Ein Topping
Butt: Grüne Pfauenfiber
Body: Drei Abschnitte aus Floss; der erste orange-gelb, die anderen beiden aus ein wenig rötlich-orangem Floss
Ribs: Drei Windungen Silberfaden an den Abschnittenden
Hackle: Am ersten Abschnittende (vor dem Silberfaden) eine gelblich-olive Hechel mit Pfauenfiber darüber; am zweiten Abschnittende eine rötlich-orange Hechel mit Pfauenfiber darüber. Über das dritte Abschnittende wird eine hellweinrote Hechel gedreht.
Shoulder: Blauer Eichelhäher
Wings: Underwing zwei größere Tippetfedern in ganzer Länge, Federfahnen aus braunem Truthahn an jeder Seite, ein Topping über alles
Horns: Blauer und roter Macaw
Head: Grüne Pfauenfiber

Die Garibaldi Fly wird von Francis Francis als eine der besten Fliegen für den irischen Lachsfluß Bann vorgestellt. Die Erfinder dieser und einiger anderer seiner bevorzugten Muster waren William Doherty und sein Sohn. Francis Francis bezeichnet sie als Autoritäten im Bereich der irischen Lachsfliegen. Die Familie wohnte in Bushmills und Vater und Sohn waren professionelle Fliegenbinder. Ihre Arbeiten waren von allerhöchster Qualität, was auch aus dem schönen und kreativen Design der Garibaldi ersichtlich ist.

Die Garibaldi Fly wird nicht von Kelson und Pryce-Tannatt erwähnt, aber sowohl J. J. Hardy als auch J. H. Hale stellen sie in ihren Büchern vor. Die Muster dieser beiden Herren stimmen in jedem Detail überein, allerdings unterscheiden sie sich erheblich vom Originalmuster von William Doherty und seinem Sohn. Die Fliegen sind sich in so wenigen Punkten ähnlich, daß es denkbar ist, daß es sich ursprünglich um zwei verschiedene Fliegen handelt. Das älteste Muster ist sehr wahrscheinlich das von Francis Francis vorgestellte.

Das Muster von Hardy und Hale sieht wie folgt aus. Tag: Silbertinsel und mittelblaues Floss. Tail: ein Topping und Indian Crow. Body: eine Windung mittelblaues Floss, eine Windung dunkelorange Floss und der Rest aus Affenhaar (grau). Ribs: Silbertinsel. Körperhechel: eine graue Hahnenhechel. Throat: eine goldene Hahnenhechel. Wings: Goldfasantippetfedern, verhakte Segmente vom Goldfasanstoß, gelben, roten, grünen und blauen Schwan, Bustard, Wood Duck und über den Flügel zwei Mallardsegmente. Horns: blauer Macaw. Head: eine schwarze Straußenfiber.

Gaudy Fly

Whole Feather Wing, George C. Bainbridge, 1816.
Muster wie von George C. Bainbridge.

Tail: Einige Fibern aus dem Auge des Pfauenstoßes
Body: Am besten geeignet ist ein Körper aus Straußenfibern, die so gefärbt werden, daß ihr Farbton der roten Feder des Flügels entspricht
Hackle: Eine sattgelbe Hechel über den ganzen Körper
Throat: Die schöne grüne Feder, die das Auge des Pfauenstoßes bildet, sollte am Kopf befestigt werden, und zwar so, daß sie nach unten hängt und etwa über eineinhalb Zentimeter den Körper bedeckt
Wings: Das äußerste Ende einer Perlhuhnfeder, nicht gestreift, so daß nach wie vor die Fibern auf beiden Seiten des Kiels vorhanden sind; eine blutrote Hechelfeder sollte mit den Flügeln befestigt werden, und zwar so, daß sie darüber hinausreicht

Die Gaudy Fly ist eine der fünf Lachsfliegen, die erstmals farblich abgebildet wurden. Die Abbildung kann in George C. Bainbridges Buch «The Flyfisher Guide» gefunden werden. Dieses Buch wurde 1816 veröffentlicht. Der Grund, warum ich diese Fliege hier aufführe ist, daß diese Fliege von außerordentlicher geschichtlicher Bedeutung ist. Dies kommt nicht daher, daß sie eine der ersten in Farbe abgebildeten Fliegen ist, sondern weil es eine der allerersten Lachsfliegen war, von der behauptet werden kann, daß sie richtig farbenreich ist. Von diesen ist sie, dank der Farbabbildung von Bainbridge, die am besten dokumentierte. Im frühen 19. Jahrhundert waren nahezu alle Lachsfliegen Nachahmungen von Schmetterlingen, Libellen und anderen Insekten. Die Farben dieser Fliegen waren recht unscheinbar, meist Grau-, Braun- und Schwarztöne. Sofern gefärbte Materialien verwendet wurden, so waren dies keine leuchtenden Farben, die später so beliebt wurden, sondern verschiedene natürliche Farbtöne.

In seinem Buch schreibt George C. Bainbridge über die Gaudy Fly, daß sie in der Lage ist, Lachse auch dann zu verführen, wenn Insektenimitationen keinen Erfolg bringen. Die Gaudy Fly, die zu Recht eine Vorläuferposition vieler der modernen klassischen Lachsfliegen einnimmt, taucht auch in späterer Fliegenfischerliteratur auf. George A. Hansards Buch «Trout and Salmon Fishing in Wales» wurde 1834 veröffentlicht. In diesem Buch stellt er die fünf gleichen Fliegen wie Mr. Bainbridge vor.

Hansard überliefert, daß sich diese fünf Fliegen an den nordwalisischen Gewässern als Standardfliegen durchgesetzt und sich von dort aus auf andere Gewässer verteilt haben. In Hansards Buch wird die Gaudy Fly als Ogmore bezeichnet. Dies liegt daran, daß diese Fliege am gleichnamigen Fluß sehr beliebt wurde. George C. Bainbridge war ein Pionier in der Verwendung von Bindeinstrumenten. In seinem Buch wird erstmalig die Hechelklammer vorgestellt. Dieses Instrument, das zum Binden von Hecheln und Bärten verwendet wird, wurde seitdem ein anerkanntes Instrument auf jedem Gebiet des Fliegenbindens. Bainbridge war auch der Mann, der zum ersten Mal beschrieben hat, wie der Kopfknoten zum Beenden der Fliege verwendet werden soll (Whip-Finish Knot). Der Bindestock ist allerdings eine frühere Erfindung und dieses geniale Instrument wird erstmalig von Samuel Taylor in seinem 1800 erschienenen Buch «Angling in All its Branches» erwähnt.

Viele der frühen farbenreichen Fliegen wurden als Gaudy-Fliegen (Gaudiness = prunk-, prachtvoll) bezeichnet. Diese Abbildung zeigt William Blackers Art, Gaudy-Fliegen zu binden. Sie stammt aus seinem Buch «Flymaking, Angling and Dyeing» (1855).

Gled Wing

Dee Strip Wing Fly, Mr. Brown, frühes 19. Jahrhundert.
Muster wie von Francis Francis.

Tag: Silbertinsel
Tail: Goldfasansattelfeder
Body: Ein Drittel orange-gelbes, zwei Drittel weinrotes oder hell purpur-weinrotes Mohair
Rib: Breiteres Silbertinsel
Hackle: Eine größtmögliche Reiherhechel oder zwei, wenn eine nicht weit genug reicht, die bis zum gelben Mohair gebunden werden
Shoulder: Krickente
Wings: Zwei ordentliche Federfahnen vom roten Milan oder rötlich-blaßbrauner Truthahn derselben Farbe

Die Gled Wing oder die Red Wing (wie sie bis Mitte des 19. Jahrhunderts auch bezeichnet wurde), war ein Vorläufer einer der heute bekanntesten Dee Strip Winged Lachsfliegen, nämlich der Glentana. Francis Francis betrachtete die Gled Wing in seinem Buch «A Book on Angling» (1867) als eine der besten lokalen Fliegen für den Dee, womit er den Aberdeenshire Dee meinte, der der berühmteste der vier britischen Flüsse desselben Namens ist. Dieser Fluß führt sehr wahrscheinlich das klarste Wasser aller schottischen Flüsse. Francis Francis zufolge waren die lokalen Fliegen dieses Flusses eigenartige Kreaturen, die für keinen anderen britischen Fluß geeignet waren. Eine Ausnahme machte er allerdings mit der Gled Wing und der Tartan, die auf kleine Haken gebunden, aus dem Don Lachse fangen könnten. Verglichen mit konventionellen Mustern ist es nicht verwunderlich, daß Francis Francis diese lokalen Kreaturen als eigenartig empfand, da dies ungewöhnliche Fliegen wie die Gled Wing, die Tartan, die Grey Eagle und die Yellow Eagle waren, aber sicherlich geirrt hat er sich mit der Behauptung, diese Fliegen wären an anderen Flüssen ungeeignet. Die Nachfolger der Gled Wing, die Glentana und die Eagle-Fliegen, fangen nicht nur Lachse in britischen Flüssen, sondern überall in Skandinavien und in einigen der nordamerikanischen Lachsflüsse.

Die Gled Wing mag ein wenig fremdartig erscheinen, wenn einem die Dee Strip Winged Fliegen nicht geläufig sind. Sie ist allerdings eine typische lokale Dee-Fliege, d.h. eine Dee Strip Winged Lachsfliege und sie diente wahrscheinlich anderen Dee Strip Winged Fliegen als Vorbild. Für Francis Francis mußte diese Fliege einen schlanken Körper, verteilte Rippung und eine möglichst lange Reiherhechel haben. Der Bart mußte natürlich aus Krickente sein und ohne ihn wäre eine Dee-Fliege nicht vollständig. Die Flügelfibern müssen lang und dünn sein, so daß sie unter Wasser «lebendig» werden. Die Flügelsegmente müssen zueinander «V»-förmig angebracht sein, was ein wenig binderisches Geschick erfordert. Schließlich fehlt bei einer Gled Wing der Kopf. Dies ist natürlich nicht ganz richtig und was Francis Francis hiermit meint ist, daß sie keinen zusätzlich gebundenen Kopf hat, sondern daß dieser lediglich aus einigen Windungen Bindegarn besteht, mit dem die Flügel angebracht werden. Er war der Meinung, daß der Kopf fehlen sollte, damit durch ihn kein Kräuseln der Wasseroberfläche verursacht wird. Für ihn war es wichtig, daß der kleine «Kopf» der Gled Wing sanft durch das Wasser schneidet, so daß die Fliege vorwärts gleitet und die Flügel hierbei möglichst realistisch flattern.

Glen Grant

Spey Fly, Major Grant, Mitte des 19. Jahrhunderts.
Muster wie von George M. Kelson.

Tail: Eine gelbe Goldfasanrumpffeder (Spitze)
Body: Drei Windungen gelbe Berlin Wool, der Rest schwarze Berlin Wool
Ribs: Silbernes Lace und Silbertinsel (wie üblich gebunden)
Hackle: Eine schwarze Speyhahnenhechel ab dem Körperende gedreht, wobei sie die Rippung in die entgegengesetzte Richtung kreuzt
Throat: Krickente
Wings: Zwei lange Jungle Cock Federn (Rücken an Rücken), zwei, die auf halbe Fliegenlänge reichen und zwei nochmals ein wenig kürzere
Head: Gelbe Berlin Wool

Die Glen Grant ist eine der vier Spey-Fliegen, die ihren Ursprung in der bekannten Lachs angelnden Familie, den Grants, haben. Die Grants selbst lebten in dem immer noch berühmten Castle Grant, an einer der schönsten Strekken des Spey und Major Grant war eine der Autoritäten der Lachsfischerei am Spey in der Mitte des 19. Jahrhunderts.

Die Glen Grant ist eines der ältesten Muster der Familie Grant. Eine modernere Version war die Glen Grant's Fancy von Major Grant. Diese Fliege war ebenfalls für die Lachse des Spey bestimmt und sah folgendermaßen aus. Tag: Silbertwist und rotweinrote Flockseide. Tail: ein Topping. Butt: Black Ostrich Herl. Body: hell-olivgrünes Seal's Fur. Ribs: Silbertinsel. Throat: blauer Eichelhäher und Krickente. Wings: Fibern vom Goldfasantippet, Perlhuhn, hell gesprenkelter Truthahn, Goldfasanstoß, Mallard und ein Topping. Head: Black Ostrich Herl.

Alle Grants waren Angler und ein Lachsfliegenmuster wurde auch nach Mrs. Grant bezeichnet. Es wurde erstmalig von Major Grant gebunden. Tag: Silbertwist und gelbe Flockseide. Tail: ein Topping und Indian Crow. Butt: Black Ostrich Herl. Body: Chenille mit ein wenig Kupfertinsel. Hackle: eine rote Speyhahnenhechel, die ab der Körpermitte gedreht wird. Throat: blauer Eichelhäher. Wing: Goldfasantippetfibern, Bustard, Goldfasanstoß, hell gesprenkelter Truthahn, grauer Mallard und darüber ein Topping. Head: Black Ostrich Herl.

Die vierte nach den Grants benannte Lachsfliege ist keine von Major Grant entworfene, sondern ein Freund der Familie band sie, John Shanks. Sie wurde Miss Grant genannt, vermutlich nach einer Tochter der Familie.

Kelson beschrieb die Miss Grant genauso wie die Glen Grant's Fancy und die Mrs. Grant, nämlich als «moderne» Standardfliege für den Spey. Die Miss Grant ist die einfachste dieser vier Fliegen. Ihre Art entspricht vielen der anderen klassischen Spey-Fliegen. Kelson zufolge sieht sie so aus. Tag: Silbertwist. Tail: einige Krickentenfibern. Body: zwei Windungen orange Flockseide, gefolgt von olivgrüner Berlin Wool. Ribs: Silbertinsel. Hackle: eine graue Reiherhechel, die ab der zweiten Tinseldrehung gebunden wird. Wings: zwei Segmente Goldfasanstoß.

Hardy und Hale stellen ebenfalls diese Spey-Fliegen vor und wie üblich stimmen ihre Muster mit denen Kelsons überein. Sie empfehlen allerdings für ihre Glen Grant's Fancy und Mrs. Grant Köpfe aus Bindeseide statt den von Kelson bevorzugten Straußenfiberköpfen.

Major Grant und seine Frau waren beide begeisterte Lachsangler, deren Enthusiasmus den Angelsport und die Fliegen am Spey außerordentlich beeinflußte. Dieses Bild des Ehepaares stammt aus George M. Kelsons Buch «The Salmon Fly» (1895).

Glentana

Dee Strip Wing Fly, Mr. W. Garden, frühes 19. Jahrhundert.
Muster wie von George M. Kelson.

Tag: Silbertwist
Tail: Rote Brustfeder des Goldfasans
Body: Ein Drittel aus hellorangem Seal's Fur und der Rest aus hellweinrotem Seal's Fur
Ribs: Silbernes Lace und Silbertinsel
Hackle: Eine schwarze Reiherhechel ab der orangen Seehundwolle
Throat: Pfeifente
Wings: Zwei Federfahnen zimtbrauner Truthahn mit hellen Spitzen
Head: Schwarz

Die Glentana ist eine alte schottische Lachsfliege, die für das Lachsfischen an einem, für die Lachsfischerei mit der Fliege klassischen Fluß, dem Dee. Diese Fliege wird für eine der ältesten Dee Strip Winged Fliegen gehalten. Ihre Flügel sollten, ähnlich wie bei anderen Dee Strip Winged Fliegen, niedrig gebunden werden und über dem Körper ein «V» bilden. Eines der charakteristischen Merkmale der Fliegen dieser Familie ist, daß sie normalerweise Krickente als Bart haben. Dies trifft nicht bei Kelsons Muster für die Glentana zu und dasselbe gilt für die Muster von Hardy und Hale. Es kann gut sein, daß die Glentana ursprünglich mit einem Krickentenbart versehen war, dieser aber nach und nach einem sehr ähnlichen Pfeifentenbart wich. Dies wird weiterhin durch die Tatsache bestätigt, daß die Glentana wahrscheinlich von einer heutzutage fast vergessenen Fliege, der Gled Wing (siehe Gled Wing), abgeleitet ist. Eine Zeitlang wurde sie auch als Glentana Gled bezeichnet und unter diesem Namen wurde sie auch von Francis Francis in seinem Buch «A Book on Angling» (1867) vorgestellt. Mit der Zeit wurde ihr Name schlicht und einfach auf Glentana reduziert.

Diese Dee Strip Winged Fliege wird auch von Dr. T. E. Pryce-Tannatt in seinem Buch «How to Dress Salmon Flies» (1914) vorgestellt. Sein Muster unterscheidet sich von dem hier vorgestellten. Pryce-Tannatt bindet seine Fliege mit einem Tag aus Silberfaden und aus zitronengelbem Floss. Sein Schwanz besteht aus zwei Teilen, einem Topping und der Spitze einer roten Feder von der Brust des Goldfasans. Ein Drittel von Pryce-Tannatts Körper, der schlank sein sollte, besteht aus hellorangem Seal's Fur, der Rest aus weinrot gefärbtem Seal's Fur. Gerippt wird der Körper mit silbernem Flachtinsel und Twist. Zuletzt wird er noch gut gezupft. Die schwarze Reiherhechel wird ab der dritten Tinseldrehung gewickelt und Pryce-Tannatt empfiehlt Pfeifente als Bart. Der Flügel ist derselbe, wie der der vielleicht bekanntesten Dee Strip Winged Fliege, der Akroyd, d.h. aus zwei Federfahnen zimtbraunem Truthahn. Pryce-Tannatt empfiehlt nicht wie Kelson Federfahnen mit hellen Spitzen. Die klassischen Dee Strip Winged Lachsfliegen sind meine bevorzugten. Mir ist es gelungen, viele schöne Lachse mit der Akroyd, der Dunt und der Glentana an verschiedenen ausgezeichneten Lachsflüssen Norwegens zu fangen.

Golden Butterfly

Topping Wing, Patrick McKay, 1810.
Muster wie von Patrick McKay.

Tag: Dünnes Silbertwist und goldenes Floss
Tail: Ein Goldfasantopping und gebänderte Wood Duck
Butt: Black Ostrich Herl
Body: Gelbe Flockseide
Ribs: Goldtwist (mittel)
Throat: Drei Toppings, nach unten gebogen
Wings: Ein körpereinwärts gerichtetes Topping auf jeder Seite, wovon die Enden entlang der Schwanzmitte aufeinandertreffen; hinzu kommt noch ein großes, nach oben gerichtetes Topping
Cheeks: Eine Cock-of-the-Rock Feder auf jeder Seite, hoch und verkantet eingebunden, sowie auf jeder Seite eine schräg nach hinten weisende Eisvogelfeder
Head: Black Ostrich Herl und schwarzer Wachsfaden, der lackiert wird

Die Golden Butterfly ist, geschichtlich gesehen, eine der wichtigsten klassischen Lachsfliegen. In diesem Zusammenhang ist es wichtig, zwischen McKays Golden Butterfly und dem Muster desselben Namens von Kelson zu unterscheiden.

Pat McKay gehörte zu einer Familie, die sich ganz dem Fliegenbinden verschrieben hatte. Während des 18. Jahrhunderts und im frühen 19. Jahrhundert waren Lachsfliegen fast ausnahmslos von diskreter Erscheinung und nicht mit exotischen und farbenreichen Federn versehen. Die Toppy und die Kinmont Willie waren für diese Zeit typisch. Bei einem Ausflug an den Erne, im Nordwesten Irlands, besuchte McKay zufälligerweise ein Hutgeschäft in der Stadt Ballyshannon, in welchem er alle möglichen exotischen Federn entdeckte. Darunter befanden sich zum Beispiel Federn vom Goldfasan, Indian Crow, blauen Chatterer, Paradiesvogel, Tukan und verschiedene Papageienfedern. Der Konkurrenzkampf unter den Fliegenbindern war damals sehr groß und er war natürlich erpicht darauf, etwas Neues vorzustellen. Er war sich sicherlich nicht dessen bewußt, wozu seine Spielereien mit diesen farbenreichen Fliegen führen würden.

Die Golden Butterfly war eine der allerersten sogenannten «Gaudy»-Fliegen und sehr bald entdeckten Angler, daß diese Fliegen nicht nur schön anzusehen waren, sondern daß man mit ihnen auch erfolgreich angeln konnte, auch unter Umständen, unter welchen es zuvor schwierig war, Lachse zum Biß zu verleiten. Sie waren in der Frühsaison, bei kaltem und hohem Wasser, erfolgreichere Köder.

Die Golden Butterfly war wahrscheinlich nicht die erste Gaudy-Fliege, aber es ist die älteste, von der wir über einen Namen und eine gute Beschreibung verfügen. Sie wurde zu einem Vorläufer einer der vielen farbenreichen Parson-Fliegen, welche wiederum die bekanntesten klassischen Lachsfliegen wie die Durham Ranger, die Green Highlander und die Doctor-Serie, hervorbrachten. Ein auffälliges Merkmal der Golden Butterfly sind die gelben Goldfasantoppings am Bart und Flügel sowie deren Art, gebunden zu sein. Daß McKay sie auf diese für uns falsche Art gebunden hat, war kein Zufall. Er hat sich sehr wahrscheinlich gedacht, daß so diese Federn besser und verführerischer arbeiten würden. James Rogan und sein Sohn Michael banden viele Fliegen eine Zeitlang so wie McKay, aber sehr bald gerieten diese umgekehrten Toppings in Vergessenheit.

Golden Butterfly

Topping Wing, J. P. Traherne, Mitte des 19. Jahrhunderts.
Muster wie von George M. Kelson.

Tag: Silbertwist und hellblaues Silk
Tail: Ein Topping
Butt: Black Ostrich Herl
Body: Hellgelbes Silk, in fünf Abschnitte aufgeteilt, jeder mit zwei Tippetfedern (Rücken an Rücken) gebutted, darüber und darunter jeweils leicht größer werdend. Zusätzlich jeweils noch einen Butt aus schwarzer Fiber
Ribs: Drei Rippungen in jedem Abschnitt aus dünnem Silbertwist
Wings: Sechs Toppings
Horns: Blauer Macaw
Head: Black Ostrich Herl

Dieses Muster der Golden Butterfly ist ein viel späteres als McKays Muster desselben Namens. Das Design von Trahernes Fliege erscheint unnötig kompliziert und vielleicht dachte er an eine Ähnlichkeit mit einer Garnele. Wie dem auch sei, es war eine erfolglose Fliege und nur wenige Lachse wurden das Opfer dieser eher außergewöhnlichen Kreatur. Major J. P. Traherne war zu dem Zeitpunkt eine der Autoritäten in der Materie. Er ist der Erfinder vieler sehr bekannter klassischer Lachsfliegen und Kelson schreibt ihm die Ehre zu, die Chatterer, die Blue Boyne und die Black Prince entworfen zu haben. Traherne war ein großer Bewunderer von Michael Rogan und er schreibt, daß Rogans für die Fiery Brown verwendete Färbemethode weitaus besser war, als alles andere, das damals sonst existierte. Traherne war ebenfalls ein Anhänger der Theorie, daß sich die Lachse beim Laichaufstieg weiterhin ernähren. Er bezog sich hierzu auf einige Sommerlachse, die er in Norwegen fing und in deren Magen er viele Schnaken fand. Er war davon überzeugt, daß die Lachse, wenn sie gehakt sind, so wie viele andere Fischarten auch, ihren Mageninhalt herauswürgen. Er behauptete weiterhin, daß sie eine sehr schnelle Verdauung hätten. Heute wissen wir, daß er sich im Irrtum befand und daß Lachse während ihres Süßwasseraufenthaltes keine Nahrung verwerten können.

Kelsons Version der Golden Butterfly taucht ebenfalls in den Büchern von Hardy und Hale auf und all diese Muster sind miteinander identisch. Kelson schreibt, daß diese Fliege trotz allem Lachse im Tweed, Wye, beim Schleppen im Tay und in einigen norwegischen Flüssen gefangen hat. Es scheint, als wäre ihm diese Fliege eigenartig vorgekommen und als hätte er kein großes Vertrauen in sie gehabt. Er schreibt, daß die Golden Butterfly die beste «Übertreibung» ist, die in der Lachsfischerei, besonders bei sonnigem und warmem Wetter, gefunden werden kann.

Golden Parson

Whole Feather Wing, Francis Francis, Mitte des 19. Jahrhunderts.
Muster wie von Francis Francis.

Tag: Silbertinsel und malvenfarbiges Floss
Tail: Zwei Toppings, einige Tippetfibern und eine Eisvogelfeder
Body: Zwei Windungen goldenes Silk, dann goldene Pig's Wool, die in Orange übergeht
Rib: Silbertwist
Hackle: Eine goldorange Hechel über die Wolle, eine rotorange Hechel darüber und zwei, drei oder mehr Toppings, die statt eines Bartes an die Brust eingebunden werden
Wings: Eine Tippetfeder mit Cock-of-the-Rock (nicht die eckige Feder) auf jeder Seite und eine darüber; Federfahnen vom Pintail oder von der Wood Duck auf jeder Seite und so viele Toppings, wie Sie einfügen können, sieben, acht oder mehr, wenn Sie wollen. Diese werden am Ballyshannon oft einwärts gebunden, was ihnen unter Wasser mehr Spiel verleiht
Cheeks: Eisvogelfedern auf jeder Seite
Horns: Blauer Macaw

Francis Francis betrachtete die Golden Parson als ein schönes Muster, welches an jenen Flüssen, an denen farbenreiche Fliegen wirksam sind, erfolgreich ist. Sie war also nicht nur am irischen Fluß Erne, wo sie ihren Ursprung hat, nützlich. Am Erne ist die Parson nicht nur der Name einer Fliege, vielmehr bezieht sich dieser Name auf eine ganze Fliegenserie, die als Hauptmerkmal die Goldfasantoppings im Flügel haben. Das oben vorgestellte Muster ist jenes, das Francis Francis bevorzugte. Er stellt ebenfalls die Green Parson, die Blue Parson und die Golden Parson vor. Er bezeichnete die letztere als die «Spitzen»-Parson (Topping Parson), der Bischof oder sogar der Erzbischof unter den Parson-Fliegen, die nicht für den alltäglichen Gebrauch bestimmt war, sondern dann zum Einsatz kommen sollte, wenn alle anderen Fliegen versagten.

Eine gute Fliege für den täglichen Gebrauch, auf die Francis Francis stolz war, erhält man, wenn man eine gold-olive und eine mittel-weinrote Hechel am Kopf und eine blaue Eichelhäherfeder als Bart hinzufügt. Einige Toppings müssen entfernt und einige Sattelfedern des Goldfasans über der Tippetfeder hinzugefügt werden und man erhält so die haltbarere Version, die Francis Francis so schätzte.

Die Golden Parson von Francis Francis taucht in verschiedenen modifizierten Versionen auf. Kelson erwähnt in seinem Buch «The Salmon Fly» (1895) eine Fliege, die er als die Yellow Parson bezeichnet. Dies ist eine Weiterentwicklung der Golden Parson von Francis Francis. Kelson beschreibt die Fliege als für den Usk geeignet, wo viele Jahre mit ihr gefischt wurde. Sie hat sich auch am Thurso, Wye und Don als wirksam herausgestellt. Er schreibt dem Pastor A. Williams die Ehre zu, die Fliege erfunden zu haben und beschreibt ihr Muster wie folgt. Tag: Silbertwist und violette Flockseide. Tail: ein Topping und einige Tippetfibern. Body: Zwei Windungen gelbe Flockseide, gefolgt von gelber Seehundwolle. Rib: silberner Ovaltinsel. Hackle: eine gelbe Hahnenhechel, die ab dem gelben Silk gedreht wird. Throat: eine scharlachrote Hahnenhechel mit zwei kleinen Toppings darüber. Wing: zwei Goldfasantippets (Rücken an Rücken), darüber zwei Federfahnen der Carolina-Brautente und über den ganzen Flügel zwei Toppings. Cheeks: Chatterer. Horns: blauer Macaw. Head: schwarz.

Kelsons Version wurde von Hardy und Hale identisch übernommen. Allerdings stellen Hardy und Hale ähnliche für eine andere Fliege vor, die sie in ihren Sammlungen die Parson nennen. Diese Fliege hat wenig mit der Originalfliege von Patrick McKay gemeinsam. Es ist eine Mixed Wing Fliege und als solche bei den Parson-Fliegen nicht wirklich zu Hause. Das Muster sieht wie folgt aus. Tag: Goldtinsel und hellorange Flockseide. Tail: ein Topping und Chatterer. Butt: black Ostrich

Herl. Body: dunkelweinrot gefärbte Flockseide. Rib: goldenes Ovaltinsel. Hackle: eine satt-weinrot gefärbte Hahnenhechel. Throat: eine blaue Hahnenhechel. Wing: Goldfasantippets, dunkler Truthahn, gelb, rot und blau gefärbter Schwan, Pfau, Bustard, Goldfasanstoß, Wood Duck, Krickente, Mallard und Perlhuhn; über den Flügel ein Goldfasantopping. Cheeks: Chatterer. Horns: blauer Macaw. Head: schwarz.

Pryce-Tannatt stellt in seinem Buch das Muster einer Fliege vor, die er die Orange Parson nennt. Diese Fliege ist eine echte Parson-Fliege und es handelt sich bei ihr um eine der Versionen von Francis Francis seiner Golden Parson. Sie gehörte zu jenen Abwandlungen, die bekannt wurden. Pryce-Tannatt bindet seine Orange Parson auf folgende attraktive Art und Weise. Tag: Silberfaden und purpurne Flockseide. Tail: ein Topping und Tippetfibern. Body: orange Flockseide, oranges, scharlachrotes und feuerbraunes Seal's Fur in gleich großen Abschnitten, wobei das Seal's Fur gut gezupft wird. Hackle: eine zitronengelbe Hahnenhechel. Throat: Paradiesvogel. Wing: ein Paar Goldfasantippets (Rücken an Rücken) und darüber zwei Paradiesvogelfedern. Über den Flügel werden zwei oder drei Toppings gebunden. Sides: Segmente der gebänderten Carolina-Brautente. Cheeks: blauer Chatterer. Horns: blau-gelber Macaw. Head: schwarz.

Ich glaube, daß diese Version aller Parson-Fliegen die am ehesten an unseren Flüssen heute anzutreffende ist.

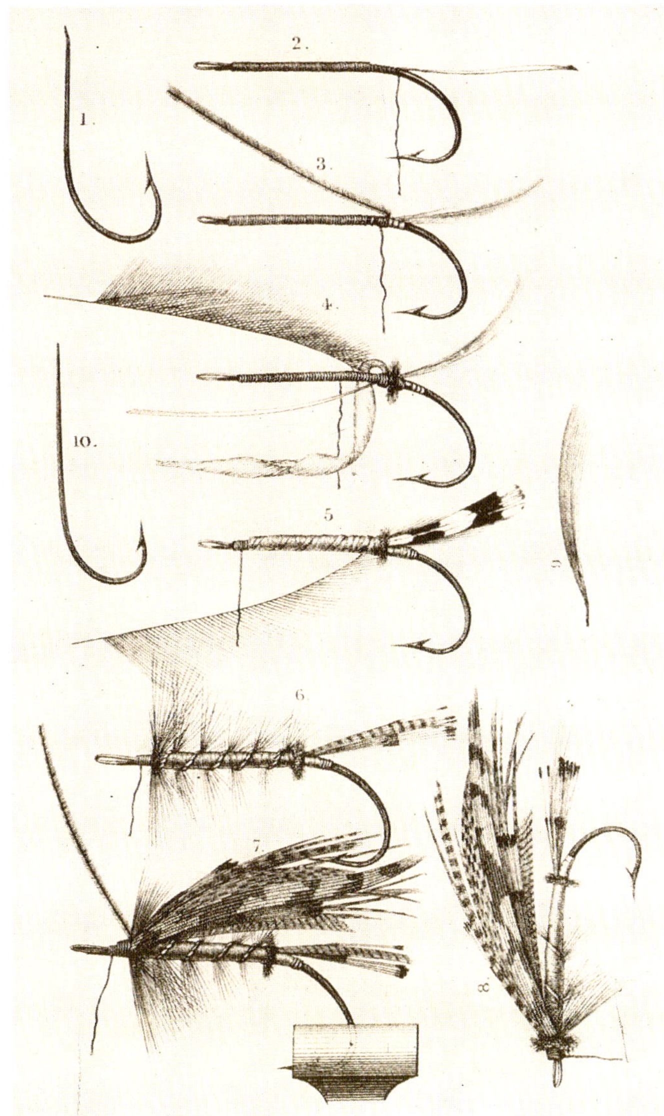

So empfahl Francis Francis in seinem Buch «A Book on Angling», eine Lachsfliege zu binden.

Goldfinch

Topping Wing, Mr. Bernard, 1840.
Muster wie von Edward Fitzgibbon.

Tag: Goldtinsel und schwarzes Floss
Tail: Goldfasantopping
Body: Golden gefärbte Flockseide
Ribs: Goldtinsel
Hackle: Gingerfarbene Hechel
Throat: Blauer Eichelhäher
Wings: Acht oder neun Goldfasantoppings mittlerer Größe. Sie sollten etwa 1,4 cm über das äußerste Hakenende hinausragen. Eisvogel über die Flügelbutts
Horns (Fühler): Roter Macaw
Head: Schwarze Straußenfiber

Edward Fitzgibbon behauptete, daß diese Fliege ein ausgezeichnetes Muster bei niedrigem Wasserstand für die Lachse des Shannon und des Ballyshannon war. Für kleine Lachse soll sie eine Standardfliege gewesen sein. Viele der für den Shannon typischen Fliegen hatten, ähnlich wie die Goldfinch, einen Flügel, der lediglich aus Goldfasantoppings bestand. Im Gegensatz hierzu enthielt der Flügel von den Fliegen des nahen Erne oft sowohl Goldfasantippets als auch Toppings.

Fitzgibbon empfiehlt in seinem Buch «The Book of Salmon» (1850) eine andere Version der Goldfinch. Diese hat einen golden gefärbten Tag und einen Körper aus schwarzem Floss. Hier fehlen der Bart aus blauem Eichelhäher und die Wangenfedern aus Eisvogel. Diese Version wird mit einem purpurfarbenen Kopf beendet.

Francis Francis schildert in seinem Buch «A Book on Angling» (1867) die Goldfinch als die graziöseste und schönste Fliege, die ihm bekannt ist. Allerdings beschreibt er die Fliege mit einer hellgelben Hechel, die sich in ihrem Farbton ein wenig von der Fitzgibbons unterscheidet. Francis Francis zufolge ist die Goldfinch eine ausgezeichnete Lachsfliege für den Tweed.

George M. Kelson erwähnt die Goldfinch als ein sehr altes Standardmuster, auch wenn seine Beschreibung sich leicht von der Fitzgibbons unterscheidet. Der Tag von Kelsons Fliege besteht aus Goldtinsel und goldgefärbtem Silk. Kelsons Hechel ist gelb und sollte ab der zweiten Tinselwindung gedreht werden. Kelson macht auch auf ein Muster aufmerksam, das er als die Black Goldfinch bezeichnet. Diese Fliege ist bis zu einem bestimmen Maße mit der Fitzgibbons ähnlich. Die Black Goldfinch sollte wie folgt gebunden werden. Tag: Silbertwist und rot-oranges Silk. Tail: Tukan und Indian Crow. Body: schwarzes Silk. Ribs: silbernes Ovaltinsel. Hackle: Eichelhäher ab der Mitte. Wings: zwei Indian Crow (Rücken an Rücken) und drei Toppings. Horns: blauer Macaw. Cheeks: Chatterer. Head: schwarze Fiber. Diese beiden Muster werden von Hardy und Hale nicht vergessen. Ihre Goldfinch stimmt mit der Kelsons überein, allerdings ist ihr Flügel der Black Goldfinch anders aufgebaut. Sie bilden ihn aus zwei Jungle Cock Federn und drei Goldfasantoppings.

Dr. T. E. Pryce-Tannatts Muster der Goldfinch ist wiederum anders: Tag: Silberfaden und dunkeloranges Silk. Tail: ein Topping und Indian Crow. Butt: schwarze Fiber. Body: schwarzes Floss. Ribs: goldenes Ovaltinsel. Hackle: ein gold-olive Hechel. Throat: Eichelhäher. Wings: Tippetfibern, bedeckt von Federfahnen aus orange gefärbtem Schwan (aufrecht angebracht). Cheeks: Indian Crow, zwei oder drei Toppings über alles. Horns: blauer und gelber Macaw.

Das Muster von Pryce-Tannatts Black Goldfinch hat als Unterschied zur Goldfinch einen schwarzen Körper.

Gold Reeach

Spey Fly, frühes 19. Jahrhundert.
Muster wie von A. E. Knox.

Body: Schwarz, mit drei Rippen aus goldenem Flachtinsel. Zwischen diesen Rippen befinden sich drei Reihen sehr dünnem Goldperlfaden (wie aus der Perlstickerei). Manchmal wird das Schwanzende mit orangem Silk versehen. Eine rote, weiche und dünne Hahnenhechel aus einer Deckfeder des Stoßes bedeckt den Körper der Fliege. Die Schulterhechel ist aus Krickente oder Perlhuhn
Wings: Mallard

Mr. Knox beschreibt das Muster der Fliege, die er die Gold Reeach nennt, wie zuvor geschildert. Muster aus alten Büchern sind oft vage und schwer zu interpretieren, wie hier deutlich wird. Die moderne Art der Musterbeschreibung, die die Reihenfolge der Bindevorgänge respektiert, wurde von den Autoren der alten Bücher nicht angewendet. Kelson war der erste, der seine Musterbeschreibungen rationell ordnete.

Knox erklärt, daß alle seine Fliegen Körper aus gedubbter Berlin Wool haben. Die Gold Reeach ist wahrscheinlich ein Vorläufer der Fliege, die Kelson als die Gold Riach bezeichnet hat (siehe die Gold Riach). Kelson schreibt den Ursprung dieser Fliege einem Mann zu, der Mr. Riach hieß. Dies erscheint fehlerhaft, wenn man bedenkt, daß diese Fliege lediglich anders geschrieben wurde, bevor Kelson sie in seinem Buch aufnahm.

Mr. Knox überliefert das hier vorgestellte Muster der Gold Reeach in seinem Buch «Autumns on the Spey» (1872). Er stellt ebenfalls andere Muster einiger Spey Reeach-Fliegen vor. Das erste hiervon ist eine Fliege, die er die Silver Reeach nennt und welche fast genauso wie die Gold Reeach gebunden wird. Lediglich das Goldtinsel und der Goldfaden werden durch Silbertinsel und Silberfaden ersetzt, sowie die rote Hechel zu einer grauen, ebenfalls aus einer Deckfeder des Hahnenstoßes, wird. Er beschreibt auch eine Gold-Green Reeach mit einem olivgrünen Körper, den man erhält, wenn man rote, grüne und purpurne Berlin Wool mischt. Der Körper wird mit einer gewöhnlichen roten Hahnenhechel versehen und mit goldendem Flachtinsel und Goldfaden gerippt. Bart und Flügel bleiben dieselben, wie die, die Knox für die Gold Reeach empfiehlt.

Seine letzte Reeach-Fliege ist die Silver-Green Reeach. Der einzige Unterschied zu der Gold-Green Reeach sind Silberrippungen statt der goldenen. Diese vier Muster sind ein Teil der 16 in seinem Buch vorgestellten Muster für den Spey. Die anderen Muster können unter der Grey Heron, der Black Heron, der Carron Fly und der Culdrain Fly gefunden werden.

Gold Riach

Spey Fly, Mr. Riach, frühes 19. Jahrhundert.
Muster wie von George M. Kelson.

Body: Drei Windungen orange Berlin Wool, gefolgt von schmaler schwarzer Wolle
Ribs: In gleich großen Abständen voneinander und mit jeweils einem eigenen Ausgangspunkt, Goldtinsel, Goldtwist und Silbertwist, nicht wie gewöhnlich, sondern in die entgegengesetzte Richtung (Richtung Kopf) gedreht
Hackle: Eine rote Speyhahnenhechel, vom Körperende aus gebunden und zwar mit der Federwurzel und nicht mit der Spitze beginnend; die Hechel kreuzt daher auf der ganzen Länge die Rippung
Throat: Zwei Krickentenwindungen
Wings: Zwei kurze Mallardfederfahnen, mit braun gesprenkelten Spitzen und grau gesprenkelten Wurzeln

Die Gold Riach gehört zur Familie der Spey-Fliegen, die ihren Ursprung am schottischen Lachsfluß Spey hat. Diese Fliegen werden auch heute noch oft genauso gebunden und gefischt wie zu ihrer Entstehungszeit zu Beginn und in der Mitte des 19. Jahrhunderts. Das charakteristische Merkmal dieser Fliegen ist der kurze, niedrig eingebundene Flügel, der oft aus zwei Federfahnen vom Mallard besteht. Der Körper wird normalerweise aus Berlin Wool oder einer anderen Wolle gebunden. Die vielen verschiedenen Rippungen sind auch für diese Fliegen typisch.

Kelson erzählt, daß er beim Binden einer Gold Riach die Fibern einer Federseite abstreifte, was der Fliege eine leichtere und bescheidenere Erscheinung ermöglichte. Dies erlaubt den übriggebliebenen Hechelfibern durch den so gewonnenen Raum, im Wasser lebhafter zu spielen; es geht mehr Leben von der Fliege aus, was hoffentlich auch die Lachse mehr zum Anbiß reizt. Kelson verwendete einen kleinen Trick, um sie robuster zu machen. Wenn nach der normalen Musterbeschreibung die Hechel nach der Rippung kreuzweise über diese gebunden wird, ist die Hechel nicht abgesichert. Das bedeutet, daß die Lachszähne den empfindlichen Hechelkiel leicht abstreifen können, so daß sich die Hechel löst. Indem man zuletzt die Hechel mit Bindeseide über der Rippung kreuzt, beseitigt man das Risiko, daß die Fliege nach einem Fang unbrauchbar wird.

Zusammen mit der Musterbeschreibung hebt Kelson die große Fängigkeit dieser Fliege am Spey hervor. Kelson macht auch deutlich, daß je nach Jahreszeit verschiedene Fliegen erfolgreicher sind als andere. Die Purple King ist allerdings die ganze Saison über ein gutes Muster. Ihre Verwandte, die Green King, wird aber nur im Frühling, wenn die großen Insekten ausschwärmen, gefischt (siehe die Green King). Die Gold Riach ist, ähnlich wie die Jock Scott, eine Fliege, die im Frühling und Herbst am erfolgreichsten ist. Kelson überliefert uns eine Tabelle aus Wester, Elchies, die im Spey mit der Fliege gefangene Lachse enthält und die einen Zeitraum von fünf Jahren umfaßt, jeweils vom 1. August bis 15. Oktober. Diese Tabelle stammt aus dem Ende der 1880er Jahre.

Aus ihr wird ersichtlich, daß die Gold Riach das Vorzugsopfer der Spey-Lachse ist und daß die Spey-Fliegen allgemein mit ihren langen und spielenden Hecheln ausgezeichnete Lachsköder sind.

Gold Riach	51 Lachse	Spey fly
Purple King	47 Lachse	Spey fly
Jock Scott	36 Lachse	
Miss Jackson	35 Lachse	Spey fly
Lady Caroline	35 Lachse	Spey fly
Carron Fly	34 Lachse	Spey fly
Glentana	19 Lachse	
Thunder & Lightning	11 Lachse	
Blue Doctor	11 Lachse	
Green King	10 Lachse	Spey fly
Black King	8 Lachse	Spey fly
Dunkeld	8 Lachse	

Gordon

Mixed Wing, Cosmo Gordon, 1890.
Muster wie von Cosmo Gordon.

Tag: Silbertwist und gelbes Silk
Tail: Ein Topping
Butt: Schwarze Fiber
Body: Ein Drittel gelbes, der Rest weinrotes Silk
Ribs: Silbernes Lace und silbernes Flachtinsel
Hackle: Zwei weinrote Hecheln ab dem gelben Silk
Throat: Blauer Eichelhäher
Wings: Tippetfibern, Pfauenfibern, Bustard, hellblau, hellgrün und rot-weinrot gefärbter Schwan, Diamantfasanstoß und ein Topping
Sides: Jungle Cock
Head: Schwarze Wolle

Um die Jahrhundertwende war die Gordon am berühmten schottischen Lachsfluß Dee die populärste aus ihrer Kategorie. Ebenfalls am Dee kam es einmal zur Entwicklung der Dee Strip Winged Fliegen, worunter sich solche berühmten Schönheiten wie die Akroyd, die Dunt, die Glentana und die Jock o' Dee befanden. Mr. Cosmo Gordon war ein ganz dem Dee verschriebener Angler und er war als geschickter Lachsfischer sehr bekannt, aber auch als eine große Autorität bezüglich der Fliegen. Die Gordon war eine Fliege, die in vielen verschiedenen Versionen gebunden wurde mit grellen bis zu diskreteren, dunkleren Farben. Kelson beschreibt in seinem Buch «The Salmon Fly» zwei Muster der Gordon, die sich beide vom Original Gordons unterscheiden.

Beide dieser Versionen haben einen Kopf aus einer blau gefärbten Hechel statt aus blauem Eichelhäher. Die erste der beiden hat einen Flügel, der statt aus Goldfasantippetfibern aus zwei ganzen Tippetfedern besteht, wozu noch zwei rote Schwertfedern des Goldfasans hinzugefügt werden. Ansonsten stimmt das Muster mit dem von Gordon überein. Dies ist auch das von Hardy und Hale empfohlene Muster. Kelsons zweite Version der Gordon unterscheidet sich von der Gordons dadurch, daß der Schwanz einige Tippetfibern und ein Topping enthält und daß der Körper in seinem gelben Abschnitt bei dieser Version mit dunkelgelber Flockseide aufgebaut wird.

Der Flügel von Kelsons zweiter Version sollte aus folgendem bestehen: zwei hell-weinrote Hecheln (Rücken an Rücken), geveiled mit Pfauenfibern, dunkel gesprenkeltem Truthahn, Goldfasanstoß, Bustard, gelb und blau gefärbtem Schwan, hell gesprenkeltem, weinrot gefärbtem Truthahn und einem Topping. Über den Flügel kommt ein Goldfasantopping. Diese Version hat auch Seitenfedern aus Jungle Cock und ebenfalls Fühler aus blauem Macaw.

Dr. Pryce-Tannatt empfiehlt eine Gordon, deren Tag nur aus Silbertinsel und deren Schwanz aus einem Topping und einer kleinen Indian Crow Feder besteht. Der Körper von Pryce-Tannatts Fliege ist auch aus Flockseide, aber bei ihm ist sein erstes Viertel hellorange und der Rest rubinrot. Ansonsten unterscheidet der Flügel diese Fliege vom Original. Pryce-Tannatts zusammengesetzter Flügel besteht aus einem Paar sattroten Hahnenhecheln (Rücken an Rücken) oder Goldfasanschwertfedern, Pfauenfibern, verhakten Fibern orangenem, scharlachrotem und blauem Schwan, Goldfasanstoß und Bustard. Die Wangen sind aus kleinen Tippetfedern und Jungle Cock. Abschließend kommen noch ein Topping und Fühler aus blauem Macaw hinzu.

Es ist erwähnenswert, daß Mr. Cosmo Gordon mit seiner Empfehlung, zwei Hechelfedern zu verwenden, alleine dastand.

Gordon Cumming

Mixed Wing, A. P. Gordon-Cumming, Mitte des 19. Jahrhunderts.
Muster wie von George M. Kelson.

Tag: Silbertwist und rotes Silk
Tail: Zwei Toppings
Butt: Schwarze Fiber
Body: Gelbes Silk
Ribs: Silbernes Lace und Silbertinsel (oval)
Hackle: Eine hellblaue Hechel ab der zweiten Windung
Throat: Eichelhäher
Wings: Ein Tippet aus roter Goldfasanbrustfeder, geveiled mit Krickente, hell gesprenkeltem Truthahn, Mallard und zwei Toppings
Sides: Gelb, rot und blau gefärbter Schwan (verhakt)
Horns: Blauer Macaw

Kelson überliefert, daß der Erfinder der Gordon Cumming, Sir Alexander P. Gordon-Cumming, wahrscheinlich der geschickteste Amateurfliegenbinder der damaligen Zeit war. Sir Alexander lebte in Altyre an den Ufern des schottischen Flusses Findhorn. Er verwendete fast nie die herkömmlichen Standardfliegen, ohne sie seinen eigenen Wünschen entsprechend zu modifizieren. Wenn er eine klassische Jock Scott band, dann ersetzte er den schwarzen Flossabschnitt durch einen blauen und wurde so, aller Wahrscheinlichkeit nach, die Person, die für die verbreitete Blue Jock Scott verantwortlich ist. Zusätzlich zu diesem Muster entwarf er einige andere, die unter den Lachsanglern des Findhorns beliebt waren. Kelson überliefert weiterhin, daß er eine andere von Sir Alexander gebundene Fliege besaß, die einen roten Fiberbutt am Ende, in der Mitte und am Kopfende des Körpers hatte. Das hier vorgestellte Muster der Gordon Cumming erhielt Kelson durch das Zerlegen einer Original Gordon Cumming, die er von dem Erfinder selbst erhalten hatte.

Francis Francis besuchte Sir Alexander an seinem Wohnort am reizenden Findhorn. Er schreibt, daß es einer seiner angenehmsten Angelausflüge war. Diese begeisterten Lachsangler verbrachten ihre Zeit nicht nur damit, im Findhorn zu fischen, sondern sie banden gemeinsam Fliegen und erzählten einander viele Anglergeschichten. Eines schönen Tages am Findhorn watete Sir Alexander unter blauem Himmel über eine knöcheltiefe Sandbank, um die Hauptströmung zu erreichen und in dieser flußabwärts zu fischen. Plötzlich hatte er den Eindruck, als würde sich das Wasser trüben und als er einen Blick flußaufwärts warf, erblickte er eine riesige, rötliche Wasserwand, die auf ihn zuraste. Er eilte schnellstmöglich aus dem Wasser und als er schon das eigentliche Flußufer erreicht hatte, war der Wasserstand schon bis zu seinen Achselhöhlen angeschwollen. Wo er zuvor durch knöcheltiefes Wasser gewatet war, war nun genug Strömung, um einen ausgewachsenen Elefanten wegzuschwemmen. Auch heute kommt es in den Highlands bei starken Wolkenbrüchen zu vergleichbaren Niveauschwankungen in den Flüssen.

Francis Francis beschreibt in seinem Buch «A Book on Angling» (1867) acht verschiedene, für den Findhorn geeignete Muster von Sir Alexander. Diese Fliegen sollten auf recht große Haken gebunden werden, allerdings nicht auf so große, wie für den Dee. Bis auf eine Ausnahme sollten diese Fliegen sparsam, mit einem Körper aus Flockseide, ausgestattet sein.

Greenwell

Mixed Wing, James Wright, Mitte des 19. Jahrhunderts.
Muster wie von George M. Kelson.

Tag: Silbertwist und hellorangeses Silk
Tail: Ein Topping und Jungle Cock
Butt: Schwarze Fiber
Ribs: Silbernes Lace und silbernes Flachtinsel
Hackle: Eine hellblaue Hechel ab der zweiten Windung
Throat: Pfeifente
Wings: Zwei Federfahnen schwarzer Truthahn mit weißen Spitzen; Goldfasanstoß, heller und dunkler Bustard, Perlhuhn, grün und scharlachrot gefärbter Schwan; grauer Mallard, Mallard und ein Topping
Sides: Jungle Cock
Horns: Blauer Macaw
Head: Schwarze Wolle

George M. Kelson stellt die Greenwell als eine für einige Lachsflüsse geeignete Standardfliege vor, worunter sich der Tweed, der Shannon, der Erne und der Tay befinden. Die Greenwell ist wieder eine andere von James Wrights berühmten Lachsfliegen. James Wright lebte am sehr bekannten Lachsfluß Tweed und als eine der führenden Autoritäten am Tweed kam er mit vielen anderen begeisterten Anglern in Kontakt. Einer dieser Herren war Canon William Greenwell. Seinen Namen gab er nicht nur der berühmten Forellenfliege, die Greenwell's Glory, sondern auch einer Lachsfliege, der Greenwell.

Hardy und Hale stellen beide dasselbe Muster der Greenwell vor. Der einzige geringfügige Unterschied ist, daß sie nicht definieren, woraus der schwarze Kopf bestehen soll. Wenn dies nicht gesondert angeführt wird, bedeutet dies normalerweise, daß der Kopf aus schwarzer Bindeseide gebunden wird.

Sir Herbert Maxwell schreibt, daß der Eindruck einer Greenwell im Wasser dem einer Silver Grey sehr ähnlich ist, es fehlt lediglich das Funkeln. Er überliefert ebenfalls, daß die Greenwell ein bevorzugtes Muster vieler Lachsangler ist und daß diese Fliege schon viele wirklich große Lachse auf dem Gewissen hat.

Maxwell baut seinen Körper auf ähnliche Weise wie Kelson auf. Er empfiehlt allerdings einen Tag aus Silberfaden und zitronengelbem Silk. Der Butt ist aus schwarzem Chenille. Die Hechel wird über den ganzen Körper gedreht und an der Schulter zieht Maxwell eine Spießentenhechel vor. Der Körper wird mit Silbertinsel und Silbertwist gerippt. Maxwell setzt auf diesen Körper die Flügel einer Jock Scott auf, was dieser Fliege einen eher komplizierten Flügel gibt. Das einzige, was weggelassen wird, sind die Wangenfedern aus blauem Chatterer.

Dr. Pryce-Tannatt gibt ein Muster für die Greenwell, das er für Hakenlängen von 3 – 5 cm geeignet hält. Pryce-Tannatts Muster stimmt prinzipiell mit dem Kelsons überein. Bis zum Binden des Flügels unterscheidet sich nur der Tag. Kelsons Greenwell hat einen Tag, der sowohl aus Silbertwist als auch aus hellorangem Floss besteht, während Pryce-Tannatt für den Tag lediglich Silbertinsel empfiehlt.

Der Flügel von Pryce-Tannatts Greenwell sieht wie folgt aus: ein Paar Stoßfederfahnen vom schwarzen Truthahn mit weißen Spitzen (Rücken an Rücken); darüber, aber ohne die Federfahnen ganz zu verdecken, eine «Umhüllung» aus verhakten Fibern der Krickente, vom gelb und blau gefärbten Schwan, Bustard, Florican, Goldfasanstoß; verhakte schmale Streifen Spießente und gebänderte Carolina-Brautente; schmale Streifen brauner Mallard darüber. Cheeks: Jungle Cock, ein Topping über alles. Horns: blauer und gelber Macaw.

Green Highlander

Mixed Wing, Major Grant, spätes 19. Jahrhundert.
Muster wie von Dr. T. E. Pryce-Tannatt.

Tag: Silbertinsel
Tail: Ein Topping und gebänderte Carolina-Brautente
Butt: Black Ostrich Herl
Body: Das erste Viertel aus goldenem Floss, der Rest aus sattgrünem Seal's Fur (oder Flockseide)
Ribs: Silbernes Ovaltinsel
Hackle: Eine grasgrüne Hahnenhechel
Throat: Eine zitronengelbe Hahnenhechel
Wings: Gemischte Goldfasantippetfibern, verhakte Segmente gelber, oranger und grüner Schwan, Florican, Pfauenschwungfeder und Goldfasanstoß; außerhalb davon verhakte Segmente Krickente und gebänderte Carolina-Brautente; schmale Segmente brauner Mallard darüber und über alles ein Topping
Sides: Jungle Cock
Cheeks: Indian Crow
Horns: Blauer und gelber Macaw – *Head:* Schwarz

Das oben angeführte Muster der so hoch gepriesenen Green Highlander ist jenes, das Dr. T. E. Pryce-Tannatt in seinem Buch «How to Dress Salmon Flies» (1914) vorstellt. Das zum Binden dieser Fliege verwendete satte Grün wurde nach der Fliege als Highlander-Grün bezeichnet. Die Green Highlander wurde im späten 19. Jahrhundert von Mr. Grant aus Wester, Elchies, entworfen. Als er diese Fliege gestaltete, hatte er zweifelsohne eine ältere Lachsfliege im Kopf, die Highlander. Ohne unfair werden zu wollen, kann man die Highlander als den Vorläufer der Green Highlander betrachten.

Die von Francis Francis in seinem Buch «A Book on Angling» (1867) vorgestellte Highlander ist eine Fliege, die an dem Carron und an Flüssen des Rosshires gute Ergebnisse erzielte. Dennoch machte er dieses Muster zur Nr. 9 der Fliegen für den Ness, welcher aus dem bekannten Loch Ness fließt. Die Highlander wurde oft in kleinen Größen gefischt und sollte wie folgt gebunden werden. Tag: Silbertinsel und goldene Flockseide. Tail: ein Topping. Butt: black Ostrich Herl. Body: bei einer kleinen Fliege sollte fast die Hälfte des Körpers aus goldener Flockseide sein, bei größeren Fliegen genügen einige Windungen goldenes Floss, worauf gelbe Pig's Wool und schmutzig oliv-grünes Mohair folgen. Rib: Silbertinsel. Hackle: eine erbsengrüne Hahnenhechel, die über den ganzen Körper gedreht wird. Throat: blauer Eichelhäher. Wings: Tippetfibern, Goldfasanstoß und Mallard mit Spießente darüber und ein Goldfasantopping über alles. Sides: doppelte Jungle Cock Federn. Head: schwarz.

Eine gängige Version der Green Highlander ist die von G. M. Kelson, J. J. Hardy und J. H. Hale empfohlene. Diese Fliege hat einen Tag aus Silbertwist und kanariengelbem Silk. Tail: ein Topping und Krickente. Butt: black Ostrich Herl. Body: derselbe wie bei den anderen Versionen, in zwei Teilen, zwei Windungen Flockseide gefolgt von grünem Seal's Fur. Rib: Silbertinsel. Hackle: eine grüne Hahnenhechel, ab dem gelben Silk gedreht. Throat: gelb gefärbter Hahn. Wing: zwei Goldfasantippets, darüber verhakte Segmente vom hellen und dunklen Bustard, Goldfasanstoß, dunkel gesprenkelten Truthahn, grün gefärbten Schwan, Mallard und darüber ein Topping. Der Flügel dieser Version ist ein wenig anders als bei den zuvor vorgestellten Mustern. An der Fliege fehlen die Seiten- und Wangenfedern, sie hat aber Fühler aus blauem Macaw und einen schwarzen Kopf. Aus irgendwelchen Gründen wurden grüne Fliegen in Großbritannien nie besonders beliebt. Heutzutage sind grüne Fliegen, ganz besonders die Green Highlander, die bevorzugten Muster an vielen Lachsflüssen. Zusammen mit der Silver Doctor und der Black Doctor ist die Green Highlander eine der wenigen grünen klassischen Lachsfliegen, die am meisten an norwegischen Lachsflüssen angetroffen werden.

Green King

Spey Fly, Mr. C. Grant, frühes 19. Jahrhundert.
Muster wie von George M. Kelson.

Body: Ein dumpfer, mattgrüner Farbton aus einer Mischung hell- und dunkelgrüner, brauner und ein wenig gelber Berlin Wool
Ribs: Von verschiedenen Anfangspunkten ausgehend, aus Goldtinsel (schmal), Silbertinsel (schmal) und hell-olivgrünem Nähgarn. Diese Fäden werden alle in umgekehrte Richtung gewickelt, allerdings wird das Nähgarn erst nach dem Einfügen der Hechel gebunden. Die beiden Metallrippungen verlaufen unter der Hechel, der Nähfaden darüber, zwischen den Fibern
Hackle: Eine rote Speyhahnenhechel, die ab dem Körperende gedreht wird, aber mit der Wurzel beginnend und nicht mit der Spitze. Sie kreuzt daher die Rippung
Throat: Krickente, nur zwei Windungen
Wings: Zwei Federfahnen vom Mallard, mit braun gesprenkelten Spitzen und grau gesprenkelten Wurzeln

Dies ist eine der typischen Lachsfliegen für den Spey. Diese Fliegen haben niedrige und kurze Flügel, oft aus Mallard. Die Hechel sind lang und oft aus sogenanntem Speyhahn oder Reiher. Die Spey-Fliegen sind nach dem sehr bekannten Fluß Spey benannt.

Kelson behauptet von diesen Fliegen, daß sie oft auf Haken mit langen Schenkeln gebunden wurden. Der Körper beginnt nicht wie gewöhnlich ein wenig hinter der Hakenspitze, sondern auf gleicher Höhe oder sogar ein bißchen davor. Im Verhältnis zum Haken ist der Flügel sehr kurz und er erstreckt sich nie über das Körperende hinaus, manchmal nicht einmal bis zu diesem. Beim Vorbereiten einer Speyhechel werden die weichen Fibern an der Federwurzel nicht wie gewöhnlich abgestreift, sondern drei werden auf jeder Seite des Federkieles belassen.

Die Green King erhielt ihren Namen von einer Insektenart, die entlang des Spey recht gängig ist. Gegen Ende April schwärmen diese großen Insekten in riesigen Mengen aus. Die Spey-Angler vom Beginn und der Mitte des 19. Jahrhunderts wußten nichts über den Wechsel im Hormonhaushalt der Lachse beim Aufstieg ins Süßwasser. Heute wissen wir, daß Lachse zur Laichzeit und während ihres gesamten Süßwasseraufenthaltes keinerlei Nahrung verwerten können.

Die Spey-Angler des 19. Jahrhunderts sahen Lachse inmitten der schlüpfenden Insekten an die Oberfläche steigen und dachten natürlich, daß diese es auf die Insekten abgesehen hatten. Die Green King kann fast als Insektenimitation betrachtet werden.

Hardys und Hales Muster der Green King stimmen vollständig mit dem Kelsons überein. Allerdings beschreiben Hardy und Hale nicht so deutlich, wie man diesen dumpfen, mattgrünen Farbton des Körpers erhält.

Francis Francis überliefert eine detailliertere Beschreibung der Green King. Der Körper dieser Version besteht aus einer Mohairmischung. Den richtigen Farbton erhält man, indem man oranges und oliv-gelbes Mohair mischt. «A Book on Angling» (1867) von Francis Francis enthält einen Brief von Mr. C. Grant aus Aberlour. In diesem Brief schreibt Mr. Grant, daß die Farbe der Green King von grünlich im Frühling zu rötlich in der fortschreitenden Saison variieren sollte. Die Rippung der Fliege von Francis Francis besteht aus silbernem und goldendem Tinsel und Silbertwist, die über den Hechelkiel gerippt wird. Die Hechel sollte eine braune Speyhechel sein mit grauen Spitzen. Als Bart verwendet Francis Francis Krickente, für den Flügel zwei Federfahnen vom grauen Mallard mit braunen Spitzen. Pryce-Tannatt überliefert ein den anderen sehr ähnliches Muster. Body: grüne Berlin Wool. Ribs: goldenes und silbernes Flachtinsel und Goldfaden. Hackle: eine rotbraune Speyhahnenhechel. Throat: Pfeifente. Wings: brauner Mallard (kurz).

Green Queen

Spey Fly, G. Kelson, Mitte des 19. Jahrhunderts.
Muster wie von George M. Kelson.

Tag: Goldtinsel (schmal)
Tail: Eine gelbe Goldfasanrumpffeder (die Spitze)
Body: Ein dumpfer, mattgrüner Farbton, der aus einer Mischung hell- und dunkelgrüner, brauner und ein wenig gelber Berlin Wool besteht
Ribs: Goldtinsel
Hackle: Crown Pigeon (Ringeltaube) oder Graureiher, eine Federseite gestreift, ab der zweiten Windung gedreht
Throat: Gelb gefärbte Rohrdommel, die weiß getupfte Feder
Wings: Dunkel-zimtbrauner Truthahn mit hellen Spitzen oder besser, Roter Milan
Head: Schwarz (klein)

So wie die Fairy King ihre Königin hat, so hat auch die Green King ihre Queen. Die Green Queen ist nicht so alt wie die Green King und ist ein von George M. Kelson gestaltetes Muster und wahrscheinlich eine Abwandlung der Green King nach seinem Geschmack. Er beschreibt sie als Standardmuster für viele Lachsflüsse, ganz besonders dann, wenn das Wetter schön und das Wasser klar ist. Er zog seine Green Queen der Green King vor, aber er gab zu, daß diese Insektenimitation (siehe die Green King) während der Schlüpfzeit der großen Libellen von Mitte Mai bis Mitte Juni am Spey eine der besten Fliegen ist.

Die Green Queen gehört zu den Spey-Fliegen, eine Fliegengruppe, die zu einer auf der ganzen Welt geschätzten Gruppe wurde. Diese Fliegen haben kurze, niedrig eingebundene Flügel, die oft aus Mallard sind. Die Hechel ist das auffälligste Merkmal und es ist entweder eine lange Speyhahnenhechel oder eine Reiherhechel. Die Green Queen ähnelt der Green King in den Farben und der Körper ist identisch. Was die Green Queen von der Green King unterscheidet ist der Flügel, der sowohl aus zwei Federfahnen vom Truthahn als auch vom Roten Milan bestehen kann. Das ergibt einen Flügel, der den Flügeln der alten Fliegen des nahen Dee, den Dee Strip Winged Fliegen, recht ähnlich ist. Die Hechel der Green Queen ist lang und weich wie die anderer Spey-Fliegen, aber sie sollte auf einer Seite gestreift werden, was die Fliege schlank macht und ihr zu einer graziöseren Erscheinung verhilft.

Hardy hat die Queen der Spey-Fliegen in seinem Buch «Salmon Fishing» (1907) aufgenommen. Er überliefert dasselbe Muster wie Kelson, erläutert aber nicht, wie man den korrekten Farbton des Körpers erhält. Ebenfalls erwähnt er nicht, ob die Hechel auf einer Seite gestreift werden soll oder nicht. Dieses Muster hat Hale in der zweiten und dritten Ausgabe von «How to Tie Salmon Flies» übernommen.

Grey Eagle

Dee Strip Wing, Mr. Brown, Mitte des 19. Jahrhunderts.
Muster wie von George M. Kelson.

Tag: Silbertwist
Tail: Eine rote Brustfeder des Goldfasans
Body: Gelbes, hellblaues und scharlachrotes Seal's Fur
Ribs: Silbernes Lace und Silbertinsel
Hackle: Eine graue Adlerhechel ab der blauen Seehundwolle
Throat: Pfeifente (Krickente bei großen Fliegen)
Wings: Zwei Federfahnen braun gesprenkelter Truthahn mit schwarzen Querstreifen und weißen Spitzen
Head: Schwarz

Kelson stellt die Grey Eagle genauso vor, wie die Yellow Eagle, d.h. als eine sehr bekannte Dee-Fliege für dunkles Wasser und er schreibt Mr. Jewhurst die Ehre zu, diese Fliege entworfen zu haben. Dies erscheint eher zweifelhaft und es ist wahrscheinlicher, daß die erste Grey Eagle von demselben Mann gebunden wurde, der erstmals die Yellow Eagle band, nämlich von Mr. Brown aus Aberdeen. Mr. Brown war ein anerkannter Angelgerätehersteller, der Francis Francis zufolge diese Fliegen besser band als die meisten anderen.

Die Grey Eagle von Francis Francis wird genauso gebunden wie seine Yellow Eagle. Lediglich die Adlerhechel wird bei der Grey Eagle nicht gelb gefärbt, sondern naturfarben belassen. Hardy und Hale folgen treu dem Muster des Meisters Kelson. Allerdings enthalten die Sammlungen von Hardy und Hale ebenfalls das Muster einer Fliege, die sie Eagle nennen. Dies ist genaugenommen Mr. Browns Originalmuster der Grey Eagle, der einzige Unterschied ist, daß Hardy und Hale ihre Eagles sowohl mit Silbertinsel als auch mit silbernem Lace rippen, während Mr. Brown sich mit einigen Drehungen breitem Silbertinsel begnügt.

Das «neueste» der Werke über die sogenannten klassischen Lachsfliegen ist «How to Dress Salmon Flies» (1914) von Dr. T. E. Pryce-Tannatt, worin sich auch ein Muster der Grey Eagle befindet. Diese Version unterscheidet sich erheblich von Browns Originalmuster. Pryce-Tannatt fügt am Schwanz ein Goldfasantopping hinzu. Der Körper wird mit wenig hellorangem, dunkelorangem, scharlachrotem und hellblauem Seal's Fur gebunden, er wird gut gezupft und mit silbernem Flachtinsel und Twist gerippt. Die Hechel ist natürlich eine Adlerhechel, die einseitig gestreift und ab der dritten Tinselwindung gedreht wird. Pryce-Tannatt empfiehlt in Übereinstimmung mit Kelson einen Pfeifentenbart und der Flügel seiner Eagle sollte aus zwei Stoßfederfahnen hellgrau gesprenkeltem Truthahn sein, die auf die charakteristische Dee Strip Wing Art eingebunden werden.

Eine andere Eagle, die mit einer grauen Adlerhechel gebunden wird, ist die Quilled Eagle. Dieses Familienmitglied wird von Kelson, Hardy und Hale auf dieselbe Art beschrieben. Kelson schreibt, daß er selten mit einer anderen Eagle fischte und daß er diese Fliege manchmal mit einer gelb gefärbten Adlerhechel band. Dies ist gut möglich, daß er es war, der diese Abwandlung entwarf. Für mich ist die Quilled Eagle die schönste Version dieser Familie und Kelson ist hiermit sicherlich eine schöne Lachsfliege gelungen. Der dünne und graziöse Körper mit dem einfachen Flügel vermittelt einen sehr nüchternen Eindruck.

Das Muster von Kelsons Quilled Eagle sieht wie folgt aus. Tag: Silbertwist und ein gelb gefärbter Kiel. Tail:

ein Topping und zwei Pfauenfibern (vom Schwert), Bustard und Ibis. Butt: schwarze Fiber. Body: gelb gefärbter Federkiel, wobei allerdings am Bart für vier Drehungen oranges Seal's Fur Platz bleiben muß. Ribs: silbernes Ovaltinsel. Hackle: eine graue Adlerhechel ab der Körpermitte. Throat: Perlhuhn (die getupfte Feder). Wings: zwei Tippets (Rücken an Rücken), die mit darüber hinausreichenden Jungle Cock Federn geveiled werden, ein Streifen Ibis und Bustard, sowie ein Topping. Sides: Jungle Cock (Richtung Mitte des vorherigen Paares).

Sir Herbert Maxwell überliefert das Muster eines seltenen Mitgliedes der Eagle-Familie, die White Eagle, vermutlich ein eigener Entwurf. Sie hat denselben Tag, Tail, Butt und dieselbe Rippung wie seine Version der Mystery. Der Körper besteht aus gleichen Teilen gelber, grüner und wieder gelber Pig's Wool. Die Hechel ist natürlich eine Adlerhechel, die nicht gefärbt wird und ein wenig ins silbrige übergeht. Der Flügel ist ein einfacher, der aus zwei langen Federfahnen vom grauen Truthahn mit schwarzen Querstreifen besteht.

Das letzte und wahrscheinlich jüngste Familienmitglied ist eine dunkle Lachsfliege, die als Black Eagle bezeichnet wird. Dies ist eine vorzüglich für das Fischen bei Dämmerung und bei Nacht geeignete Fliege. Sie war wahrscheinlich als Ergänzung zu den anderen, farbenreicheren Familienmitgliedern gedacht. Es ist schwer zu sagen, wer diese Fliege entworfen hat, aber sie tauchte erstmals um die Jahrhundertwende auf. Die Black Eagle wird wie folgt gebunden. Tag: silbernes Flachtinsel. Tail: ein Topping und Indian Crow. Body: Black Seal's Fur. Ribs: silbernes Flachtinsel und silbernes Ovaltinsel. Hackle: eine schwarz gefärbte Adlerhechel. Wings: Zwei Federfahnen vom schwarzen Truthahn mit weißen Spitzen: Head: schwarz.

Hier sind einige schöne Lachse aus dem Tweed, die das Opfer einer gut gefischten klassischen Lachsfliege wurden. Diese Abbildung stammt aus der Mitte des 19. Jahrhunderts und sie ist in William Scorpes Buch «Days and Nights of Salmon Fishing on the Tweed» (1843) zu finden.

Grey Heron

Spey Fly, A. E. Knox, 1850.
Muster wie von A. E. Knox.

Body: Das erste Drittel aus zitronenfarbener, der Rest aus schwarzer Berlin Wool
Rib: Silbernes Flachtinsel (wenig), silbernes und goldenes Ovaltinsel
Hackle: Eine Graureiherhechel
Throat: Getupftes Perlhuhn
Wings: Braune Federfahnen vom Mallard mit braunen Spitzen und hellen Wurzeln
Head: Schwarz

Die Grey Heron und ihre Verwandten, die Black Heron und die Lady Caroline, sind drei der heute so beliebten alten, lokalen Fliegen vom schottischen Lachsfluß Spey. Die Grey Heron ist die älteste und diejenige, die die meisten Lachse auf dem Gewissen hat. Die alten Spey-Fliegen sind unauffällig gefärbt. Eine Ausnahme sind die Carron Fly und die Orange Heaven, die beide orange Körper haben. Die Spey-Fliegen haben, wie auch die Dee-Fliegen, lange und weiche Hecheln. Auch andere Fliegen haben Reiherhecheln. Ein großer Unterschied zwischen den Spey-Fliegen und den Dee-Fliegen ist, abgesehen von der Tatsache, daß die Flügel anders sind, die bei den Spey-Fliegen im allgemeinen viel längere Hechel. Nicht alle Fliegenbinder beachten dies. Die Reiherhechel der Grey Heron und die anderer Heron-Fliegen sollte mit der Spitze beginnend gebunden und dann gedoppelt werden, damit eine für die Stromschnellen des Spey ausreichend lange Hechel entsteht.

Die Heron-Fliegen werden weder von Francis Francis noch von Kelson erwähnt, aber das oben vorgestellte Muster ist mit einem von Pryce-Tannatt identisch. Pryce-Tannatt empfiehlt allerdings, die blau gefärbte Hechel einer einfachen Legehenne (Game hen) statt einer Reiherhechel zu verwenden. Die Brown Heron, die Orange Heron und die Gold Heron sind drei weitere, weniger bekannte Mitglieder der Heron-Familie; die Black Heron und die Gold Heron sind unter der Black Heron aufgeführt.

Die Brown Heron und die Orange Heron sind viel jüngere Mitglieder dieser Familie und sie wurden erstmals in diesem Jahrhundert gebunden. Die Brown Heron wird folgendermaßen gebunden. Body: Zwei Drittel orange Flockseide, gefolgt von orangem Seal's Fur. Rib: flaches und ovales Silbertinsel. Hackle: eine graue Reiherhechel, ab der zweiten Tinselwindung gedreht. Throat: Krickente. Wings: zwei Federfahnen vom braunen Mallard. Kopf: rot.

Die Orange Heron wird wie folgt gebunden. Body: Zwei Drittel orange Flockseide, gefolgt von orangem Seal's Fur. Rib: flaches und ovales Silbertinsel. Hackle: eine graue Reiherhechel, ab der zweiten Tinselwindung gedreht. Throat: Krickente. Wing: vier leuchtend orange Hahnenhecheln (Rücken an Rücken). Head: schwarz.

Hop Dog

Grubs, G. Kelson, Mitte des 19. Jahrhunderts.
Muster wie von George M. Kelson.

Tag: Silbertwist (viel)
Tail: Indian Crow
Butt: Tukan (als Hechel), mit einer Wangenfeder aus Chatterer auf jeder Seite versehen
Body: Abwechselnde schwarze und rot-orange Chenilleringe (nicht spiralförmig); in der Mitte ein Butt wie zuvor
Head: Eine Kopfhechel aus Tukan und rot-orange gefärbtem Perlhuhn und wieder Wangenfedern aus Chatterer

Die Hop Dog wird nach der Spring Grub als das zweitälteste Grubmuster betrachtet. Es sind beides Muster von Kelson und sie standen für viele andere Grub-Fliegen Modell.

Vergleicht man die Grub-Fliegen mit den Wasp-Fliegen (Grub = Larve, Wasp = Wespe), so stellen sich verschiedene Ähnlichkeiten heraus, ganz besonders bei der Hop Dog. Die Wasps stellen oft Imitationen von Wespen, Bienen und Hummeln dar, während die Grubs Nachahmungen von Würmern und verschiedenen Larven sind. Wie dem auch sei, diese gestreifte Larve ist vielen der alten Wasp-Fliegen sehr ähnlich.

Bezüglich einer seiner Grubs, der Heather Dog, erzählt Kelson, daß Lachse gelegentlich Raupen fressen, wenn diese durch starke Regengüsse in den Fluß geschwemmt werden. Er dachte sich, daß an diesen Tagen, wenn gewöhnliche Muster versagen, diese gestreifte Fliege oft erfolgreich sein würde. Außer acht ließ er die Tatsache, daß Lachse im Süßwasser keine Nahrung zu sich nehmen. Trotz alledem steht eines fest: Mit dieser Fliege sind in der Tat viele Lachse gefangen worden. Sie wird wie folgt gebunden. Tag: Silbertwist (viel). Tail: gelber Macaw. Butt: eine kleine, rot gefärbte Furnacehechel und Wangenfedern aus kleinen Jungle Cock Federn. Body: abwechselnd rote und schwarze Chenilledrehungen. Mittlere Hechel: rote Unterstoßfeder vom Tukan, mit Wangenfedern aus Jungle Cock. Throat: zwei Kragen aus gelb gefärbter Krickente und aus einer Reiherhechel. Cheeks: Jungle Cock Federn. Head: klein und schwarz.

Kelson überliefert aus dem Kreis seiner Grub-Fliegen ein eher ungewöhnliches Muster. Es ist eine sehr einfache Fliege, die einen nüchternen Eindruck macht und für deren Binden keine der bei den alten klassischen Lachsfliegenbindern so beliebten komplizierten Bindetechniken erforderlich ist. Bei diesem Mitglied der Grub-Familie fehlen auch die charakteristischen drei Hahnenhecheln. Stattdessen werden kleine Haarbüschel eingebunden, die anschließend noch ein wenig «gekämmt» werden, um wie Hecheln auszusehen. Kelson schreibt, daß diese Fliege an Gewässern, an denen Grubs beliebt sind, gute Ergebnisse erbringt. Sie sollte am besten auf große Haken, etwa 1/0, gebunden werden. Tag: acht Goldtwistdrehungen. Body: amberfarbenes Chenille. «Hackles»: fünf Büschel Affenhaar, in gleichmäßigen Abständen gebunden, wobei sie an Größe entlang des Körpers zunehmen. Das erste Büschel übernimmt die Funktion eines Butts, das letzte Büschel die des Kopfes.

Indian Crow

Mixed Wing, Colonel Campbell, Mitte des 19. Jahrhunderts.
Muster wie von Francis Francis.

Tag: Goldtwist
Tail: Ein Topping
Butt: Black Ostrich Herl
Body: In drei Abschnitten; der hintere aus orange-gelbem, die anderen beiden aus hellblauem Floss. Die Abschnitte werden voneinander durch einige Drehungen schwarzer Straußenfiber getrennt, die gleichzeitig kleine rote Federn aus der Brust vom Indian Crow befestigen
Rib: Silberfaden
Shoulder: Eine hellblaue Hechel
Wings: Gemischte Fibern vom Goldfasanstoß, Tippet, Bustard, von der Krickente und vom blau, gelb und scharlachrot gefärbten Schwan; ein Topping über alles
Head: Schwarz

Die Indian Crow, die nach der kleinen rot-orangen Indian Crow Körperfeder benannt ist, ähnelt sehr der bekannteren Lachsfliege Popham. Beide dieser Fliegen sind mit ihren farbenreichen Körpern, den kleinen Butts und den Veilings, regelrechte Kunstwerke und sie gehören zu den am schwierigsten zu bindenden Fliegen. Die Indian Crow kann als lokale Abwandlung der Popham betrachtet werden.

Diese schöne Fliege ist eine von vier, die Campbell an Francis Francis schickte, als dieser mit der Arbeit an seinem wichtigsten Buch, «A Book on Angling» (1867), beschäftigt war. Er empfahl sie für die Lachse des Awe und Orchy. Für Campbell war diese Fliege, zusammen mit der Butcher, diejenige, die ihm mehr und größere Lachse einbrachte, als jede andere Fliege. Hinzu kommt, daß sie an allen Flüssen gute Ergebnisse erzielte. Diese Empfehlung von Campbell ist umso wertvoller angesichts der Tatsache, daß dieser Angler ein erfahrener war, der die meiste Zeit seines Lebens mit dem Fischen in vielen der besten britischen Lachsflüsse verbracht hat.

Campbell beschreibt auch ein lokales und ungetauftes Muster für das Fischen im Awe und Orchy. Ursprünglich war sie die beliebteste Fliege an diesen Flüssen und galt als allen anderen Fliegen hoch überlegen. Die Einheimischen verwendeten ausschließlich diese Fliege und spielten lediglich, je nach Witterung, mit ihrer Größe. Diese Simple Strip Winged Fliege wurde auf dem Höhepunkt ihres Ruhmes auf die folgende Art und Weise gebunden. Der Tag bestand aus zwei Tinseldrehungen und der Schwanz aus einem Goldfasantopping und einigen Tippetfibern. Der Butt fehlte und der Körper war aus Pig's Wool. Fast die ganze erste Körperhälfte war gelb und auf sie folgte mittelblaue Pig's Wool. Am Vorderende wurden einige Drehungen orange-braune Pig's Wool eingedubbt. Der Körper war rauh und wurde, um recht buschig zu erscheinen, gut gezupft. Er wurde mit breitem, silbernem Tinsel gerippt. Der Bart war aus schwarzer Hahnenhechel, die oft gedreht wurde, damit er möglichst dicht wird. Der Flügel bestand aus zwei stark gesprenkelten Pfauenschwungfedern, mit zwei kurzen Jungle Cock Federn an den Außenseiten. Der Kopf bestand aus schwarzer Bindeseide. Diese einfache, aber einmal sehr erfolgreiche Fliege, ähnelt sehr einer von den ebenfalls unbenannten Fliegen von Francis Francis, die dieser für die Lachse vom Conon empfahl.

Jeannie

Simple Strip Wing, Mr. W. Brown, Mitte des 19. Jahrhunderts.
Muster wie von George M. Kelson.

Tag: Silbertwist
Tail: Ein Topping
Body: Ein Drittel aus gelbem Silk, gefolgt von schwarzem Silk
Ribs: Breites Silbertinsel
Throat: Eine natürlich-schwarze Hechel
Wings: Mallard
Sides: Jungle Cock
Head: Schwarz

Die Jeannie ist eine der einfacheren Simple Strip Winged Fliegen, die trotz ihrer Einfachheit genau solche Klassiker sind, wie die komplizierteren alten Fliegen. Es besteht in Sammlungen klassischer Lachsfliegen eine Tendenz, diese Fliegen zu übersehen. Es ist nicht der Schwierigkeitsgrad im Binden, der den «klassischen» Status ausmacht, sondern der hierfür entscheidende Faktor ist das Ursprungsdatum. Diesbezüglich sind die Jeannie und andere einfache Lachsfliegen genau solche «Klassiker», wie die Jock Scott, die Dunkeld und die Durham Ranger.

Trotz ihrer Bescheidenheit ist die Jeannie ein gut gestaltetes Muster. George Mortimer Kelson schreibt sie Mr. W. Brown zu, einem ganz dem Dee verschriebenen Angler. Auf kleine Zwillingshaken gebunden, war die Jeannie für Kelson eines der Spitzenmodelle für die Sommerlachse des Dee.

Die Jeannie ist heute eine sehr beliebte Fliege, welche in vielen modernen Abwandlungen, auch als Haarflügelfliege, auftaucht. Diese Abwandlungen tragen verschiedene Namen, da gibt es etwa die Black Maria, die Black Bomber oder die Black Star. Aufgrund ihrer großen Popularität wird die Jeannie in vielen Büchern erwähnt. Hardys und Hales Sammlungen enthalten dieselben Muster, wie das hier von Kelson vorgestellte.

Pryce-Tannatts Buch «How to Dress Salmon Flies» (1914) enthält nicht weniger als 22 Muster von Simple Strip Winged Fliegen. Darunter befindet sich natürlich auch die Jeannie, allerdings leicht anders als in der Version von Kelson. Pryce-Tannatt empfiehlt zitronengelbes Floss für den gelben Teil des Körpers. Ebenso rät er, den Flügel vertikal einzubinden, was einen hochstehenden Flügel ergibt.

Pryce-Tannatt überliefert das Muster eines nahen Verwandten der Jeannie, die Jimmie. Diese Fliege ist nicht so alt wie die Jeannie und sie kann als Abwandlung dieser betrachtet werden. Er beschreibt sie folgendermaßen. Tag: Silbertinsel. Tail: ein Topping. Body: in zwei gleichen Teilen; der erste aus sattorangem Floss, der zweite aus schwarzem Floss. Rib: silbernes Ovaltinsel. Throat: eine natürlich-schwarze Hahnenhechel. Wing: zwei braun gesprenkelte Truthahnstoßfederfahnen (vertikal eingebunden). Cheeks: Jungle Cock. Head: schwarz.

Jock Scott

Built Wing, John Scott, 1850.
Muster wie von George M. Kelson.

Tag: Silbertwist und gelbe Flockseide
Tail: Ein Topping und Indian Crow – *Butt:* Black Ostrich Herl
Body: Zwei gleich große Abschnitte; der erste Abschnitt aus gelber Flockseide (das Gelb einer Butterblume), der zweite Abschnitt aus schwarzer Flockseide; zwischen den Abschnitten ein Veiling aus gelben Tukanfedern und ein Butt aus schwarzer Straußenfiber
Ribs: Schmales, ovales Silbertinsel über die gelbe Flockseide und breites, flaches Silbertinsel über die schwarze Hälfte
Hackle: Eine natürlich schwarze Hahnenhechel, die über die schwarze Körperhälfte gewunden wird
Throat: Perlhuhn
Wings: Zwei Federfahnen schwarzer Truthahn mit weißen Spitzen, Goldfasanstoß, Bustard, grauer Mallard, Pfauenfiber (Schwertfeder), blau und gelb gefärbter Schwan, roter Macaw, Mallard und ein Topping
Sides: Jungle Cock – *Cheeks:* Chatterer
Horns: Blauer Macaw – *Head:* Black Ostrich Herl

Zweifellos ist die Jock Scott die berühmteste aller klassischen Lachsfliegen. Sie taucht in vielen mehr oder weniger anerkannten Versionen auf. Ich wage es, die Behauptung aufzustellen, daß jeder, der auch nur ein wenig mit dem Binden klassischer Lachsfliegen begonnen hat, mindestens einmal das Binden dieses größten Klassikers unter den klassischen Lachsfliegen probiert hat. Das oben vorgestellte Muster stammt aus Kelsons Buch «The Salmon Fly» (1895) und es ist dasselbe Muster wie jenes, welches der Erfinder persönlich Herrn Forrest, aus Kelso am Tweed, gegeben hat. Kelson erhielt eine Jock Scott von ihrem Erfinder John Scott mit den Worten: «Wenn Sie zu alt sind, Sir, dann lassen Sie sich die Fliege aus Kelso schicken. Weder Forrest noch Redpath schaffen es, den richtigen gelben Farbton zu erwischen. Sie binden die Fliege immer mit diesem entsetzlich dunklen Silk.»

Die Jock Scott ist keine der ältesten Lachsfliegen. Sie entstand auf dem Höhepunkt der Zeit der klassischen Lachsfliegen, um 1850 herum, als farbenreiche und exotische Federn schon eine bedeutende Rolle in der Gestaltung von Lachsfliegen spielten. Der Erfinder der Jock Scott, ein Herr namens John Scott, hat für immer einen Platz in der Geschichte der klassischen Lachsfliegen eingenommen. Einer von Lord John Scotts Angestellten hat folgende Denkschrift in «The Field» am 18. Februar 1893 veröffentlicht:

«Allen Lachsanglern ist der Name von John Scott so geläufig, daß es meiner Meinung nach keiner Entschuldigung den Lesern gegenüber bedarf, wovon viele mit dieser Fliege schon Dutzende von Lachsen gefangen haben, hier eine Erinnerung an ihren Erfinder einzufügen, der am 24. Januar 1893 starb. Er starb im Langshaw Cottage, einem Jagdhaus des Earl of Haddington, von welchem man das Tal des Tweed überblick, diesen Fluß, den er so sehr liebte und in dessen gleißender Strömung das erste Exemplar der Jock Scott ausprobiert wurde. John Scott, besser als Jock bekannt, wurde in Branxholme, Roxburgshire, im Februar 1817 geboren und er begann seine Sportlerkarriere schon mit dreizehn Jahren im Dienst von dem damaligen Marquis of Lothian. Dessen Oberförster Robert Kerss brachte ihm mit seinen geschickten Händen erstmals das Binden einer Fliege bei. Dort blieb er allerdings nur zwei Jahre, worauf dieser Prinz unter den Border-Anglern (Border ist die Grenzgegend zwischen England und Schottland) zufällig Lord John Scott kennenlernte. Dieser muß für ihn irgendeine Zuneigung empfunden haben, denn als er ihn nach seinem Namen fragte und er mit Jock Scott antwortete, bot er ihm an, ihn in seine Dienste zu übernehmen. Dieses Angebot nahm Jock Scott auf Anhieb an und blieb 27 Jahre bei ihm im Dienst, bis kurz vor dem Tod des Lords. Nachdem er ein oder zwei Jahre davon lebte, Fliegen zu verkaufen, wurde er bei Lord Johns engem Freund, dem jetzigen Earl of Haddington, Förster und er starb auch in dieser Dienstzeit.

Jock war robuste ‹Borderbrut›, und obwohl er kein großer Mann war, hatte er eine stählerne Gesundheit und einen ebensolchen Körperbau, so daß man vermuten konnte, er würde weit über neunzig Jahre alt werden. Leider suchte ihn zwei Jahre vor seinem Tod eine unheilbare Krankheit auf. Jahrelang war er einer der kühnsten und härtesten Sportler, die die Borders je gesehen hatten, und er verbrachte Tag und Nacht draußen mit seinen Otter Hounds (eine den Beaglen ähnliche Hundeart), der Angel oder dem Gewehr, pirschte auf Hirsche in den Highlands und angelte in Norwegen, kurzum, er verbrachte fast ebensoviel Zeit im Wasser wie außerhalb davon. Als aktiver Angler im Dienst von Lord John at Mackerston setzte er sich das Ziel, etwas Neues zu entwickeln; hieraus entstand die Jock Scott und er war von dieser Fliege so begeistert, daß er Mr. Forrest, einem Angelgerätehersteller aus Kelso, ein Muster gab. Eines Tages, ich glaube in Bemmirride, probierte dieser diese Fliege nach vielen anderen erfolglosen Versuchen mit einem so deutlichen Erfolg aus, daß er die Fliege von da an nach ihrem Erfinder benannte. Sie wurde die ‹Jock Scott› und sie wird es solange bleiben, wie Lachse im Tweed schwimmen. Mit Jocks Tod ist eine weitere Brücke eingestürzt, die uns mit der alten Zeit verbunden hat, als ein Sportangler noch ein richtiger Mann sein mußte. Ruhe er in Frieden.»

George Mortimer Kelson schrieb in seinem Buch «The Salmon Fly» (1895), daß es kaum notwendig ist, die Tatsache hervorzuheben, daß die Jock Scott das Beispiel der höchsten Perfektion ist, sowohl in puncto Harmonie als auch in puncto Proportion. Und das wird dann besonders deutlich, wenn man eine korrekt gebundene Jock Scott betrachtet. Für Kelson war die Jock Scott das beliebteste Lachsfliegenmuster, das je gestaltet wurde. Er unterstreicht die Wichtigkeit des richtigen Gelbtones im Körper und sagt, daß leider allzuoft die Fliege ein oranges Hinterteil bekommt, welches unter Wasser zu einem schmutzig-orangen wird. Um den richtigen Gelbton beizubehalten, kann man weißes Silk unter das hellgelbe binden, so daß das dunklere Silk nicht durchscheint. Wie bereits erwähnt, taucht die Jock Scott in verschiedenen Variationen auf. In diesem Buch stelle ich nur die gängigsten vor.

Francis Francis überliefert in seinem Buch «A Book on Angling» (1867) eine Version, die der Originalversion sehr ähnlich ist. Seine Fliege bekommt einen Tag aus Goldtwist. Der Schwanz ist derselbe wie in Kelsons Version, es fehlt aber der Butt und die hintere Körperhälfte sollte goldgelb sein. Der Rest des Körpers und die Hechel stimmen mit dem Original überein, allerdings wird der Körper mit Silbertwist gerippt. Der Flügel ist ein wenig anders und er wird wie folgt aufgebaut: in der Mitte ein Truthahnsegment mit weißen Spitzen, gefolgt von Spieß- oder Krickentensegmenten, Bustard, brauner Mallard, gelber, grüner und roter Parrot und ein Topping über alles. Die Seitenfedern fehlen, die Wangenfedern sind aus Eisvogel und die Fühler aus blauem Macaw. Für Francis Francis erbrachte diese Fliege am Tweed gute Ergebnisse sowie an anderen britischen Lachsflüssen.

In «Fishing for Salmon and Trout» (1887) behauptet Mr. H. C. Pennell von der Jock Scott, daß sie, korrekt gebunden, zweifellos die spektakulärste der klassischen Lachsfliegen und wahrscheinlich die berühmteste von allen ist. Sein Muster ähnelt dem Original mehr, als das von Francis Francis. Für Pennell ist das Gelb am Butt und Körper ein helles Gelb und er unterstreicht auch, daß das Veiling aus Tukan bis ein wenig hinter den Butt reichen sollte, worin ich voll mit ihm übereinstimme. Er rippt die vordere Körperhälfte mit Silberlace und Silbertinsel, was nicht mit dem Original übereinstimmt, aber die heute gängigste Methode ist. Ansonsten stimmt Pennells Muster mit dem oben vorgestellten überein.

Sir Herbert Maxwell überliefert seine Version der Jock Scott in seinem Buch «Salmon and Seatrout» (1898). Er ist der Auffassung, daß Jock die Fliege bereits 1845 entworfen hat, was aber sehr unwahrscheinlich ist, da Jock persönlich Kelson das Jahr 1850 nannte. Maxwell weist auch auf die vielen verschiedenen Variationen hin, wie die Blue, Purple, Claret und Silver Jock Scott. Normalerweise wurde hierzu die vordere schwarze Körperhälfte durch die Farbe der Fliege ersetzt. So wurde für die Silver Jock Scott Tinsel verwendet. Die beliebteste dieser Variationen scheint die Blue Jock Scott zu sein. Maxwell empfiehlt gelbe Flockseide für den Tag und den Körper; auch diese Version wird ohne Butt gebunden. Ein anderer Unterschied zum Original ist, daß Maxwell orange Tukanfedern statt den gängigeren gelben Federn verwendet. Die hinter Körperhälfte wird mit Silbertwist gerippt, die vordere mit Silbertinsel. Maxwells Flügel besteht aus: zwei großen Federfahnen bronzefarbenem Truthahn mit reinweißen Spitzen, Bustard, Mallard, Spießente, scharlachrot, blau und gelb gefärbtem Schwan und Pfauenfibern. Die Seitenfedern des Flügels sind aus Jungle Cock Federn, die bis auf die halbe Flügellänge reichen. Die Wangenfedern sind aus Chatterer und der Kopf ist aus schwarzem Chenille. Für mich ist dies keine der schönsten Versionen der Jock Scott und ich finde, daß Maxwell ihr ein wenig von ihrer Grazie und Eleganz genommen hat.

Der jüngste der alten Meister, Dr. T. E. Pryce-Tannatt, hat ebenfalls die Jock Scott in seinem Buch «How to Dress Salmon Flies» (1914) aufgenommen. Seine Version ist diejenige, die aus den meisten Komponenten besteht und sein Flügel ist herrlicher als die anderen. Sein Tag besteht lediglich aus Silbertinsel. Tail, Butt und Body sind dieselben wie beim Original, mit dem Unterschied, daß er goldgelbe Flockseide verwendet. Er rippt die Fliege mit schmalem, silbernem Ovaltinsel über die hintere Hälfte und mit breitem, silbernem Ovaltinsel über silbernem Flachtinsel und Twist über die vordere Hälfte. Die Hechel stimmt mit dem Original überein. Beim Flügel ist das anders: ein Paar schwarze Truthahnfederfahnen mit weißen Spitzen (Rücken an Rücken) darüber, aber ohne sie ganz zu verdecken, kommen verhakte Segmente von der Pfauenschwungfeder, vom gelb, scharlachrot und blau gefärbten

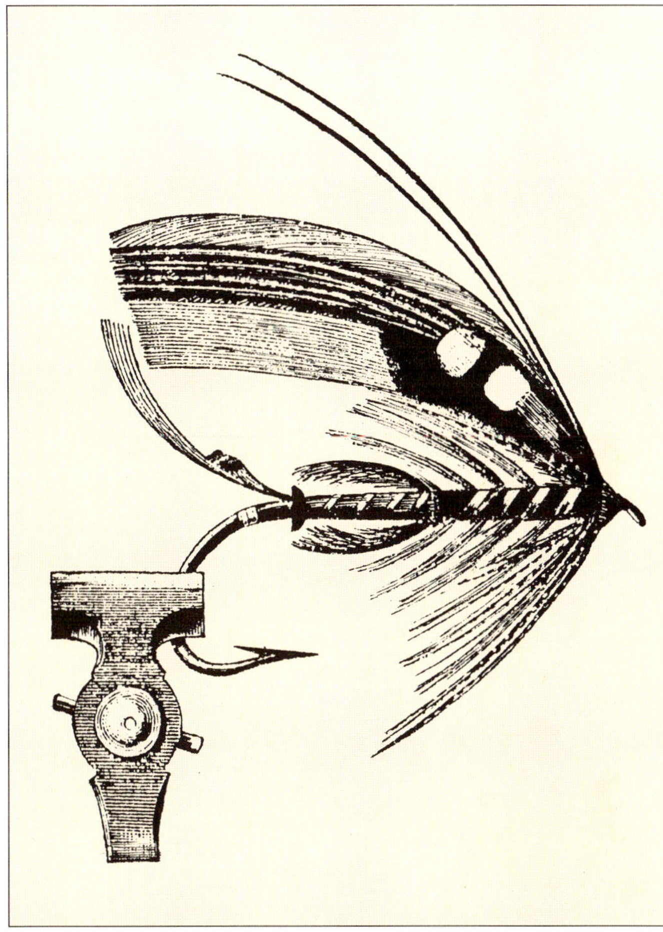

Die Jock Scott wird wahrscheinlich von den meisten Lachsanglern als der größte Klassiker unter den klassischen Lachsfliegen betrachtet. Hier ist die Version, die John Henry Hale in seinem Buch «How to Tie Salmon Flies» (1892) beschrieb.

Schwan, Bustard, Florican, Goldfasanstoß und zwei Pfauenschwertfederfibern; außerhalb davon kommen Segmente der Krickente und der gebänderten Carolina-Brautente; über den Flügel brauner Mallard und ein Topping. Sides: Jungle Cock. Cheeks: blauer Chatterer. Horns: blau-gelber Macaw. Head: schwarz. Die meisten Abwandlungen dieser legendären Fliege sind sehr schöne klassische Lachsfliegen. Es ist ein gutes Gefühl, eine Jock Scott nachzubinden und dann zu versuchen, auf die alte Weise einen der kämpferischen Lachse zum Biß zu verleiten.

John Scott

Maned Fly, Mr. Snowie, Mitte des 19. Jahrhunderts.
Muster wie von Francis Francis.

Tag: Silbertinsel und golden gefärbtes Floss
Tail: Ein Topping
Butt: Blue Ostrich Herl
Body: Die Hälfte aus golden gefärbtem Floss, der Rest aus mittelblauem Floss
Rib: Silbertinsel
Mane: Büschel aus gelb-orangem, purpur-weinrotem und mittelblauem Mohair
Throat: Eine mittelblaue Hechel mit länglichen Fibern
Wings: Tippetfibern, Segmente schwarzes Rebhuhn und Bustard auf jeder Seite, ein Topping über alles
Cheeks: Eisvogel
Head: Schwarz

Die John Scott ist ein Muster, das Francis Francis für den Lachsfluß Brora empfahl, einem Fluß, der ihm zufolge immer von denselben Anglern viele Jahre hindurch aufgesucht wurde, aber ansonsten kaum Angler sah. Diese Herren, die dort in der Mitte des letzten Jahrhunderts angelten, konnten sich einer ausgezeichneten Fischerei erfreuen und sie waren intelligent genug, dieses Geheimnis für sich zu behalten. Francis Francis besuchte diesen Fluß nur für drei Tage im März 1909. Sein Gillie legte ihm nahe, sein Glück doch mit einer Green Highlander zu versuchen, die damals noch recht unbekannt war. Nach drei Tagen gab es für ihn keinen Grund sich zu beschweren, denn er konnte so 13 Lachse auf die Schuppen legen.

Francis Francis beschreibt die John Scott als eine zuverlässige Fliege. Dieses Muster wird lediglich von ihm in seinem Buch «A Book on Angling» (1867) erwähnt. Die Fliege hat das, so schreibt er, was die Iren als «Mane» (Mähne) bezeichnen. Dieses Mane besteht aus verschieden gefärbten Mohairbüscheln, die über den Körper eingebunden werden. Diese Maned-Fliegen irischen Ursprungs wurden nie so richtig beliebt. Die bekannteste Fliege dieser Familie scheint die Owenmore zu sein.

Nur bei Francis Francis läßt sich ein Hinweis auf die John Scott finden. Von Kelson wird aber eine andere Fliege mit dem gleichen Vornamen vorgestellt, die John Fergusson. Diese Fliege wurde nach einem Herren aus Edinburgh benannt, der damals am Tweed einer der geschicktesten Angler war und nach und nach wurde die John Fergusson zu einer Standardfliege an den meisten schottischen Lachsflüssen. Das von Kelson vorgestellte Muster wird auch von Hardy und Hale erwähnt. Die John Fergusson, die ebenfalls eines der vielen Lachsfliegenmuster des bekannten Fliegenbinders James Wright ist, sollte wie folgt gebunden werden. Tag: Silbertwist und dunkelgelbe Flockseide. Tail: ein Topping. Butt: black Ostrich Herl. Body: blau und lachsfarben gefärbte Flockseide, in gleich großen Abschnitten. Rib: silbernes Lace und Silbertinsel. Hackle: eine orange Hahnenhechel, ab dem blauen Floss gedreht. Throat: Perlhuhn. Wing: Spießente, Goldfasanstoß, Bustard, grüner Parrot, roter Macaw, schwarzer Cockatoostoß, Perlhuhn, Mallard und ein Goldfasantopping. Sides: Jungle Cock. Horns: blauer Macaw. Head: Black Ostrich Herl. Hardy und Hale binden ihren schwarzen Kopf mit schwarzer Bindeseide.

Judge

Mixed Wing, Mr. Brady, Mitte des 19. Jahrhunderts.
Muster wie von Francis Francis.

Tag: Silberfaden und hellorange Flockseide
Tail: Ein Topping
Butt: Pfauenfiber
Body: Silbertinsel
Hackle: Eine gold-olive oder gelb-orange Hahnenhechel (die richtige Farbe ist ein Farbton zwischen diesen beiden)
Throat: Eine rot-orange Hechel mit blauem Eichelhäher darüber
Wings: Ein zusammengesetzter Flügel aus Pfauenschwungfeder, Bustard mit einigen Tippetfibern und zwei Toppings darüber
Horns: Blauer Macaw
Head: Pfauenfiber

Die Judge ist eine von sechs Fliegen, die Francis Francis für einen kleinen irischen Lachsfluß, den Bush, empfiehlt. Er schreibt, daß dieser Fluß ein ruhig fließender, «langweiliger» Lachsfluß ist, da bei ihm die schnellfließenden Strecken und die ausgeprägten Pools fehlen, die die erfahrenen Lachsangler so schätzen. Wie dem auch sei, der Bush ist ein sehr frühzeitiger Lachsfluß, der von recht vielen Lachsen aufgesucht wird. Francis Francis erhielt die Judge von einem seiner Freunde, Mr. Brady. Mr. Brady arbeitete in der erfolgreichen Fliegenbindefirma Wm. Doherty and Son, die Francis Francis als beste Informationsquelle betrachtete, wenn es darum ging, herauszufinden, welche Fliegen im nördlichen Irland am fängigsten waren. Sie waren ebenfalls sehr geschickte Binder und ihre Fliegen sollen meisterhaft ausgesehen haben. Mr. Brady empfahl Francis Francis auch die Butcher Fly (eine vereinfachte Butcher), die McGildowny und die Early.

Das Muster der Judge von Francis Francis taucht auch in einer weniger bekannten Version auf, bei welcher der Körper aus Goldtinsel besteht. Kelson hat diese Version in seinem Buch «The Salmon Fly» (1895) aufgenommen, und er schreibt sie Mr. Turnbull zu. Das Muster dieser Gold Judge sieht wie folgt aus. Tag: Goldtwist und gelbes Floss. Tail: ein Topping und blauer Chatterer. Butt: Pfauenfiber. Body: Goldtinsel. Rib: Goldtinsel. Hackle: eine oliv-grüne Hahnenhechel, die ab der zweiten Tinselwindung gedreht wird. Throat: feuerbraun gefärbter Hahn und blauer Eichelhäher. Wings: zimtbrauner Truthahn, Spießente, gelb und rot gefärbter Schwan, Carolina-Brautente und zwei Toppings. Horns: blauer Macaw. Head: Black Ostrich Herl.

Die Judge ist eines der wenigen Muster aus Hardys Buch «Salmon Fishing» (1907), das nicht in Kelsons Buch «The Salmon Fly» (1907) gefunden werden kann. Da Hardy dieses Muster erwähnt, ist es auch in Hales zweiter und dritter Auflage von seinem Buch «How to Tie Salmon Flies» enthalten. Hardys Version unterscheidet sich in verschiedenen Punkten von Francis Francis seiner Fliege mit dem gleichen Namen. Hardy empfiehlt einen Tag aus Goldtinsel und oranger Flockseide und ein Topping als Schwanz. Der Butt ist derselbe, d.h. aus Pfauenfiber. Der Körper sollte aus Goldtinsel sein und mit goldenem Ovaltinsel gerippt werden. Die Hechel ist eine gold-oliv gefärbte Hechel. Der Bart besteht aus einer weinrot gefärbten Hechel, worauf blauer Eichelhäher folgt. Der Flügel ist ein einfacher Flügel, der aus verhakten Segmenten gelb, grün und rot gefärbtem Schwan, Bustard und Pfauenschwungfeder besteht und über den ein Goldfasantopping kommt. Hardys Version der Judge hat auch Fühler aus blauem Macaw und einen Kopf aus Straußenfiber. Hardys Judge ähnelt mehr der goldenen Version von Francis Francis.

Jungle Hornet

Grub, Mitte des 19. Jahrhunderts.
Muster wie von George M. Kelson.

Tag: Goldtwist (viel)
Tail: Ibis (zwei Streifen)
Butt: Der erste Butt ist eine leicht bismarckbraune Coch-y-Bondhu-Hechel, die mit Jungle Cock Wangenfedern versehen ist
Body: Zwölf verschiedene Ringe aus gelbem und schwarzem Chenille. Eine zweite Hechel kommt in die Körpermitte und eine dritte Hechel an den Kopf. Auch diese Hecheln werden mit Jungle Cock Wangenfedern versehen

Kelson überliefert, daß das Muster dieser «Grub» (Larve) eine improvisierte Version einer älteren Fliege, der Ajax, ist. Er schreibt ebenfalls, daß die Jungle Hornet das beste Muster ihrer Kategorie (Grubs) ist. Es ist ein Muster, das man leicht den jeweiligen äußeren Angelbedingungen anpassen kann. Kelson überliefert auch das Muster einer der sehr praktischen Versionen. In diesem Fall besteht der Schwanz aus gelbem Macaw, mit oder ohne Fibern der Carolina-Brautente. Der Körper ist ebenfalls aus Chenille, aber das Gelb kann entweder durch Blau oder Rot ersetzt werden. Die Jungle Hornet ist eine Fliege, bei welcher man sehr mit der Größe spielen kann. Sie ist auch eine für angetrübtes Wasser sehr geeignete Fliege. Kelson hat in seinem Buch «The Salmon Fly» (1895) geschrieben, daß er mit dieser Fliege in den letzten fünf Jahren 27 schöne Lachse gefangen hat. Eines Tages im Jahre 1882 fing er mit dieser Fliege im Bryn, oberhalb der Stadt Usk in Wales, zwei wunderbare Lachse mit einem Durchschnittsgewicht von 28 lbs (12,7 kg).

Die Jungle Hornet ist eine Fliege, die ebenfalls Hardy und Hale beschrieben haben. Die Muster, die uns diese legendären Herren überliefern, stimmen in jedem Detail mit dem Kelsons überein.

Dr. T. E. Pryce-Tannatt beschreibt in seinem Buch «How to Dress Salmon Flies» (1914) ein Muster der Jungle Hornet, das sich in verschiedenen Punkten von dem Kelsons unterscheidet. Er verlangt einen Tag aus Silbertinsel statt dem Kelsons aus Goldtwist. Darüber hinaus verwendet Pryce-Tannatt gelbe und schwarze Berlin Wool statt Chenille für den Körper.

Sir Herbert Maxwell bezieht sich in seinem Buch «Salmon and Seatrout» (1898) auf den Vorläufer der Jungle Hornet, nämlich auf die Ajax. Maxwell schreibt, daß diese Fliege in großem und kleinem Format sehr fängig ist, und daß diese walisische «Larve» sich als besonders erfolgreich in den nördlichen Gegenden Großbritanniens erwiesen hat. Das Muster der Ajax unterscheidet sich nur geringfügig von Kelsons Jungle Hornet. Der Tag der Ajax besteht aus Silbertinsel und aus scharlachroter Pig's Wool. Der Schwanz fehlt ihr und der Körper besteht aus schwefelgelbem und schwarzem Chenille, das ebenso Seite an Seite wie bei der Jungle Hornet gebunden wird. Das gewährleistet die wespenähnliche Erscheinung des Körpers. Die Hechel und die drei Paare Jungle Cock Federn werden so wie bei der Jungle Hornet gebunden und die Fliege wird mit einem emaillierten Kopf beendet.

Kate

Mixed Wing, Mrs. Courtney, Mitte des 19. Jahrhunderts.
Muster wie von Sir Herbert Maxwell.

Tag: Silberdraht und zitronenfarbenes Floss
Tail: Ein Topping und blauer Chatterer
Butt: Schwarzes Chenille
Body: Ein Viertel rubinrotes Floss, der Rest aus rubinrotem Mohair, gerippt mit Silbertinsel und Twist
Hackle: Eine rubinrot gefärbte Hahnenhechel über die Wolle und eine reichgelb gefärbte Hahnenhechel an der Schulter
Wings: Tippetfibern, Goldfasanstoß, Bustard, brauner Mallard und rot und gelb gefärbter Schwan. Kurze Jungle Cock Federn als Wangenfedern, ein Topping über alles und Fühler aus blauem Macaw
Head: Schwarzes Chenille

Sir Herbert Maxwell sagt von der Kate, daß diese bezaubernde Lachsfliege am schottischen Lachsfluß Tweed beliebt wurde. Die Kate war die erste einer großen Serie farbenreicherer Fliegen, die ab der Mitte des 19. Jahrhunderts die unauffälligen Fliegen verdrängten. Für Maxwell gab es, egal für welchen Fluß, keine bessere Fliege.

Die Kate ist eine der wenigen klassischen Lachsfliegen, von deren Erfinder behauptet wird, es wäre eine Frau. Kelson überliefert, daß hinter dem Muster der Kate eine gewisse Mrs. Courtney stehen soll. Die Version der Kate, die Kelson als eine der besten Fliegen für den Tyne erwähnt, wird wie folgt gebunden. Tag: Silbertwist und hellgelbes Silk und ein Topping als Schwanz. Der Butt ist aus schwarzer Straußenfiber, gefolgt von einem Körper aus karminrotem Silk (zwei Windungen) und karminrotem Seal's Fur. Der Körper wird mit silbernem Ovaltinsel gerippt. Ab der zweiten Tinseldrehung wird eine karminrote Hechel gedreht. Der Bart ist eine hellgelbe Hahnenhechel. Der Flügel von Kelsons Kate ist dünn und besteht zunächst aus Fibern vom grauen Mallard und Goldfasantippet und dann aus Segmenten vom Bustard, Goldfasanstoß, hellgelbem, karminrotem und hellblauem Schwan, Mallard und einem Topping. Die Fliege sollte Wangenfedern aus Jungle Cock und Fühler aus blauem Macaw haben. Francis Francis beschreibt die Kate in seinem Buch «A Book on Angling» (1867) als eine der neuen Fliegen für den Tweed. An anderen Flüssen hatte er sie noch nicht angetroffen, aber er war sich sicher, daß sie auch an anderen Gewässern beliebt werden würde. Heute wissen wir, daß er recht hatte, denn die Kate ist heute eine der gängigsten Lachsfliegen.

Francis Francis band seine Kate folgendermaßen. Tag: Silbertinsel und hellgelbes Floss. Tail: ein Topping mit einer kurzen Eisvogelfeder. Body: rubinrotes Floss, zwei oder drei Windungen dunkelrote Pig's Wool, die an der Brust gezupft wird. Eine orange Hechel an der Schulter, Silbertwist. Wings: Tippetfibern, schwarzes Rebhuhn, Bustard, Wood Duck, Mallard, blaue, rote, grüne und gelbe Fibern, ein Topping über alles, Jungle Cock an den Schultern, blaue Macaw-Fühler. Ein schwarzer Kopf.

Dr. T. E. Pryce-Tannatt überliefert ein Muster für die Kate, das dem von Kelson ähnlich ist. Er verwendet zitronenfarbenes Silk im Tag und fügt blaue Chatterer-Federn am Schwanz hinzu. Der Körper seiner Fliege ist auch karminrot, allerdings lediglich aus Flockseide. Der Flügel hat gemischte Tippetfibern; verhakte Fibern vom scharlachroten und gelben Schwan, Goldfasanstoß und Bustard; verhakte Streifen Krickente und gebänderte Carolina-Brautente; braune Mallardstreifen darüber. Sides: Jungle Cock und blauer Chatterer; ein Topping über alles. Horns: blauer und gelber Macaw.

A wish

Oh, tell me, kind angels, why is it,
When hundreds of miles far away,
That often in dreams I revisit
The banks of the glorious Spey?

King David once ruled on the Jordan,
On the Tiber bold Caesar had sway.
*But Caesar was «nocht» * to the Gordon,*
And the Tiber a joke to the Spey.

And the Amazon, Nile, and Euphrates,
Are all very well in their way,
And the Shannon in land of «pitatees»,
But none can compare with the Spey.

Such fishing! By Jupiter Ammon,
There's nothing like fishing, I say,
And especially fishing for salmon
In the pools of the galloping Spey.

Six weeks from the First of September
Ever pass like one beautiful day,
'Tis a time I shall ever remember,
A paradise pass'd on the Spey.

If I've any particular wish
Since my hair has grown grizzled and grey,
Why it is to be able to fish
Every year till I die, in the Spey.

And when the grim tyrant draws near,
And life's breath is ebbing away,
May all that is left of me here
Reposc on the banks of the Spey!

Arthur Edward Knox, 1892

* Nocht = nihil (Jamieson's Dictionary of the Scottish Language)

Ein Wunsch

Sagt mir, liebe Engel, warum ich,
Obwohl Hunderte von Meilen entfernt,
So oft im Traum wiedersehe,
Die Ufer des herausragenden Spey?

Einst herrschte König David über dem Jordan,
Und der kühne Caesar regierte am Tiber.
Nie aber kam Caesar an den Gordon,
Und der Tiber ist nichts, verglichen zum Spey.

Sowohl Amazonas, Nil und Euphrat,
Sind auf ihre Art sehr schöne Flüsse,
Auch der Shannon im Land der «Pitatees»,
Aber keiner kommt an den Spey heran.

Solch ein Fischen! Bei Jupiter,
Nichts als Fischen gibt's, das sag' ich Euch,
Und speziell das Fischen auf Lachs
In den Pools des dahinströmenden Spey.

Sechs Wochen lang, ab dem ersten September,
Ziehen vorbei wie ein herrlicher Tag,
An diese Zeit denke ich in alle Ewigkeit,
Das Paradies hab' ich am Spey erlebt.

Hätt' ich einen Wunsch frei,
Seit mein Haar ergraute,
Wär's, jedes Jahr imstande zu sein,
Im Spey zu fischen bis zu meinem Tod.

Und naht der grausame Tyrann,
Und siecht des Lebens Hauch dahin,
So möge alles, was von mir übrig bleibt,
Ruhen an den Ufern des Spey.

Nach A. E. Knox, 1892

Nicholson

Mixed Wing, Mitte des 19. Jahrhunderts.
Muster wie von Francis Francis.

Tag: Silbertwist
Tail: Ein Topping, ein wenig roter Parrot und ein Bündel rotes Mohair
Butt: Über den Schwanz wird als Butt eine blaue Eichelhäherhechel gedreht, über welche dann eine schwarze Straußenfiber kommt
Body: Die Fliege wird dann durch Hecheln in drei Abschnitte unterteilt und jeder dieser Abschnitte wird nochmals in zwei Unterabschnitte aus verschieden gefärbtem Floss unterteilt. Der hinterste Abschnitt ist scharlachrot und schwarz, davor kommt eine weitere Eichelhäherhechel mit schwarzer Fiber darüber. Der zweite Abschnitt ist zitronengelb und scharlachrot und davor kommt eine scharlachrote Hechel mit schwarzer Fiber darüber. Der dritte Abschnitt ist aus orangem und mittelblauem Floss und davor kommen eine mittelblaue Hechel und eine dunkelorange Coch-y-Bondhu-Hechel
Wings: Zwei große Cock-of-the-Rock- oder zwei orange Hecheln; darüber Segmente vom Bustard, Argus-Fasan, hellen Truthahn, lavendelfarbenen, gelben und roten Schwan; ein Topping über alles
Cheeks: Jungle Cock – *Head:* Pfauenfiber

Die Nicholson ist eine der farbigsten klassischen Lachsfliegen, und sie gehört zu denjenigen, die am schwersten zu binden sind. Der Flügel ist recht einfach, aber der Körper gehört zu den kompliziertesten überhaupt.

Der Erfinder dieser Lachsfliege ist unbekannt. Es könnte Mr. Nicholson gewesen sein, ein Freund von Francis Francis, der ihm für dessen Buch verschiedene Fliegen für das Costello-Flußsystem und den Ballynahinch zukommen ließ. Tatsache ist aber, daß diese Fliege am Tay ziemlich beliebt war, und daß Francis Francis sie für diesen Fluß empfahl.

William Earl Hodgsons Buch «Salmon Fishing» (1906) enthält sieben Farbabbildungen klassischer Lachsfliegen, die von einem der geschicktesten Fliegenbinder der damaligen Zeit gebunden wurden, Mr. P. D. Malloch aus Perth. Die in diesem Buch abgebildete Nicholson unterscheidet sich in verschiedenen Punkten von dem Muster von Francis Francis. Es ist schwer, anhand eines Fotos festzustellen, wie eine Fliege gebunden wurde, aber es werden dennoch einige Unterschiede deutlich. Bei Mallochs Fliege fehlt das Mohair im Schwanz und er fügt ein wenig Krickente (oder Spießente) statt der Parrotfibern hinzu. Der Körper wurde in vier statt nur drei Abschnitte eingeteilt. Die Hecheln scheinen mit denen von Francis Francis übereinzustimmen, aber der Körper wird mit flachem und rundem Silbertinsel gerippt. Es scheint auch, daß Malloch einen zusätzlichen Bart aus einer schwarzen Reiherhechel eingebunden hat.

Die Flügelzusammensetzung läßt sich unmöglich aus dem Foto erkennen, aber es ist eindeutig, daß Malloch seinen Flügel nicht über zwei Cock-of-the-Rock- oder zwei orange Hecheln aufgebaut hat. Es ist ein komplizierter Flügel, und er enthält außer den von Francis Francis vorgeschriebenen Segmenten auch einige Pfauenfibern und zwei lange Jungle Cock-Federn. Malloch beendet seine Fliege recht einfach mit einem schwarzen, lackierten Kopf und nicht, wie bei Francis Francis, mit einem Kopf aus Pfauenfiber.

O'Donoghue

Simple Strip Wing, Mitte des 19. Jahrhunderts.
Muster wie von Francis Francis.

Tag: Goldtinsel und oranges Floss
Tail: Ein Topping
Butt: Black Ostrich Herl
Body: Oliv-gelbe Pig's Wool, die in satt-feuerbraune übergeht und schließlich schwarz wird. Der Körper ist eher grob
Rib: Goldtwist
Hackle: Eine dunkel-weinrote Hechel
Throat: Blauer Eichelhäher
Wings: Eine Tippetfeder mit braunem Mallard darüber
Horns: Blauer Macaw
Head: Schwarz

Die O'Donoghue ist eine irische Lachsfliege, die von Francis Francis als eine der besten für den Lough Melvin erwähnt wird. Erstmalig bekam er diese Fliege bei einem Besuch am Lough zu Gesicht. Seitdem wurde sie zu einer der beliebtesten Fliegen an diesem Lough (See). Wie so viele andere irische Lachsfliegen, ist sie ein sehr diskret und elegant gestaltetes Muster.

Der irische Meister Michael Rogan hatte ebenfalls eine Version dieser Fliege. Auch dieses Muster stammt zweifelsfrei vom Lough Melvin, und sie war vielleicht ein Vorläufer der O'Donoghue. Ein kleiner Hinweis hierauf ist die Tatsache, daß Rogan seine Fliege O'Donaghue nannte. Das Muster Michael Rogans unterscheidet sich doch sehr von der Fliege von Francis Francis. Tag: silbernes Ovaltinsel und gelbe Flockseide. Tail: ein Topping und Indian Crow. Body: drei gleiche Abschnitte aus Seal's Fur, zunächst gelb, dann schwarz und schließlich weinrot. Rib: goldenes Ovaltinsel. Hackle: eine weinrote Hahnenhechel. Throat: blauer Eichelhäher. Wings: zwei Goldfasantippets und Segmente vom Goldfasanstoß, rot, weiß, blau und grün gefärbter Schwan, mit braunem Mallard darüber. Der Flügel wird mit einem Goldfasantopping beendet. Sides: zwei Segmente der Spießente.

Eine dritte Version dieser irischen Lachsfliege ist die von Hi-Regan bevorzugte. Seine Fliege kann als Kreuzung zwischen der Version von Francis Francis und der Version von Michael Rogan betrachtet werden. Im Gegensatz zu Francis Francis fordert Hi-Regan in Übereinstimmung mit Rogan einen Tag aus Silbertwist und gelber Flockseide. Bei Hi-Regans Fliege fehlt der Butt. Die Farben des Körpers sind dieselben wie bei der Version von Francis Francis, allerdings beginnt er mit dem gelben Abschnitt, darauf folgt der schwarze und schließlich der weinrote. Hi-Regan läßt beim Körpermaterial die Wahl zwischen Seal's Fur und Pig's Wool.

Die Hechel ist bei Hi-Regan eine mittel-weinrote Hahnenhechel, die über die vorderen zwei Drittel des Körpers gewunden wird. In allen anderen Punkten stimmt sein Muster mit dem von Francis Francis überein. Es gibt aber noch andere Varianten.

Eine eher eigenartige Version ist unter dem Namen Dark O'Donaghue bekannt. Diese Fliege ist eine vereinfachte Version, deren Tag aus Golddraht und deren Schwanz aus einigen Tippetfedern ist. Der Körper ist in zwei Abschnitte unterteilt, wobei der hintere aus orangem und der vordere aus schwarzem Seal's Fur besteht. Gerippt wird er mit dünnem, goldenem Ovaltinsel. Die Hechel ist eine rot-weinrote Hahnenhechel. Der Flügel ist derselbe, wie der von Francis Francis empfohlene. Es fehlen die Fühler. Die Fliege wird mit einem schwarzen Kopf beendet.

Orange and Grouse

Topping Wing, Pat Hearn, Mitte des 19. Jahrhunderts.
Muster wie von Francis Francis.

Tag: Silbertinsel
Tail: Ein Topping und eine Eisvogelfeder
Butt: Black Ostrich Herl
Body: Drei Windungen aus karminrotem Floss, der Rest aus orangem Floss
Rib: Silbertinsel
Hackle: Eine eher längere Hechel vom schottischen Moorschneehuhn (Grouse), an der Brust gestutzt, nicht am Rücken. Die Grousefibern unterstützen den Flügel
Throat: Blauer Eichelhäher (spärlich)
Wings: Drei oder vier Toppings
Horns: Blauer Macaw
Head: Schwarz

Die Orange and Grouse ist eine Fliege, die für das Fischen im irischen Lachsfluß Moy gut geeignet ist. Dies ist einer der größeren irischen Flüsse, und er fließt aus einem großen See, dem Lough Conn. Laut Francis Francis ist der Moy ein leicht zu befischender Fluß, an welchem der größte Teil der Lachsfischerei vom Boot aus stattfindet. Vor vielen Jahren wurden die Lachse an diesem Fluß durch einen Damm am Aufstieg gehindert, aber nachdem ihnen ein Durchgang verschafft wurde, hat sich das Fischen verbessert, und es wurden erheblich mehr Lachse gefangen.

Pat Hearn schickte Francis Francis jene Fliegen, die er für diesen Fluß geeignet hielt, und Francis Francis stellte diese Muster in seinem Buch «A Book on Angling» (1867) vor. Obwohl dieser Fluß ein breiter Fluß ist, lassen sich ihm zufolge, die besten Ergebnisse mit relativ kleinen Fliegen erzielen. Das liegt daran, daß der größte Teil des Lachsbestandes aus Grilsen besteht, welche sich eher mit kleinen Haken fangen lassen. Zu Saisonbeginn im frühen Frühjahr, wenn große Lachse aufsteigen, ist es allerdings sinnvoll, große Fliegen zu verwenden.

Francis Francis stellt sieben für den Moy geeignete Muster vor. Außer der Orange and Grouse trägt lediglich die Thunder and Lightning einen Namen, da die anderen Muster lokale und unbenannte Fliegen sind.

Michael Rogan aus Donegal hatte ebenfalls ein Muster einer Fliege, die er die Orange and Grouse nannte. Diese Fliege unterscheidet sich erheblich von der von Francis Francis. Tag: Silberdraht und orange Flockseide. Tail: Goldfasantippet und ein Topping. Body: mittelorange Flockseide. Rib: goldenes Ovaltinsel. Hackle: eine gesprenkelte Grousehechel. Throat: blauer Eichelhäher. Wings: Goldfasanstoß und bronzefarbener Mallard. Horns: roter Macaw.

Sir Herbert Maxwell überliefert, daß die Orange and Grouse ein altes und sehr bekanntes Lachsmuster für den Moy war, das normalerweise auf kleine Haken gebunden wurde. Maxwells Muster ist jenem von Francis Francis recht ähnlich. Der Grundgedanke dieser Version ist ebenfalls, daß die lange Grousehechel dem Flügel Fülle verleihen soll. Maxwell verwendete im Schwanz statt der Eisvogelfeder eine Feder vom Chatterer und er zog einen Körper vor, der zu einem Drittel statt der drei Windungen, aus lakerotem (karminrotem) Floss besteht. Maxwell beendet seine Fliege mit einem eleganten Kopf aus schwarzer Straußenfiber, wie er so oft in irischen Mustern gefunden werden kann.

Owenmore

Maned Fly, Mr. Pat Hearn, 1850.
Muster wie von Francis Francis.

Tag: Silbertinsel – *Tail:* Ein Topping und eine kleine Jungle Cock-Feder – *Butt:* Black Ostrich Herl
Body: Fünf Abschnitte aus abwechselnd gelbem und schwarzem Floss. An jedes Abschnittsende kommen zwei Wicklungen Silbertwist und eine Drehung einer hell-oliv gefleckten roten Hahnenhechel. Auf der Rückseite der Abschnitte wird eine Mähne (Mane) aus Mohairbüscheln eingebunden. Das erste Büschel ist dunkel weinrot, das zweite dunkelrot, das dritte aus noch dunklerem Weinrot, das vierte aus noch dunklerem Rot und das letzte ist eine Mischung aus Gelb, Braun und Rot. Direkt unter jedes Büschel wird eine Indian Crow-Brustfeder als Stütze eingebunden, wobei diese Federn zur Kopfrichtung hin immer länger werden
Shoulder: Erst eine olive Hechel, dann eine rote Rumpffeder des Goldfasans, die als Hechel eingebunden wird. Darüber kommen noch ein oder zwei Drehungen blauer Eichelhäher
Wings: Tippetfibern, Goldfasanstoß und brauner Mallard, gefolgt von einem Topping – *Horns:* Blauer Macaw – *Head:* Schwarz

Die Owenmore ist eine der wenigen, typischen Maned-Fliegen. Ihr Name stammt von der Mähne (Mane) aus Mohair, die fast ausschließlich bei Fliegen dieser Familie gefunden werden kann.

Die Owenmore ist eine der Fliegen aus der «Erris-Serie». Es sind sehr komplizierte Fliegen, deren Körper aus vielen Einzelabschnitten verschiedener Farben bestehen, in deren obere Hälfte eine Mähne aus Mohairbüscheln eingebunden wird. Mr. Pat Hearn aus Ballina ist der Erfinder dieser Erris-Serie und daher ebenfalls der Owenmore. Francis Francis bezeichnete Mr. Hearn als einen der besten Lachsfliegenbinder Irlands. Von ihm erfahren wir auch, daß die Beliebtheit dieser Fliegen nachließ, da sie so schwer zu binden waren und unter Wasser die Tendenz hatten, sich zu verklumpen. Heutzutage werden sie nur selten verwendet.

Hardy und Hale stellen ähnliche Muster dieser eigentümlichen Lachsfliege vor. Hardys Muster in «Salmon Fishing» ist dasselbe wie Hales Muster in «How to Tie Salmon Flies». Für sie ist diese Fliege auch eine «Maned Fly». Sie ziehen eine kleine Indian Crow Feder im Schwanz der kleinen Jungle Cock-Feder von Francis Francis vor. Die charakteristische Mähne ist bei Hardy und Hale aus weinrotem und rotem Mohair. Das Verwenden von Mohair stellt einen ersten Schritt in Richtung der erfolgreichen Haarflügel-Fliegen (Hairwinged Flies) moderner Zeiten dar.

Parson

Whole Feather Wing, Pat McKay, 1836.
Muster wie von Pat McKay.

Tag: Dünner Silbertwist und oranges Floss
Tail: Ein Topping
Body: Gelbes Floss
Rib: Dünnes Silbertinsel, dicht gedreht
Hackle: Zitronengelb, palmerartig gebunden
Throat: Eine goldgelbe, dicht gebundene Hechel
Wings: Zwei Tippetfedern (Rücken an Rücken), mit drei Toppings darüber, die rote Spitzen haben und mit dem Ende auf das Schwanztopping treffen. Der Flügel ist so ausladend wie nur möglich
Cheeks: Cock-of-the-Rock, seitlich abstehend eingebunden
Head: Goldgelbe Pig's Wool und schwarzes Silk

Dies ist das Muster der Parson, welches als das Originalmuster betrachtet wird. Wie aus den nächsten Seiten ersichtlich ist, entstanden im Laufe der Zeit mehr oder weniger authentische Variationen dieser Fliege. Pat McKay, der die Entwicklung der Lachsfliegen maßgeblich beeinflußte, war der Erfinder der Parson und gleichzeitig die Person, die für die Einführung der ersten farbenreichen Lachsfliegen verantwortlich war, wovon die erste die Golden Butterfly (siehe die Golden Butterfly) und die zweite die Parson war.

Pat McKay, ein Ire, band Fliegen für viele der ganz großen damaligen Lachsfischer. Einer dieser Angler war Dr. S. Shiel, der um 1836 einige der besten Strekken des Erne befischte und gleichzeitig deren Eigentümer war. Diese Parson war eine der Fliegen, die Pat McKay für Dr. Shiel band. Ein Brief, den Dr. Shiel an Francis Francis schickte, weist darauf hin, daß er auch andere Versionen der Parson erhalten hatte, unter anderem von Mr. Hobson. An diesen Fliegen fehlten allerdings die Tippetfedern im Flügel, und es handelte sich bei diesen Mustern sehr wahrscheinlich um Abwandlungen von McKays Parson. Diesem Brief zufolge soll die erste Parson für Rev. Arthur Meyrick gebunden worden sein, der sie von Lord Bolingbroke aus Christchurch erhalten hatte. Diese Fliege hatte einen gelben Körper, der eng mit dünnem Silbertwist gerippt wurde. Eine gelbe Hechel wurde über die ganze Körperlänge gedreht. Der Flügel bestand lediglich aus zwei Goldfasantoppings. Lord Bolingbroke gab der Fliege später einen orangen Körper. In demselben Brief schreibt Dr. Shiel Mr. William Larket die Ehre zu, als erster Paradiesvogelfedern in den Flügel einer Parson eingebunden zu haben. Die meisten Fachgrößen stimmen jedoch darin überein, daß es Pat McKay war, der nicht nur die erste Parson gebunden hat, sondern der auch als erster Paradiesvogelfedern zum Binden dieser Serie verwendet hat.

Ab 1836 wurden die Parson und ähnliche Fliegen an irischen Lachsflüssen, und ganz besonders am Erne, äußerst beliebt. Es entstanden eine Vielzahl von Varianten der Parson, wovon einige schnell wieder verschwanden und andere heute noch verwendet werden. Zwei der bekanntesten frühen Versionen der Parson heißen noch immer Parson. Diese Fliegen stammen von Pat McKays Originalfliege ab und sie wurden von Mr. Hobson und Mr. William Larket gestaltet. Die erste der beiden ist ein wenig bräunlich und sie sollte folgendermaßen gebunden werden. Tag: schmaler Silbertwist und orange Flockseide. Tail: ein Goldfasantopping und eine kleine Eisvogelfeder. Wie auch bei den anderen Parson-Fliegen fehlt hier der Butt. Der Körper wird mit Pig's Wool aufgebaut und den korrekten Farbton erhält man, indem man feuerbraune Wolle mit oranger mischt. Dieser buschige Körper muß dann mit Silbertinsel (mittel) gerippt werden, und als Hechel wird eine oliv-gelbe Hahnenhechel um den Körper gedreht. Der Flügel unterscheidet sich von der Original-Parson nur durch das Hinzufügen von Krickente. Zunächst werden zwei Goldfasantoppings eingebunden, darüber kommen dann drei Toppings mit roten Spitzen, die bis zum Schwanzende reichen sollen. Die beiden schmalen Federfahnen der Krickente werden auf jeder Seite des Flügels befestigt, worauf Fühler aus blauem Macaw folgen. Vor den Flügel und über den Flügelansatz (Root) wird eine weinrote Hahnenhechel krausenartig gebunden. Die Fliege wird mit einem kleinen schwarzen Kopf beendet.

Die zweite der Versionen von Mr. Hobson und Mr. Larket ist meiner Meinung nach eine der schönsten Fliegen aus der Parson-Familie. Sie hat einen Tag aus schmalem Silbertinsel und malvenfarbigem Floss. Der Schwanz besteht aus zwei Goldfasantoppings, einigen Tippetfibern und einer Eisvogelfeder. Auch hier fehlt der Butt. Der Körper wird aus drei Windungen goldgelber Flockseide aufgebaut, worauf gelbe Seehundwolle folgt, die in Hellorange übergeht. Er wird mit Silbertwist mittlerer Größe gerippt, was allerdings von der Größe der Fliege abhängt. Zu beachten ist, daß lediglich der Abschnitt aus Seehundwolle gerippt wird. Die hellorange Hahnenhechel wird auch nur über die Seehundwolle gedreht. Statt der üblichen Hahnenhechel wird ein Bart aus drei Toppings gebunden. Diese sollten lang genug sein, um die Hakenspitze zu erreichen. Der Flügel ist ein bißchen komplizierter als der von McKays Fliege. Über zwei Goldfasantoppings kommen zwei dünne Segmente der ungebänderten Wood Duck. Drei Toppings mit roten Spitzen werden über die Tippetfibern gebunden, so daß sie auf die Toppings des Schwanzes stoßen. Entlang der Seiten werden nun zwei Paradiesvogelfedern gebunden, worauf ein kleines Büschel helloranges Seal's Fur folgt. Die Seehundwolle wird als kleiner, zusätzlicher Kopf gebunden. Cheeks aus zwei langen, blauen Eisvogelfedern werden so über das Seal's Fur befestigt, daß sie vom Körper abstehen. Die Fliege wird mit Fühlern aus blauem Macaw und einem kleinen schwarzen Kopf beendet.

Farbenreiche Lachsfliegen erreichten in den 40er und 50er Jahren des letzten Jahrhunderts ihren Durchbruch, als deutlich wurde, daß diese Kreationen Lachse fangen konnten. Die Abbildung stammt aus William Scropes Buch «Days and Nights of Salmon Fishing on the Tweed» (1843).

Parson

Topping Wing, M. Rogan, 1850.
Muster wie von Michael Rogan.

Tag: Silbernes Flachtinsel und purpurne Flockseide
Tail: Ein Topping, Tippetfibern und zwei kleine, blaue Chattererfedern (Rücken an Rücken)
Body: Zwei Windungen orange Flockseide, der Rest aus goldgelbem Seal's Fur, das in helloranges Seal's Fur übergeht
Hackle: Eine hellorange Hechel über das Seal's Fur
Throat: Sechs Toppings, nach unten weisend eingebunden
Wings: Sieben oder acht Toppings, nach oben weisend eingebunden
Cheeks: Eine mittelgroße Goldfasantippetfeder auf jeder Seite, etwa halb so lang wie der Flügel
Head: Black Ostrich Herl und schwarzes Silk

Diese Version der Parson wurde von Michael Rogan gestaltet. Die Rogans waren eine Familie von Fliegenbindern, die in Ballyshannon, an der Mündung des Erne, zu der Zeit lebte, als die Parson-Fliegen zur Mode wurden. Michael Rogan (1833–1905) begann sehr früh mit dem Binden von Lachsfliegen, und noch bevor er 20 Jahre alt war, war er ein anerkannter und geschickter Fliegenbinder, der in die Fußstapfen seines Vaters, James Rogan, trat. Michael Rogan war derjenige, der die meisten Lachsfliegen des Reverend Henry Newland band.

Die hier vorgestellte Fliege ist diejenige, die Newland in seinem Buch «The Erne, its Legends and its Flyfishing» (1851) als die Parson bezeichnet. Für Newland war Rogan derjenige, der als erster Tippetfedern zum Binden von Topping Wing Parson-Fliegen verwendete. Dies war aber nicht der Fall, da es Pat McKay war, der diese Federn früher benutzte, auch beim ältesten Muster der Parson. Newland stellte viele Versionen der Parson-Fliegen vor, die nie bekannt wurden. Unter ihnen befanden sich die Brown, die Fiery Brown, die Puce, die Purple und die Hobson Parson.

Michael Rogan machte später zwei Parson-Fliegen bekannt, die Green und die Yellow Parson. Die Körper dieser Fliegen waren zweiteilig und eine Hälfte bestand aus Pfauenfiber. Seine Green Parson war eine Fliege, die mit der Parson-Familie wenig gemeinsam hatte, da sie einen zusammengesetzten Flügel (Mixed Wing) besaß. Die Yellow Parson entspricht schon mehr den klassischen Parsons, aber keine dieser beiden Fliegen ist von größerem historischen Interesse, da sie gegenüber dem Original lediglich eine untergeordnete Rolle spielen.

Michael Rogans Vater, James Rogan, gestaltete eine Parson, die ähnlich wie die des Sohnes, einen Flügel aus umgekehrten Toppings hat (konkave Seite nach vorne). Es ist ungewiß, wer dies als erster einführte, aber es ist sehr wahrscheinlich entweder Pat McKay oder James Rogan gewesen. Die letzte Parson, die von geschichtlichem Interesse ist, ist die Version von James Rogan. Seine bevorzugte Parson sah folgendermaßen aus. Tag: Goldtwist und gelbe Flockseide. Tail: zwei Goldfasantoppings. Body: gelbe Flockseide. Ribs: mittlerer Goldtwist. Hackle: eine hellgelbe Hahnenhechel. Wings: ungefähr fünfzehn Goldfasantoppings mit roten Spitzen, die nach oben weisend eingebunden werden. Throat: zwei kragenartig gebundene blaue Eichelhäherfedern, die vor dem Flügelansatz befestigt werden. Head: schwarze Straußenfiber und schwarze Bindeseide.

Peacock Fly

Herl Winged Fly, Mr. Wright, Mitte des 19. Jahrhunderts.
Muster wie von George M. Kelson.

Tag: Silbertwist
Tail: Ein Topping
Body: Gelbes und schwarzes Silk in gleich großen Abschnitten
Ribs: Silbernes Ovaltinsel
Hackle: Eine natürlich-schwarze Hechel über die vordere Hälfte
Throat: Eichelhäher
Wings: Tippet, Pfauenschwertfeder, Perlhuhn, Krickente und Carolina-Brautente
Head: Schwarz

Die Peacock Fly ist eine einfache Lachsfliege, die zu der Familie der Herl Winged Flies (dies sind Fliegen, deren Flügel aus lockeren Fibern bestehen) gehört. Diese Fliegen haben alle Flügel aus Pfauenfibern, entweder aus dem Pfauenauge oder, wie hier, aus der Pfauenschwertfeder.

Die Peacock Fly, ein Muster von Mr. Wright, ist die Weiterentwicklung einer sehr alten Fliege desselben Namens. Das erste Mal, daß so eine Fliege erwähnt wurde, war in der zweiten Ausgabe von Richard Bowlkers Buch «The Art of Angling» (1774), die von seinem Sohn, Charles Bowlker, herausgegeben wurde. In diesem Buch wird eine Fliege namens King's Fisher vorgestellt, eine Fliege, die auch unter dem Namen Peacock Fly bekannt war. Sie sah folgendermaßen aus. Body: dunkelgrünes Mohair. Rib: hellgrünes Silk. Hackle: eine blau und weiß gebänderte Eichelhäherhechel, die unter dem Flügel nach unten gedreht wird. Wings: Hals oder Stoßfedern des Pfaus. Auch wenn es so aussieht, als hätte diese Fliege mit der von uns behandelten wenig gemeinsam, so bleibt die Tatsache bestehen, daß diese Fliege in Bowlkers Originalversion eine Vielzahl verschiedener Versionen von Lachsfliegen mit Fiberflügeln hervorrief.

Kelson bezeichnet sein Muster der Peacock Fly als ein altes Standardmuster für den Lochy und den Spean; diese Version wird lediglich von Kelson beschrieben. Er überliefert ein weiteres Muster einer nahen Verwandten der Peacock Fly, nämlich ein Muster der Green Peacock, eine Fliege, die mit demselben Muster ebenfalls von Hardy und Hale vorgestellt wird.

Die Green Peacock ist eine von Mr. Murdoch gestaltete Fliege. Sie ist ebenfalls eine der Herl Winged Fliegen, die er in einem Brief an Kelson pries: «An strahlenden, heißen Sommertagen im Juni und Juli gibt es keine andere Fliege, die am Dee so fatale Folgen hat, wie die auf Zwillingshaken der Größen 7, 8 und 9 gebundene Green Peacock.» Das Originalmuster der Peacock von George M. Kelson sieht wie folgt aus. Tag: Silbertinsel und gelbe Flockseide. Tail: ein Topping. Body: hellblaue Flockseide. Rib: silbernes Ovaltinsel. Throat: eine hellblaue Hahnenhechel. Wings: ein Büschel Pfauenschwertfibern.

Dr. T. E. Pryce-Tannatt überliefert auch ein Muster der Green Peacock, welches ausnahmsweise mit dem Muster von Kelson übereinstimmt. Der einzige geringfügige Unterschied ist, daß Pryce-Tannatt im Tag goldene Flockseide verwendet.

Pitcroy Fancy

Mixed Wing, Mr. Turnbull, spätes 19. Jahrhundert.
Muster wie von George M. Kelson.

Tag: Silbertinsel
Tail: Ein Topping und Tippetfibern
Butt: Scharlachrote Berlin Wool
Body: Silbertinsel
Ribs: Silbernes Ovaltinsel
Hackle: Eine Graureiherhechel, ab der Mitte gebunden
Throat: Perlhuhn
Wings: Tippet (breite Streifen), hell gesprenkelter Truthahn, Spießente, Mallard und ein Topping
Sides: Jungle Cock
Head: Scharlachrote Berlin Wool

Die Pitcroy Fancy ist das, was Kelson als «moderne» Standardfliege für den schottischen Fluß Spey bezeichnet. Kelson behauptete, daß Mr. Turnbull der Vater dieser Fliege wäre. Kelson war in seinem Buch «The Salmon Fly» (1895) Mr. Turnbull gegenüber recht großzügig, da er ihm nicht weniger als acht Lachsmuster zuschreibt, auch wenn sich unter diesen Mustern keine der bekannteren Klassiker befindet. Die besser bekannten Fliegen Mr. Turnbulls scheinen die Wilson und die Duchess zu sein. Die anderen Fliegen sind die Ethel, die Gold Judge, die Niagara, die Thistle und Turnbulls Sir Richard.

Wie schon Kelson schreibt, ist die Pitcroy Fancy ein «modernes» Lachsmuster für den Spey. Es ist daher keine der sogenannten Spey-Fliegen wie die Carron Fly, die Heron-Fliegen, die King-Fliegen und die Reeach-Fliegen. All diese Muster sind älter als die Pitcroy Fancy. Die Spey-Fliegen haben zusätzlich zu der Reiherhechel einfache Flügel, die oft aus Mallard sind. Die «modernen» Spey-Fliegen verfügen zwar noch immer über die Reiherhechel, allerdings sind ihre Flügel aus verschiedenen Federsegmenten zusammengesetzt.

Ich möchte nicht behaupten, daß diese modernen Fliegen schlechter als die alten Spey-Fliegen sind. Trotz der Tatsache, daß ich alle Lachsfliegenmuster mit einer auffälligen Reiherhechel als ausgezeichnete Muster betrachte, muß ich zugeben, daß ich die alten Muster vorziehe. Die «modernen» Spey-Fliegen sehen fast wie ganz gewöhnliche Fliegen für andere Flüsse aus, und sie haben so ein wenig ihrer geschichtlichen Bedeutung verloren.

Die Pitcroy Fancy ist eine Fliege, die nie zum Klassiker wurde. Eine mit Kelsons Muster identische Version kann in Hardys Buch «Salmon Fishing» (1907) und in der ersten und zweiten Ausgabe von Hales Buch «How to Tie Salmon Flies» (1892) gefunden werden.

Policeman

Mixed Wing, Mr. William Davidson, Mitte des 19. Jahrhunderts.
Muster wie von Francis Francis.

Tag: Silbertinsel und rot-oranges Floss
Tail: Hellbraun gesprenkelter Truthahn und gelber Schwan
Body: Grobe dunkel-mittelblaue Pig's Wool
Rib: Breites Silbertinsel
Hackle: Eine Hahnenhechel, eine Stufe dunkler als der Körper
Throat: Eine dunkel-rötlichbraune Hechel und einige Flusen mittelweinroter und oranger Pig's Wool, die ein wenig unter der Schulterhechel befestigt werden
Wings: Hellbraun gesprenkelter Truthahn mit einem Büschel bronzefarbener Pfauenfibern darüber
Head: Schwarz

Die Policeman war eine der drei Fliegen, die Mr. William James Davidson aus Glasgow an Francis Francis schickte, als dieser an seinem Buch «A Book on Angling» (1867) arbeitete. Viele Jahre hindurch war Mr. Davidson ein begeisterter Tayfischer. Diese drei Fliegen gehören zu jenen, die von Francis Francis für den breiten Tay empfohlen wurden. Als er sie erhielt, war eine der Fliegen namenlos. Da die meisten Tay-Fliegen mit einem Namen versehen waren, fand er, daß auch diese Fliege einen bekommen sollte. Da ihre überwiegende Farbe blau war, und weil sie dazu bestimmt war, zu «fangen», nannte er sie die Policeman. Sie sollte auf große Haken gebunden und im frühen Frühjahr gefischt werden, wenn der Tay hohes und kaltes Wasser führt. Die anderen beiden Fliegen, die Francis Francis von Davidson erhielt, waren die Waterwitch und die Lion. Die Waterwitch war eine Sommer- und Herbstfliege, wogegen die Lion für die letzten Tage der Saison bestimmt war. Die Policeman erbrachte laut Davidson zu Saisonbeginn außergewöhnlich gute Ergebnisse. Für ihn war es bis zur zweiten Maiwoche die beste Fliege am Tay, und mit genau dieser Fliege gelang es Francis Francis, vier frisch aufgestiegene Lachse innerhalb von fünf Stunden in den ersten Maitagen zu fangen. Ihm zufolge ist man mit der Policeman, der Waterwitch und der Lion in verschiedenen Größen bestens für eine ganze Saison am Tay gerüstet.

Die Policeman hat in Sir Herbert Maxwells Buch «Salmon and Seatrout» eine andere Uniform bekommen. Er schrieb über sie, daß dieser «verlängerte Arm des Gesetzes» treu seine Pflicht erfüllt. Maxwell empfiehlt einen Tag aus Silberdraht und rubinroter Flockseide. Der Schwanz sollte aus einem Goldfasantopping bestehen und, wie so oft bei Maxwell, sollte der Butt aus schwarzem Chenille gebunden werden. Sein Körper wird aus mittelblauer Pig's Wool aufgebaut, die gut gezupft wird. Die Hechel fehlt und als Bart verwendete er eine graue Hahnenhechel mit einem schwarzen Kiel. Der Flügel dieser Fliege ist derselbe, den er auch für die Silver Doctor empfiehlt, d.h. ein zusammengesetzter Flügel aus Segmenten vom Goldfasanstoß, grauen Truthahn und von der Spießente. Die Spießente ist die auffälligste Feder des Flügels. Ein Goldfasantopping wird über den Flügel gebunden, und obwohl Maxwell nicht vorschreibt, woraus der Kopf bestehen soll, wurde dieser wahrscheinlich aus schwarzer Bindeseide gebunden.

Popham

Mixed Wing, F. L. Popham, 1850.
Muster wie von H. C. Pennell.

Tag: Goldtwist
Tail: Ein Topping und Indian Crow
Butt: Schwarze Fiber
Body: Drei gleich große Abschnitte, die jeweils mit schwarzer Fiber gebutted werden. Der erste Abschnitt ist aus dunklem rot-orangem Silk, der zweite aus gelbem Silk und der letzte ist aus hellblauem Silk; über und unter jeden Abschnitt kommen Indian Crow-Federn. Die beiden hinteren Abschnitte werden mit Goldtinsel gerippt, der vordere mit Silbertinsel
Hackle: Lediglich eine Barthechel aus Eichelhäher
Wings: Tippet, Krickente, Perlhuhn, Goldfasanstoß, Parrot, hellbraun gesprenkelter Truthahn, Bustard, roter Macaw, gelber Macaw (bei großen Fliegen wird der gelbe Macaw durch gelben Schwan ersetzt), darüber kommen zwei Streifen Mallard und ein Topping
Cheeks: Chatterer
Horns: Blauer Macaw
Head: Schwarze Fiber

Die Popham ist eine der kompliziertesten klassischen Lachsfliegen, und Mr. F. L. Popham erhielt viel Lob für diesen so einfallsreich und schön gestalteten Körper. Die Fliege zog viel Aufmerksamkeit auf sich und sie wurde in den nördlichen Gegenden der Britischen Inseln überaus beliebt. William Blacker beschreibt in seinem Buch «Fly Making, Angling and Dyeing» (1855) eine Fliege, deren Konstruktion und Materialien sehr der Popham ähneln. Blacker stellte sie unter der Nr. 8 seiner Lachsfliegen vor, wovon die meisten unbenannt waren. Sie sah folgendermaßen aus. Tag: Goldtwist. Tail: ein sattes, kleines Topping. Butt: Pfauenfiber. Body: drei gleich große Abschnitte, alle mit Pfauenfiber gebutted; der erste Abschnitt ist aus gelbem Floss, der zweite ist aus blauem und der letzte aus orangem Floss. Alle drei Abschnitte werden oben und unten mit kleinen, roten Tippetfedern aus dem Schopf des Paradiesvogels geveiled. Ribs: goldenes Ovaltinsel. Hackle: eine blaue Eichelhäherhechel um die Schultern. Wings: zusammengesetzt aus orangen, gelben und blauen Körperfedern des Macaw, jeweils drei Streifen; Krickente, Bustard und Goldfasanhalsfedern in schmalen Streifen; Silberfasanstoß, hellbrauner Goldfasanstoß und ein Topping darüber. Zuletzt kommen noch gelbe und blaue Fühler sowie ein Kopf aus Pfauenfiber hinzu.

Blacker betrachtete diese komplizierte Fliege als eine außergewöhnlich gute, kleine Lachsfliege. Erst einmal mit einem Namen versehen, tauchte sie in verschiedenen Versionen wieder auf. Die von Kelson empfohlene Version ist mit jener von Pennell sehr ähnlich, der einzige Unterschied ist, daß bei Kelsons Fliege die Krickente und der gelbe Macaw im Flügel fehlen.

Francis Francis stellt in seinem Buch «A Book on Angling» (1867) die Popham als eine sehr schwer zu bindende Fliege vor. Diese Version unterscheidet sich erheblich von den zuvor vorgestellten. Bei dieser Popham fehlt der Indian Crow im Schwanz und der Butt besteht aus zwei Windungen Pfauenfiber. Die drei Flossabschnitte des Körpers tragen zwar dieselben Farben wie bei Pennells Fliege, allerdings sind diese in einer anderen Reihenfolge angeordnet. Der hintere Abschnitt ist aus gelbem Silk, worauf blaues und oranges Silk folgen. Der Butt ist aus Pfauenfiber mit Veilings aus 3–4 kleinen Indian Crow-Federn. Diese sollten nicht über dem Fliegenkörper liegen, sondern abwärts weisen, so daß sie einer Hechel ähneln. Alle drei Körperabschnitte sollten mit Goldtwist gerippt werden, und vor den Körper kommt eine Kopfhechel aus blauem Eichelhäher.

Der Flügel der Popham von Francis Francis sollte aus Segmenten vom Goldfasanstoß, Tippet, Bustard, von der Krickente und aus Segmenten vom gelb und rot gefärbten Schwan aufgebaut werden, worüber ein Goldfasantopping kommt. An dieser Version fehlen die Wangenfedern und die Fühler. Der Kopf wird aus Pfauenfiber gebunden.

Sir Herbert Maxwells Popham ist jener von Francis Francis sehr ähnlich, aber bei ihm besteht der Schwanz wieder aus einem Topping und Indian Crow. Den deutlichsten Unterschied stellen allerdings seine Butts dar, die aus smaragdgrünem Chenille gebunden werden. Seine Fliege wird auch mit einem grünen Kopf beendet.

Die Flügelstruktur ist dieselbe, wie die von Francis Francis empfohlene, mit der Ausnahme, daß Maxwell die blauen Schwanfibern ausläßt. Maxwell unterstreicht, daß es unnötig ist, sich mit dem Körper allzuviel Mühe zu geben, da der größte Teil von den Indian Crow Veilings verdeckt wird.

Die Muster der Popham von J. J. Hardy und J. H. Hale sind mit jenem von Pennell fast identisch, allerdings fehlt bei ihnen, in Übereinstimmung mit Kelson, die Krickente und der gelbe Macaw. Darüber hinaus empfehlen Hardy und Hale eine andere Reihenfolge der Flossabschnitte des Körpers, nämlich gelb, blau und am Kopf rot-orange. Dr. Pryce-Tannatt beschreibt in seinem Buch «How to Dress Salmon Flies» (1914) eine Popham, die mit Ausnahme des Flügels ganz mit derjenigen von Pennell übereinstimmt. Pryce-Tannatt band seinen Flügel folgendermaßen: gemischte Tippetfibern; verhakte Fibern vom Bustard, Florican, von der Pfauenschwungfeder, vom scharlachrot, blau, orange und gelb gefärbten Schwan und aus dem Goldfasanstoß; darüber kommen Segmente des Pfauenschwertes. Sides: gebänderte Wood Duck. Pryce-Tannatts Popham hat zwei oder drei Goldfasantoppings über dem Flügel und Fühler aus blauem Macaw. Der deutlichste Unterschied zwischen den Popham-Versionen von Pryce-Tannatt und Pennell sind die Seitenfedern aus gebänderter Wood Duck.

Die Popham ist eine Fliege, die in erster Linie wegen ihres schönen, aber komplizierten Körpers geschätzt wird. Dieses Bild stammt aus H. C. Pennells Buch «Fishing Salmon and Trout» (1855).

Powell's Fancy

Mixed Wing, Mr. Powell, Mitte des 19. Jahrhunderts.
Muster wie von Francis Francis.

Tag: Goldtinsel und orange Flockseide
Tail: Ein Topping
Butt: Pfauenfiber
Body: Zwei Windungen orange Flockseide, gefolgt von oranger Pig's Wool (heller am Schwanz und dunkler an der Schulter)
Rib: Goldtinsel; entlang davon ein schmaler, roter Faden, fast schon scharlachrote Flockseide
Hackle: Eine satt-rotorange Hechel
Shoulder: Blauer Eichelhäher
Wings: Goldfasanstoß, Bastard Bustard (Florican), brauner Mallard, ein wenig Tippet, grauer Mallard, der gelb gefleckt ist, Wood Duck
Horns: Roter Macaw
Head: Schwarz

Diese Lachsfliege ist eine der Fliegen, die schon fast ganz vergessen wurden. Francis Francis fand, daß diese Fliege ein gutes Muster für den kleinen nordirischen Fluß Bush ist. Er fand diesen kleinen, gemächlich dahinfließenden Fluß nicht besonders interessant, denn es fehlen in seinem Lauf die schnellen Strecken und die Pools anderer Flüsse. Wie in vielen Flüssen dieses Gewässertyps gab es auch in diesem Fluß einen guten Lachsbestand, und die Fische stiegen schon früh zum Laichen auf. Schon im Februar konnten die ersten Lachse mit der Fliegenrute gefangen werden und zu diesem Zeitpunkt ist die von Francis Francis empfohlene Fliege eine gute Wahl. Über einen Freund, Mr. Brady, lernte er diese Fliege kennen. Mr. Brady wiederum hatte sie von Doherty and Son aus Bushmills erhalten.

Die Powell's Fancy ist eine der weniger bekannten Lachsfliegen, aber sie wird sowohl von Kelson als auch von Hardy und Hale in deren Sammlungen erwähnt. Ihre Muster sind sich, wie üblich, recht ähnlich. Der einzige geringfügige Unterschied ist, daß Kelson einen Kopf aus schwarzer Berlin Wool vorzieht, wogegen Hardy und Hale ihren Kopf aus schwarzer Bindeseide fertigen. Kelsons Muster aus seinem Buch «The Salmon Fly» (1895) ist mit jenem von Francis Francis allerdings ziemlich verschieden, und er band diese Fliege folgendermaßen: Der Tag ist aus Goldtwist und aus dunkelblauer Flockseide. Der Schwanz besteht lediglich aus einem Goldfasantopping. Es fehlt der Butt und der Körper wird mit rot-orange gefärbtem Seal's Fur aufgebaut. Eine Rippung aus Goldtinsel wird um den Körper gedreht und ab der zweiten Drehung wird er mit einer rot-orangen Hahnenhechel versehen. Der Bart ist aus blauem Eichelhäher. Der Flügel besteht aus einigen Tippetfibern, worauf verhakte Segmente vom gelben, rot-orangen und dunkelblauen Schwan, von der Pfauenschwungfeder, vom dunkel gesprenkelten Truthahn, Perlhuhn und Mallard folgen. Die Fühler sind aus blauem Macaw und der Kopf ist aus schwarzer Berlin Wool.

Purple King

Spey Fly, Mr. C. Grant, frühes 19. Jahrhundert.
Muster wie von Francis Francis.

Body: Hell purpurnes Mohair
Ribs: Gold- und Silbertinsel, und Silbertwist über die Hechel
Hackle: Eine bräunlich-schwarze Speyhahnenhechel mit hellen, blaßblauen Spitzen
Throat: Krickente
Wings: Zwei Federfahnen vom grauen Mallard mit braunen Spitzen

Francis Francis beschreibt dieses Muster zusammen mit anderen für den Spey typischen Lachsfliegen, worunter sich auch die Green King befindet. Er bezieht sich auf einen Brief, den er von Mr. C. Grant aus Aberlour erhielt. Mr. Grant schrieb ihm, daß die Hechel der Purple King von einem «Scotch cock» stammen sollte, einer Hahnenart, die damals am Spey gängig war. Diese Hähne waren wegen ihrer langen Federn begehrt, die für diese Fliegen sehr geeignet waren. Mr. Grant zufolge besteht der Körper der Purple King aus einem Dubbing, das man erhält, wenn man purpurne, steinrote (mit Steinmoos gefärbt) und scharlachrote Berlin Wool mischt. Je nach Jahreszeit sollte die Körperfarbe von Purpur bis zu einem rötlicheren Farbton variieren. Mr. Grant schreibt in diesem Brief, daß er nichts gegen farbenfrohe Fliegen hat, aber daß er diese Spey-Fliegen, sofern er über die richtigen Hecheln verfügt, vorzieht.

Grant überliefert ebenfalls das Muster einer Fliege, die er als Cousine der Purple King bezeichnet. Er nennt diese Fliege die Purple oder die «Purpy». Die Hechel ist roter als die ihrer Verwandten. Der Körper wird aus einer Dubbingmischung aus dunkelblauer und steinroter Berlin Wool aufgebaut. Gerippt wird er mit in Intervallen gebundenem Goldtinsel und purpurnem Faden. Grants Version «Purpy» ähnelt Kelsons Purple King mehr als das von Francis Francis empfohlene Muster.

Kelson hielt die Purple King für das beste Muster unter den King-Fliegen. Kelsons Muster hat einen Körper aus blauer und roter Berlin Wool, die im Verhältnis ein Teil blau auf zwei Teile rot gemischt wird. Die Rippung wird in die «verkehrte» Richtung gedreht und sie besteht aus Goldtinsel (an das Hakenende gebunden) und dünnem Silbertinsel (an die vordere Hakenhälfte gebunden). Die Hechel ist eine natürlich-rote Speyhahnenfeder, die mit der Federwurzel befestigt und dann über den ganzen Körper gedreht wird. Der Hechelkiel sollte über die Tinseldrehungen gewikkelt werden. Der Bart besteht lediglich aus einer Drehung Krickente. Der Flügel ist kurz und besteht aus zwei Federfahnen vom Mallard mit braunen Spitzen und grauen Wurzeln. Dr. Pryce-Tannatt überliefert ebenfalls ein Muster der Spey-Fliege. Der Körper besteht aus purpurner Berlin Wool. Er wird mit goldenem Flachtinsel, purpurnem Floss und Goldfaden gerippt. In seinem Buch «How to Dress Salmon Flies» (1914) erwähnt er nicht, wie das Tinsel gewickelt werden soll. Allerdings enthält sein Buch eine Abbildung der Purple King. Das Tinsel ist so angebracht, daß der Goldfaden den Hechelkiel und die anderen Tinseldrehungen kreuzt. Die Hechel ist eine bronzefarbene Speyhahnenhechel, und der Bart besteht aus einigen Drehungen Krickente. Ein kurzer Flügel aus braunem Mallard und ein schwarzer Kopf beenden die Fliege.

Ray Mead

Mixed Wing, George M. Kelson, Mitte des 19. Jahrhunderts.
Muster wie von George M. Kelson.

Tag: Silbertwist und hellblaues Silk
Tail: Ein Topping, Ibis und Carolina-Brautente
Butt: Black Ostrich Herl
Body: Ein Viertel aus gelbem Silk, gefolgt von silbernem Ovaltinsel
Ribs: Goldenes Ovaltinsel
Hackle: Eine große, irischgraue Hechel, die ab dem Ovaltinsel gedreht wird
Throat: Krickente, drei Windungen
Wings: Abwechselnd schmale Streifen schwarzer und gelber Schwan, die miteinander verhakt sind; Carolina-Brautente und ein Topping
Sides: Jungle Cock
Cheeks: Chatterer
Horns: Blauer Macaw
Head: Schwarz

Die Ray Mead ist eine der von Kelson selbst entworfenen Lachsfliegen. Er sagt, daß es eines seiner ältesten und erfolgreichsten Muster war. So wie alle bekannten Lachsfliegen abgewandelt wurden, so taucht auch die Ray Mead in verschiedenen Versionen auf. Eine dieser Versionen hat mit dem Original wenig gemeinsam, und Kelson beschreibt sie als eine Fliege, die den Flügel von einem der schönen Muster seines Vaters hat. Der Körper hat denselben Charakter wie der der Jock Scott, allerdings sind die gelben und schwarzen Körperabschnitte silbern und blau. Kelson war auf diese Version seiner Fliege stolz.

George Mortimer Kelson (1836 – 1920) stellt in seinem Buch «The Salmon Fly» (1895) die in meinen Augen beste Mustersammlung der damaligen Zeit vor. Viele der heute beliebten Lachsfliegen fehlen zwar in dieser Sammlung, aber das liegt daran, daß diese Fliegen jüngere Muster sind. Kelson beschreibt einige der Probleme, die er beim Zusammenstellen seiner Sammlung hatte. Viele der älteren Lachsfliegen tauchten in einer solchen Vielzahl von Abwandlungen auf, daß es oft unmöglich war, das Original oder die beliebteste Version einer Fliege herauszufinden. Als Beispiel führt er die Tim's Moke an. Diese nicht besonders gängige Fliege war an der Westküste als die Monkey Grey bekannt und sie wurde an der anderen Seite Irlands als die Red Tag bezeichnet. Sie ähnelt in gewissen Maßen der Lemon Grey, aber sie hat einen roten Silktag und eine rote Hahnenhechel unter dem Eichelhäher als Bart. Kelson schreibt, daß es eine endlose und wahrscheinlich unmögliche Aufgabe wäre, alle Abwandlungen dieses Musters bis ins Detail zu beschreiben.

Kelsons Ray Mead wurde ebenfalls von Hardy und Hale in ihre Sammlungen aufgenommen. Die Ray Mead erinnert uns mit ihrem unüblichen und charakteristischen Flügel an eine der beliebtesten Fliegen am Cumberland Eden, an die Bull Dog. Diese Fliege hat, ähnlich wie die Ray Mead, einen Flügel, der aus vielen dünnen Segmenten vom schwarz und gelb gefärbten Schwan zusammengesetzt wird. Ein solcher Flügel wird an keiner anderen klassischen Lachsfliege gefunden.

Red Drummond

Mixed Wing, J. J. Hardy, Anfang des 20. Jahrhunderts.
Muster wie von John James Hardy.

Tag: Silbertinsel und gelbe Flockseide
Tail: Ein Topping und Indian Crow
Butt: Black Ostrich Herl
Body: Erste Hälfte aus Silbertinsel, geveiled mit Indian Crow. Die zweite Hälfte ist aus roter Flockseide
Rib: Silbertinsel über beide Hälften
Hackle: Eine rot-weinrote Hechel, über die rote Flockseide
Throat: Perlhuhn
Wings: Truthahn mit weißen Spitzen, gelber, roter und blauer Schwan, Pfauenschwungfeder, Bustard, Goldfasanstoß, Wood Duck, Krickente, Mallard und darüber ein Topping
Sides: Jungle Cock
Cheeks: Chatterer
Horns: Blauer Macaw
Head: Schwarz

Die Red Drummond ist eines der Lachsfliegenmuster von J. J. Hardy, zumindest ist er der einzige Autor, der diese Fliege erwähnt. Ob es nun sein Muster ist oder nicht, soll dahingestellt bleiben. Die Red Drummond ähnelt einem anderen Muster von Hardy, der Murdoch. Die Körper dieser beiden Fliegen unterscheiden sich erheblich voneinander, aber die Flügel sind fast identisch. Die Red Drummond gehört zu jenen klassischen Fliegen, die heute genauso beliebt sind wie damals. Noch immer kann man auf Angler treffen, die einem diese Fliege wärmstens empfehlen, und auch andere Klassiker haben die Fängigkeit der Kombination von Silber und Rot bestätigt. Hardys Muster läßt sich auch in der späteren Ausgabe von Hales Buch finden, da in dieser Ausgabe alle Muster von Hardy übernommen wurden. Eine gängige Version oder ein gängiger Fehler ist, daß viele Fliegenbinder einen Butt zwischen beide Körperabschnitte einfügen. Dies liegt wahrscheinlich daran, daß Veilings, hier die Indian Crow-Federn, oftmals in Verbindung mit einem Butt eingebunden werden. Es stellt eine Art Ausnahme dar, die Veilings ohne Butt einzubinden, wie es hier bei Hardys Red Drummond der Fall ist.

Hardy überliefert in seinem Buch «Salmon Fishing» (1907) das Muster einer Drummond genannten Fliege. Dies scheint ein Vorläufer der Red Drummond gewesen zu sein. Die Drummond ist eine Fliege, die weitaus weniger gängig ist, als ihre Verwandte. Die Drummond und die Red Drummond sind einander recht ähnlich. Wie oben ersichtlich, ist die Red Drummond eine komplizierte Mixed Wing-Fliege, die aus vielen Einzelteilen besteht, während die Drummond eine viel einfacher gestaltete Fliege ist. Hardy überliefert folgendes Muster der Drummond. Tag: Silbertinsel. Tail: ein Topping und Ibis. Kein Butt. Body: drei Windungen orange Berlin Wool, gefolgt von schwarzer Berlin Wool. Rib: Silbertinsel. Hackle: eine dunkelrote Hahnenhechel, die in Richtung Schulter gedreht wird und wovon einige Zusatzwindungen den Bart bilden. Wing: ein Simple Strip Wing, der aus zwei Federfahnen blassem Truthahn besteht. Head: schwarz.

John James Hardy, in seinem Buch «Salmon Fishing» (1907).

Red Rover

Mixed Wing, Davie Murray, Mitte des 19. Jahrhunderts.
Muster wie von George M. Kelson.

Tag: Silbertwist und gelbes Silk
Tail: Ein Topping
Butt: Black Ostrich Herl
Body: Analinrote Berlin Wool
Ribs: Silbernes Ovaltinsel
Hackle: Eine gelbe Hechel ab der zweiten Tinseldrehung
Throat: Eine rote Hechel
Wings: Tippet, Pfauenschwungfeder, Bustard, rot gefärbter Schwan, Goldfasanstoß und ein Topping
Sides: Jungle Cock
Head: Schwarz

Die Red Rover ist eine klassische Lachsfliege, die unter den klassischen Autoren ausschließlich von Kelson erwähnt wird. Er bezeichnete sie als alte Standardfliege für die Lachsflüsse der Nordostküste Schottlands. Daß diese Fliege nie so beliebt wie andere Fliegen wurde, wird durch die Tatsache bestätigt, daß sie nur von Kelson in eine Mustersammlung aufgenommen wurde. Ich finde dies erstaunlich, da diese Fliege schön ist und sie sich auch relativ leicht binden läßt. Erfahrung mit ihr als Köder habe ich nicht, aber es würde mich wundern, wenn sie nicht genauso gut wäre, wie berühmtere Fliegen der gleichen Art, z.B. die beliebten Ranger-Fliegen. Die Red Rover ist eine der wenigen klassischen Fliegen, die heute beliebter sind, als zu der Zeit, in welcher ausschließlich Federflügel-Fliegen verwendet wurden. Allerdings ist die heute beliebte Version eine andere als die von Kelson beschriebene. Es ist schwer zu sagen, warum die Red Rover heute beliebter ist als damals, aber sicherlich trug die Tatsache, daß John Veniard sie in sein Buch «Fly Dressers Guide» (1952) aufgenommen hat, hierzu bei. Veniard schrieb ebenfalls eine Folge dieses Buches, «A Further Guide to Fly Dressing» (1964). Die Bedeutung dieser Bücher liegt in erster Linie in all den Fliegenmustern, die vorgestellt werden. Sie stimmen nicht alle mit den Originalmustern überein, aber dennoch wurden diese Bücher schon zu Klassikern, die bereits in mehreren Auflagen erschienen sind.

Das von Veniard vorgestellte Muster der Red Rover kann unter den klassischen Standardfliegen im Kapitel der Whole Feather Wing-Fliegen gefunden werden. Das nun geschilderte Muster darf nicht mit dem alten Originalmuster verwechselt werden, es ist vielmehr eine moderne Version der Red Rover, die sehr beliebt wurde. Veniard bindet die Fliege folgendermaßen. Tag: silbernes Rundtinsel, auf das dunkelblaue Flockseide folgt. Tail: ein Goldfasantopping und eine Indian Crow Feder. Der Butt ist aus schwarzer Straußenfiber und auf ihn folgt ein Körper in zwei Abschnitten. Die erste Hälfte ist aus roter Flockseide, die mit Goldtinsel gerippt wird; die zweite Hälfte ist aus gehämmertem Goldtinsel, das mit goldenem Ovaltinsel gerippt wird. Veniard empfiehlt eine rot gefärbte Hahnenhechel, die über den ganzen Körper gedreht wird. Der Bart ist eine dunkelblaue Hahnenhechel. Der Flügel besteht aus zwei roten Hahnenhecheln, worüber zwei Tippetfedern kommen, die Rücken an Rücken gebunden werden; außerhalb dieser Federn kommen verhakte Segmente vom gelb, blau, rot und grün gefärbten Schwan. Die Fliege hat Seitenfedern aus Jungle Cock und Wangenfedern aus Indian Crow. Ein Goldfasantopping wird als Dach über den Flügel gebunden. Diese moderne Red Rover wird wie das Original mit einem kleinen schwarzen Kopf beendet.

Red Sandy

Whole Feather Wing, Nicol McNicol, 1880.
Muster wie von George M. Kelson.

Tag: Silbertwist
Tail: Ein Topping und Indian Crow
Butt: Scharlachrote Berlin Wool
Body: Zwei Abschnitte aus silbernem Ovaltinsel; der erste Abschnitt wird mit Indian Crow-Federn geveiled und mit scharlachroter Berlin Wool gebutted
Hackle: Eine scharlachrote Hechel entlang des zweiten Abschnittes
Wings: Indian Crow, vier Doppelfedern, die sich gegenseitig überlappen und die ein darüber hinausreichendes Paar Jungle Cock-Federn (Rücken an Rücken) umhüllen; über alles kommen zwei Toppings
Horns: Roter Macaw
Head: Scharlachrote Berlin Wool

Die Red Sandy ist eine klassische Lachsfliege mit einer ein wenig unüblichen Konstruktion. Für Whole Feather Wing Fliegen, d.h. Fliegen, in deren Flügel ganze Federn gebunden werden, werden normalerweise Tippetfedern vom Hals des Goldfasans oder des Diamantfasans verwendet. Diese werden vertikal eingebunden, was einen hohen und schön gestreiften Flügel ergibt. Es gibt nur wenige Fliegen, die zu dieser Familie gehören und die aus den ganzen Federn anderer Vögel gebunden werden. Meistens bestehen die Flügel dieser Fliegen aus Paaren von Jungle Cock-Federn, worüber ein Paar Toppings kommt. Fliegen dieser Art sind die Candlestick Maker, die Glen Grant und die Evening Star. Der Flügel der Red Sandy besteht, wie es deutlich sichtbar wird, aus Jungle Cock-Federn und aus roten Brustfedern des Fruit Crow, der besser unter dem Namen Indian Crow bekannt ist. Die natürliche Heimat dieses Vogels ist der Regenwald von Venezuela und Kolumbien. Seine Federn sind äußerst schwierig zu erhalten. Glücklicherweise benötigt man diese Federn nur selten für Flügel und normalerweise werden sie lediglich in den Schwanz und als Veiling eingebunden.

Kelson überliefert, daß die Red Sandy eine der begehrtesten Fliegen für die Lachsfischerei in Island war und daß sie auch am Halladale viel gefischt wurde. Kelsons Muster wurde von Hardy und Hale übernommen.

Pryce-Tannatt hatte seine eigene Auffassung über die Bindeweise der Red Sandy. Er gibt der Fliege nicht den charakteristischen, von Kelson empfohlenen Flügel, sondern er zieht einen zusammengesetzten Flügel vor und zwar keinen der einfachen Art, sondern einen, der so kompliziert ist wie jener der Jock Scott und der dem Flügel dieser Fliege sogar ähnlich ist. Pryce-Tannatts Muster wird wie folgt gebunden. Tag: Silberfaden und goldgelbe Flockseide. Tail: ein Topping, Indian Crow und blauer Chatterer darüber. Butt: scharlachrote Berlin Wool. Body: silbernes Flachtinsel. Ribs: dünnes, silbernes Ovaltinsel. Hackle: eine Badgerhechel, die dunkelorange gefärbt wird. Throat: Eichelhäher oder, bei größeren Fliegen, eine gesprenkelte, blau gefärbte Perlhuhnhechel. Wings: ein Paar schwarze Truthahnstoßfedern mit weißen Spitzen (Rücken an Rücken); darüber, aber ohne diese ganz zu verdecken, ein zusammengesetztes Segment aus verhakten Fibern von der Pfauenschwungfeder, vom gelb und scharlachrot gefärbten Schwan, vom Bustard, Florican und Goldfasanstoß; zwei Fibern der Pfauenschwertfeder kommen darüber. An die Seiten davon kommen verhakte schmale Streifen der Krickente und der gebänderten Wood Duck, brauner Mallard und über alles ein Topping. Sides: Jungle Cock. Cheeks: Indian Crow und blauer Chatterer. Horns: blauer und scharlachroter Macaw. Head: scharlachrote Berlin Wool.

Rory

Mixed Wing, Sir H. Maxwell, spätes 19. Jahrhundert.
Muster wie von Sir Herbert Maxwell.

Tag: Silberdraht und oranges Floss
Tail: Ein Büschel oranges Mohair
Butt: Schwarzes Chenille
Body: Drei Abschnitte, alle aus sattgelbem Floss, alle mit dickem, abgeflachtem Silbertwist gerippt. An den beiden hinteren Abschnitten werden Büschel aus gelbem Mohair hechelartig eingebunden und herausgezupft. Über jedes Büschel kommt ein Butt aus schwarzem Chenille. Am dritten Abschnitt, in Schulternähe, wird oranges Mohair auf dieselbe Art eingebunden; über dieses Büschel kommt eine scharlachrot gefärbte Hahnenhechel
Wings: Zwei lange und zwei kurze Jungle Cock-Federn. Hinzu kommen Streifen einer beliebigen Feder, die lang genug ist, sowie grün und scharlachrot gefärbter Schwan; über alles ein großes Topping
Cheeks: Blauer Chatterer
Head: Schwarzes Chenille

Die Rory ist eines der Muster von Sir Herbert Maxwell. Er benannte diese Fliege nach einem berühmten Angler des Thurso, Rorv aus Westerdale. Die Rory gehört zu den großen und sehr farbigen Lachsfliegen, die fast ausschließlich für das Fischen in kaltem und hohem Frühjahrswasser verwendet wurden. Diese Fliegen wurden auf wirklich große Haken gebunden. Einfachhaken der Größen 7/0 bis 10/0 (nach modernen Hakengrößen) waren üblich. Mit Hilfe der längsten 17 – 20 Fuß «Greenheart» und gesplieẞten Ruten, die oft noch einen Stahlkern hatten, konnten diese riesigen Haken den kämpferischen Lachsen problemlos präsentiert werden. In seiner Musterbeschreibung empfiehlt Maxwell die Verwendung einer beliebigen Feder, vorausgesetzt, diese ist lang genug. Dies ist ein deutlicher Hinweis darauf, daß die Fliege auf die größtmöglichen Haken gebunden werden sollte. Die Rory ist eine Fliege, die nur in Maxwells Buch «Salmon and Seatrout» gefunden werden kann. Maxwell war von diesen großen, farbenfrohen Frühjahrsfliegen sehr begeistert und er stellt verschiedene Muster ähnlicher Fliegen für die sehr frühe Frühjahrsfischerei vor. Ein anderes, ausschließlich von Maxwell vorgestelltes Muster, ist die Hellfire. Dieses Meisterwerk feuriger Farben sollte auch auf größtmögliche Haken gebunden werden. Maxwell band die Hellfire mit einem Tag aus Silberdraht und goldener Flockseide. Der Schwanz ist ebenfalls ein Büschel oranges Mohair. Der Butt sollte aus grünem Chenille und der Körper aus Mohair sein. Der Körper sollte mit einer Dubbingnadel gut gezupft werden, damit er möglichst buschig wirkt. Die Körperfarben sind 1/8 Scharlachrot, 4/8 Zitronengelb, 1/8 Orange und 2/8 Scharlachrot unter dem Flügel. Der Körper wird nicht gehechelt, aber mit breitem Silbertinsel und Silbertwist gerippt. Die Schulterhechel besteht aus einer scharlachroten Hahnenhechel unter dem Flügel, worauf eine gelbe Hahnenhechel vor dem Flügel folgt. Der Flügel wird aus drei Hahnenhecheln aufgebaut, die orange, blau und gelb sind. Außerhalb dieser werden zwei naturfarbene, gesprenkelte scots grey fowl Hecheln eingebunden und darüber kommen einige grüne Pfauenfibern. Zwei Goldfasantoppings kommen über den Flügel, die Wangenfedern sind aus blauem Chatterer und der Kopf ist schwarz.

Rosy Dawn

Whole Feather Wing, Jahrhundertwende.
Muster wie von Dr. T. E. Pryce-Tannatt.

Tag: Goldtinsel
Tail: Ein Topping und Tippetfibern
Butt: Schwarze Fiber
Body: Zwei gleich große Abschnitte; die erste Hälfte ist aus gehämmertem Silbertinsel; die zweite Hälfte ist aus goldendem Ovaltinsel; die Mitte ist mit einer magentafarbenen Hechel gebutted
Throat: Eine magentafarbene Hechel, gefolgt von einer blaßblauen Hechel
Wings: Ein Paar Tippetfedern (Rücken an Rücken), geveiled mit verhakten Fibern vom gelb, blau und scharlachrot gefärbten Schwan und vom Goldfasanstoß; zwei oder drei Toppings darüber
Sides: Jungle Cock
Horns: Blauer und scharlachroter Macaw
Head: Schwarz

Die Rosy Dawn ist die Fliege, die vielleicht den schönsten Namen von allen trägt. Es ist eine erst spät entworfene Fliege, und sie wurde von Dr. Pryce-Tannatt um die Jahrhundertwende herum gebunden. Es ist schwer, genau zu bestimmen, wann diese Fliege zum ersten Mal gebunden wurde, aber es scheint in etwa das Jahr 1910 gewesen zu sein. Dr. Thomas Edwin Pryce-Tannatt wurde als Kind englischer Eltern 1881 in Indien geboren. Als er schulreif wurde, zog er nach England, um eine ordentliche Ausbildung zu erhalten. Er besuchte die Shrewsbury School und beschloß daraufhin, am University College Hospital Medizin zu studieren. Allerdings zog es ihn nicht so sehr in die Richtung einer akademischen Laufbahn, und so verließ er die Universität. 1912, kurz bevor er die Arbeit zu seinem Buch «How to Dress Salmon Flies» (1914) in Angriff nahm, war er Herausgeber der Zeitschrift «Salmon and Trout». Als man ihm die Stelle eines Inspektors der Lachsfischerei im Amt für Landwirtschaft und Fischerei anbot, nahm er dieses Angebot an. Er erreichte in seiner Amtszeit (1912 – 1946) viel für die Fischerei und zwar sowohl für die Philosophie des Angelns als auch für die Zukunft des Lachses in Großbritannien. Er spielte eine bedeutende Rolle darin, das Amt für Binnenwasser in Einklang mit den tatsächlichen Erfordernissen der damaligen Zeit zu bringen.

Pryce-Tannatt war einer der ersten, der die Bedeutung von Fischleitern und anderen Aufstiegshilfen für die Lachse erfaßt hat, und er wurde für sein Werk sehr gelobt. Viele Lachsflüsse konnten durch das Zugänglichmachen von oberen Strecken ihren Bestand erheblich verbessern, da so meistens bessere, aber immer mehr Laichgründe erreicht werden konnten. Pryce-Tannatt zog sich mit 65 Jahren, nach 34 Jahren im Amt, zurück. Er war ein begeisterter Lachsangler und seine Pensionierung gab ihm die Gelegenheit, seiner Lieblingsbeschäftigung, dem Fliegenfischen auf Lachs, nachzugehen. Da sein Schaffen so viel Gutes für den Lachs in Großbritannien gebracht hatte, war er ein gern gesehener Gast an vielen der besten Lachsflüsse. Nach einer Krankheit starb er bei sich zu Hause, an den Ufern des Dovey, am 19. April 1965.

Shannon

Topping Wing, William Blacker, erste Hälfte des 19. Jahrhunderts.
Muster wie von Francis Francis.

Tag: Goldtinsel und zitronengelbes Floss
Tail: Zwei Toppings, scharlachroter Ibis und blauer Macaw
Butt: Black Ostrich Herl
Body: Aus Flockseide, verschiedenfarbige Abschnitte, blaßblau, orange, purpur-braun und erbsengrün und an jedes Abschnittende eine Windung schwarze Straußenfiber und darüber eine Hechel derselben Farbe wie der betreffende Abschnitt
Ribs: Goldfaden, der separat um jeden Abschnitt gedreht wird
Throat: Ein oder zwei Goldfasanrumpffedern
Wings: Zwei sattgelbe Macawfedern mit einer schwarzen Ader in der Mitte, ein Streifen dunkel gesprenkelter Argus-Fasan auf jeder Seite und ebenso ein Tippetstreifen; zwei oder drei Toppings über alles
Sides: Zwei oder drei Ibisfedern
Cheeks: Kleine Federn purpurfarbener «Lory» (eine polynesische Papageienart)
Horns: Blaue Macawfibern
Head: Schwarz

Die Shannon ist eine irische Fliege für den majestätischen Shannon. Das oben angeführte Muster ist das von Francis Francis bevorzugte und jenes, welches er von dem alten Meister William Blacker übernommen hat. Blacker führt dieses Muster nicht in seinem Buch «Fly Making, Angling and Dyeing» (1855) auf, sondern er stellt dort ein anderes Muster für denselben Fluß vor, nämlich die Ballyshannon (siehe die Ballyshannon). Der Körper der Shannon ist einer der kompliziertesten aller klassischen Lachsfliegen und es ist extrem zeitraubend, ihn zu binden. Ist er aber einmal beendet, so ist er von außergewöhnlicher Schönheit. Der schwierigste Aspekt beim Binden der Shannon scheint aber die Beschaffung der für den Flügel erforderlichen Macawfedern zu sein, da es solche gelben Federn mit einer schwarzen Mittelader nur an ganz wenigen Macaws gibt. Die am Shannon verwendeten Fliegen waren meistens sehr farbenfroh und Orange scheint die beste und beliebteste Farbe gewesen zu sein. Francis Francis war aber der Auffassung, daß so bunte Fliegen wie die Shannon zum erfolgreichen Fischen in diesem Fluß nicht unerläßlich waren. Eine Fliege mit demselben Flügel und einem orangen Körper würde seiner Meinung nach ähnliche Ergebnisse erbringen.

Ephemera, oder wie er wirklich hieß, Edward Fitzgibbon, empfahl in seinem Buch «Book of the Salmon» (1850) verschiedene Fliegen für den Shannon. Eine dieser Fliegen war die Shannon. Fitzgibbon band diese Fliege auf einen langen «low-water»-Haken und versah sie mit einem sehr langen Schwanz aus einem Topping. Die Flügel waren ebenfalls sehr lang und sollten bis über das Hakenende hinausreichen. Fitzgibbons Muster unterscheidet sich erheblich von dem Muster von Francis Francis. Die Fliege wird mit einem Tag aus orangem Floss und ein wenig dunklerer Seehundwolle gebunden. Der Schwanz besteht aus einem sehr langen Goldfasantopping.

Eine Hälfte wird aus hellorangem Floss und die andere aus blauem Floss gebunden. Gerippt wird er mit breitem Silbertinsel und Goldtwist. Eine hellblaue Hahnenhechel wird als Hechel eingebunden, wobei sie einseitig gestreift wird, damit sie spärlich in Erscheinung tritt. Der Bart soll aus blauem Eichelhäher bestehen. Der Flügel wird aus zehn oder zwölf großen Goldfasantoppings gebunden, wobei an jeder Seite ein Segment des Goldfasanstoßes befestigt wird. Die Fühler sind lang und sie bestehen aus vier blau-gelben Macawfibern. Die Fliege wird mit einem Kopf aus gelber Seehundwolle beendet.

Fitzgibbon überliefert auch, daß die Fliege durch das Einfügen einer weißen Hahnenhechel, die rot, gelb und blau gefärbt wird, modifiziert werden kann. Das Färben geschieht durch das Einwachsen eines Federabschnittes, während der andere gefärbt wird.

Sherbrook

Mixed Wing, W. Garden, spätes 19. Jahrhundert.
Muster wie von Dr. T. E. Pryce-Tannatt.

Tag: Silberfaden und zitronenfarbenes Floss
Tail: Ein Topping und Indian Crow
Body: Das erste Drittel aus blaßorangem Floss; der Rest aus blaßblauem Floss
Ribs: Silbernes Ovaltinsel
Throat: Eine blaßblaue Hechel
Wings: Gemischtes Tippet in Fibern; verhakte Fibern vom gelben, weißen, karminroten und blauen Schwan, Goldfasanstoß, Florican und von der Pfauenschwungfeder; verhakte schmale Segmente der gebänderten Carolina-Brautente und der Spießente; schmale Streifen vom braunen Mallard darüber; über alles ein Topping
Horns: Blauer und gelber Macaw
Head: Schwarz

Die Sherbrook ist eine der Lachsfliegen, die schon fast ganz vergessen waren. Ihr wurde durch Dr. T. E. Pryce-Tannatts Buch «How to Dress Salmon Flies» (1914) zu neuem Ruhm verholfen. Pryce-Tannatt widerstrebten die Beschreibungen alter, eher einfacherer Lachsfliegen. Er war ein Mann, der Fliegen mit komplizierten Flügeln vorzog, und es war für ihn ein Spiel, einen Flügel durch das Hinzufügen verschiedener Teile komplizierter zu gestalten. Beispiele hierfür sind seine Versionen der Jock Scott, der Butcher und der Popham. Pryce-Tannatts Lachsfliegen enthalten in den Flügeln oft mehr verschiedenfarbige Schwansegmente als andere Lachsfliegen, die Sherbrook ist hierfür ein gutes Beispiel. Im zwanzig Jahre zuvor von Kelson in seinem Buch «The Salmon Fly» festgehaltenen Muster ist die Sherbrook eine Fliege mit einem relativ einfach gestalteten Flügel, der nur wenige Schwansegmente enthält. Pryce-Tannatt, der letzte der großen, klassischen Bindeautoren, hielt sehr viel von Hakenösen aus Darmsaite. Die meisten Fliegenbinder stiegen noch vor der Jahrhundertwende auf Haken mit Stahlösen um. Obwohl Pryce-Tannatt sein Buch «How to Dress Salmon Flies» erst 1914 schrieb, stellt er auf seinen Abbildungen nur auf Haken mit Ösen aus Darmsaite gebundene Fliegen vor. Diese Fliegen waren keine bloßen Ausstellungsstükke, sondern sie waren zum Fischen bestimmt.

Kelson schreibt von der Sherbrook, daß sie ein ausgezeichnetes Sommermuster am Dee ist und daß sie ebenfalls am Breamar beste Ergebnisse erzielt. Wie bereits erwähnt, sieht Kelson Sherbrook einfacher aus als die von Pryce-Tannatt vorgezogene Version. Hardy und Hale ziehen auch dieses ältere Muster vor und ihr Tag ist aus Silbertwist und dunkelgelbem Silk. An Kelsons Fliege kommt ein Butt aus schwarzer Straußenfiber. Der Körper besteht zu einem Drittel aus dunkelgelbem und der Rest aus hellblauem Silk. Der Körper wird nicht gehechelt, aber er wird mit dünnem ovalen und flachem Silbertinsel gerippt. Der Bart ist aus Pfeifente. Der Flügel ist eine recht einfache Konstruktion. Er besteht aus Bustard, dunkel gesprenkeltem Truthahn, Goldfasanstoß und darüber kommt ein Topping. Die Fühler sind nicht wie bei so vielen anderen Lachsfliegen aus Macaw, sondern aus scharlachrotem Ibis. Kelson vergißt das Kopfmaterial zu erwähnen, aber es handelte sich sehr wahrscheinlich um lackierte schwarze Bindeseide.

Silver Ardea

Mixed Wing, George M. Kelson, Ende des 19. Jahrhunderts.
Muster wie von George M. Kelson.

Tag: Silbertwist und gelbes Silk
Tail: Goldener Paradiesvogel
Body: Silbernes Flachtinsel
Ribs: Silbernes Ovaltinsel
Hackle: Eine sattrotweinrote Hechel (eine weiße Coch-y-Bondhu, die mit «Cardinal» 2288, Wolley & Co., Manchester, gefärbt wird)
Throat: Eine weiße Reiherhechel, die hellblau gefärbt wird
Wings: Ein zusammengesetzter Flügel; Pfauenschwungfeder, Bustard, Goldfasanstoß, schwarz und weiß gesprenkelter Truthahn, roter Macaw, gelb und blau gefärbter Schwan und ein Topping
Sides: Jungle Cock
Head: Black Ostrich Herl

Die Silver Ardea ist eines der von Kelson selbst entworfenen Muster. Für mich ist diese Fliege ein schönes Beispiel für die vielen eher unkonventionellen Fliegen, die in der viktorianischen Ära aufkamen. Ihr Bart aus einer gefärbten Reiherhechel ist unter den klassischen Lachsfliegen eher selten anzutreffen. Um einen sauberen Farbton zu erhalten, ist es notwendig, über reinweiße Reiherhecheln zu verfügen. Diese Federn lassen sich nur an den ganz weißen Silberreihern finden, die viel seltenere Vögel als die gängigen Schwarz- und Graureiher sind. Ein gewisses Maß an Geschick war auch erforderlich, um diese empfindlichen Reiherhecheln zu färben. Kelson schreibt in seinem Buch «The Salmon Fly» (1895) über die Silver Ardea, daß sie die einzige alte Standardfliege ist, die einen silbernen Körper hat, über den eine lange Hechel hängt. Er überliefert ebenfalls das Muster einer Version, die er die Black Ardea nennt. Der Körper ist der einzige Unterschied zu ihrer Verwandten, er ist aus schwarzem Floss.

Der Schwanz dieser Fliege sollte aus goldenem Federmaterial des Paradiesvogels gebunden werden. Kelson schreibt, daß die kleinen orangen Halsfedern dieses Vogels die mit Abstand besten Hecheln darstellen. Sie bewegen sich gut im Wasser, verblassen nicht und sind, trotz ihrer dünnen Spitzen, sehr haltbar. Die Feder dieses kleinen, schönen Vogels mit orangem Hals, der aus Neu-Guinea stammt, waren Kelsons Lieblingsfedern zum Binden von klassischen Lachsfliegen. Trotzdem verwendete er diese Federn nur selten, da sie scheinbar auch damals nur sehr schwer zu erhalten waren.

John James Hardy und J. H. Hale waren beide sehr von Kelson beeinflußt, und sie haben beide seine Silver Ardea in ihre Bücher aufgenommen. Ihre Muster stimmen mit dem Originalmuster überein, allerdings binden beide den Kopf ihrer Fliege aus Bindeseide.

Silver Doctor

Mixed Wing, James Wright, 1850.
Muster wie von George M. Kelson.

Tag: Silbertwist und gelbes Silk
Tail: Ein Topping
Butt: Scharlachrote Wolle
Body: Silbertinsel
Ribs: Silbernes Ovaltinsel
Throat: Eine blaue Hechel und Perlhuhn
Wings: Tippetfibern, Carolina-Brautente, Spießente, Goldfasanstoß, hellgelb und hellblau gefärbter Schwan, Bustard, Mallard und ein Topping
Horns: Blauer Macaw
Head: Scharlachrote Wolle

Die Silver Doctor und ihre Verwandte, die Helmsdale Doctor, sind die einzigen Doctor-Fliegen mit einem silbernen Körper. Diese Silberkörperschönheit war für Kelson eine Fliege, mit welcher man überall auf den britischen Inseln erfolgreich fischen konnte. Sie gehörte auch zu jenen Fliegen, die die Engländer schon sehr früh nach Norwegen und Kanada mitnahmen. Bis heute blieb sie bei den norwegischen Anglern beliebt und auf der ganzen Welt werden heutzutage mit ihrer klassischen und modernen Version Lachse gefangen. Mr. Wright, der Erfinder dieser Fliege, band sie fast so wie Kelson. Er fügte im Schwanz eine kleine Chattererfeder mit ein, um diesen ein wenig violett erscheinen zu lassen.

Die Silver Doctor gehört auch zu den von Francis Francis empfohlenen Fliegen. Er überliefert ein Muster, das ein wenig einfacher ist als jenes von Wright. Für ihn war es ein ausgezeichnetes Standardmuster, das mit einem Tag aus Silbertinsel und einem Schwanz aus einem Goldfasantopping gebunden werden sollte. Der Butt sollte aus roter Crewelwolle und der Körper aus Silbertinsel sein. Er wird mit einer mittelblauen Hahnenhechel versehen und eine Rippung fehlt. Eine braune Hahnenhechel wird um die Schulter gedreht und eine kleine Perlhuhnfeder wird als Bart eingebunden. Der Flügel ist recht einfach, und er besteht hauptsächlich aus Spießente. Einige rote und blaue Fibern werden hinzugefügt, sowie zwei Toppings, und der Kopf wird aus derselben roten Crewelwolle hergestellt wie der Butt. Für Francis Francis bindet man so eine wirklich schöne Silver Doctor.

Eine andere Version der Silver Doctor findet man unter den Fliegen, die Francis Francis für den schottischen Lachsfluß Tweed empfohlen hat. Hier wurde die Silver Doctor mit einem schwarzen Butt und einem ebensolchen Kopf gebunden. Der silberne Körper wurde bei dieser Version mit einer silbergrauen Dunhechel vom Kuckuck versehen, und der Bart wurde aus einer kleinen Krickentenfeder gebunden. Der Flügel dieser Tweed-Fliege war ein bißchen grauer als der des Originals. Er bestand aus Mallard, Wood Duck und Bustard, sowie aus einigen Fibern vom Goldfasanstoß. Später gingen die Lachsangler des Tweed wieder dazu über, die Silver Doctor mit rotem Butt und rotem Kopf sowie mit einer blauen Hechel zu binden. Es blieb allerdings der vom Original abweichende Flügel an den Ufern des Tweed.

Sir Herbert Maxwell erzählt, daß die Silver Doctor eine der Standardfliegen am Tweed war, aber auch an anderen berühmten britischen Lachsflüssen. Er hebt allerdings hervor, daß bei dieser Fliege, wie auch bei anderen Mustern mit einer Hechel über einen Tinselkörper, der freiliegende Hechelkiel leicht von den scharfen, kleinen Lachszähnen durchgetrennt werden kann.

Im Gegensatz zu Kelson verwendet er Silberdraht im Tag und im Schwanz fügt er eine Indian Crow-Feder hinzu. Es fehlt der rote Butt, und die Hechel seiner «Doctor» ist eine himmelblaue Hahnenhechel. Über die Schulter kommt blauer Eichelhäher.

Maxwells Flügel enthält Segmente vom Goldfasanstoß, grauen Truthahn und auffällige Federfahnen der Spießente. Ein goldgelbes Topping wird über den Flügel gebunden. Der Kopf besteht aus scharlachroter Wolle.

Dr. T. E. Pryce-Tannatt findet, daß die Silver Doctor ohne Körperhechel gebunden werden sollte und außer dem Flügel unterscheidet sich sein Muster nur wenig von dem Wrights. Er verwendet denselben Flügel wie bei seiner Black Doctor und Blue Doctor, das heißt, einen zusammengesetzten Flügel, der zunächst aus Goldfasantippet und Goldfasanstoß besteht, worauf verhakte Segmente vom scharlachroten, blauen und gelben Schwan, Florican, Bustard, von der Pfauenschwungfeder und vom hell gesprenkelten Truthahnstoß folgen. Darüber kommen verhakte Segmente der Krickente und der gebänderten Carolina-Brautente, und das Dach bilden zwei schmale Segmente vom braunen Mallard und ein Goldfasantopping. Der Kopf ist wie bei den meisten Versionen der Silver Doctor aus scharlachroter Wolle.

Eines der weniger bekannten Mitglieder der Doctor-Familie ist die White Doctor. Dies ist eine der wenigen Lachsfliegen, deren Körper aus weißem Floss besteht. Trotz der Tatsache, daß diese Fliege nie besonders beliebt wurde, ist es eine schöne Fliege, und sie hat sicherlich schon viele gute Lachse gefangen. Hardy und Hale haben sie in ihre Sammlungen klassischer Lachsfliegen aufgenommen und zwar mit folgendem Muster. Tag: Silbertinsel und gelbes Floss. Tail: ein Topping. Butt: scharlachrote Wolle. Body: weißes Floss. Ribs: Silbertinsel. Hackle: eine hellblaue Hahnenhechel. Throat: blauer Eichelhäher. Wings: rote Brustfedern des Goldfasans, gelber, roter, blauer und grüner Schwan, Goldfasanstoß, Pfauenschwungfeder, Mallard und ein Topping. Sides: Segmente einer Perlhuhnschwungfeder. Cheeks: Chatterer. Horns: blauer Macaw. In Übereinstimmung mit den anderen Doctor-Fliegen wird die White Doctor mit einem Kopf aus scharlachroter Wolle beendet.

Die Doctor-Fliegen gehören zu jenen klassischen Lachsfliegen, die bis heute beliebt geblieben sind. Dieses Beispiel einer Silver Doctor stammt aus George M. Kelsons Buch «The Salmon Fly» (1895).

Silver Grey

Mixed Wing, James Wright, 1850.
Muster wie von George M. Kelson.

Tag: Silbertinsel und gelbes Silk
Tail: Ein Topping, zwei Fibern blauer Macaw und gebänderte Carolina-Brautente
Butt: Schwarze Fiber
Body: Silbernes Flachtinsel
Ribs: Silbernes Ovaltinsel
Hackle: Eine silberne Coch-y-Bondhu-Hechel entlang des Körpers
Throat: Pfeifente
Wings: Goldfasantippet und Stoß in Fibern, Bustard, gelber Schwan, Diamantfasan, Perlhuhn, mattblauer Macaw, Mallard, grauer Mallard und ein Topping
Horns: Blauer Macaw
Sides: Jungle Cock
Head: Schwarze Berlin Wool

Die Silver Grey ist ein altes Standardmuster und wahrscheinlich die beliebteste Lachsfliege mit einem Tinselkörper. James Wright, der Erfinder der Silver Grey und vieler anderer der nun klassischen Lachsfliegen, war ein sehr geschickter Fliegenbinder. Anläßlich der Weltausstellung wurde er 1862 mit einer Medaille für seine eleganten Fliegen ausgezeichnet, und 1882 gewann er bei der «Fisheries Exhibition» zwei Goldmedaillen für sein außergewöhnliches fliegenbinderisches Geschick.

Der Flügel unterscheidet die Silver Grey von Hardy und Hale von der von Kelson vorgestellten. Der von diesen beiden Herren dargebotene Flügel sieht folgendermaßen aus: zunächst Goldfasantippetfibern und dann verhakte Segmente vom Goldfasanstoß, Bustard, gelb, blau und grün gefärbten Schwan, Perlhuhn, von der Carolina-Brautente, vom grauen Mallard und vom Mallard. Die Seitenfedern, Fühler und der Kopf stimmen mit denen von Kelson empfohlenen überein.

William Blacker stellt in seinem Buch «Fly Making, Angling & Dyeing» (1855) unter der Nr. 6 der Lachsfliegen eine Fliege vor, die er als eine Silver Grey Fly bezeichnet. Diese Fliege sollte nicht wirklich als eine Silver Grey betrachtet werden, sie ist vielmehr ein ähnlicher Vorläufer. Blackers Musterbeschreibungen waren recht konfus, aber dieses Muster ist eine kleine Ausnahme. Tag: silbernes und oranges Floss. Tail: ein Topping, roter und blauer Macaw und Perlhuhnweibchen. Body: blasses, silbernes Affenhaar, das mit breitem Silbertinsel gerippt wird. Hackle: eine echte Dunhahnenhechel mit einem leichten, gelblich gesprenkelten Farbton. Throat: ein wenig oranges Mohair und eine sattorange Hechel, die durch eine weinrote oder eine feuerbraune Hechel ersetzt werden kann. Wings: Goldfasanstoß, gemischt mit Mallard, rotem Macaw, blauen und gelben Körperfedern vom Macaw, Perlhuhnweibchen und Goldfasanhalsfedern (Topping). Horns: blauer und gelber Macaw. Head: schwarz.

Die Silver Grey von Pryce-Tannatt unterscheidet sich in verschiedenen Punkten von dem von Kelson empfohlenen Muster. Bei Pryce-Tannatts Fliege fehlt der Macaw im Schwanz und der Flügel wird ein wenig anders aufgebaut. Er besteht aus einigen Goldfasantippetfibern und aus verhakten Segmenten von weißem, gelbem und grünem Schwan, vom Bustard, Florican, Goldfasanstoß, von der Spießente, der gebänderten Wood Duck und vom Mallard. Über den Flügel kommt noch ein Topping. Pryce-Tannatt beendet seine Fliege mit denselben Seitenfedern, Fühlern und demselben Kopf wie Kelson.

Silver Secretary

Mixed Wing, Sir Herbert Maxwell, Mitte des 19. Jahrhunderts.
Muster wie von Sir Herbert Maxwell.

Tag: Golddraht
Tail: Ein oder zwei Toppings, sowie ein kleines Büschel scharlachroter Ibis oder gefärbter Schwan
Body: Silbertinsel
Ribs: Dickes Silbertwist
Hackle: Eine navyblaue Hahnenhechel entlang des Körpers und eine Perlhuhnhechel an der Schulter
Wings: Zwei lange Jungle Cock-Federn, gedoppelt mit zwei kürzeren. Segmente vom Truthahn (mit brauner Wurzel, schwarzer Bänderung und weißer Spitze), satt gefärbten Bustard und Fibern vom scharlachrot, grün und lavendelfarben gefärbten Schwan; darüber ein Topping
Horns: Blauer Macaw
Head: Schwarzes Chenille

Die Silver Secretary ist eine der vielen relativ unbekannten klassischen Lachsfliegen. Sie ist allerdings eine der ersten Fliegen mit einem silbernen Körper, und mit ihrer recht unauffälligen Erscheinung ist sie sicherlich eine lohnenswerte Alternative zu den berühmteren silbernen Fliegen. Sir Herbert Maxwell ist der einzige der klassischen Bindeautoren, der diese schöne Fliege erwähnt. In seinem Buch «Salmon and Seatrout» (1898) schreibt Maxwell, warum er diese Fliege in seine Sammlung aufgenommen hat. Er tat dies, da es ihm eines Tages im Jahre 1867 gelang, mit ihrer Hilfe sieben Lachse aus dem Tyne zu fangen und dies alles in nur kurzer Zeit. Francis Francis schreibt vom Tyne, daß dieser Fluß früher zu den besten Lachsflüssen Englands zählte, dieser Fluß aber sehr unter der Netzfischerei zu leiden hatte und daß sein Lachsbestand dabei wäre, sich sehr zu verschlechtern. In seinem Buch «A Book on Angling» (1867) beschreibt er vier unbenannte, ebenfalls für den Tyne gedachte Fliegen. Unter diesen Fliegen befindet sich noch eine andere mit einem silbernen Körper. Dieses Muster erhielt er von Mr. Robson aus Hexham. Das Muster sieht folgendermaßen aus. Tag: Silbertinsel und mittelblaues Floss. Tail: ein wenig Krickente. Butt: black Ostrich Herl. Body: zwei Windungen goldgelbes Floss und der Rest aus purpur-weinroter Pig's Wool. Ribs: Silbertinsel. Throat: eine orange Hechel mit Perlhuhn darüber. Wings: brauner Mallard und Krickente. Cheeks: kurze Jungle Cock-Federn. Head: schwarz.

Maxwell überliefert ebenfalls, daß die Silver Secretary sehr wahrscheinlich die erste Fliege mit einem silbernen Körper war, die an diesem Fluß gefischt wurde.

Silver Test

Mixed Wing, Mr. Basil Field, Ende des 19. Jahrhunderts.
Muster wie von George M. Kelson.

Tag: Silbertwist
Tail: Ein Topping sowie ein dunkles Topping vom Impeyan-Fasan
Butt: Black Ostrich Herl
Body: Silbertinsel
Ribs: Dünnes, goldenes Lace
Throat: Roter Tukan (Unterstoß) und blau gefärbtes Perlhuhn
Wings: Zwei Federfahnen vom Tippet, Goldfasanstoß, von der Krickente, vom Mallard; über den Flügel kommt ein Topping
Cheeks: Chatterer
Head: Black Ostrich Herl

Die Silver Test gehört nicht zu den besser bekannten klassischen Lachsfliegen. Kelson hat sie in seine Sammlung als eines seiner allgemeinen Standardmuster aufgenommen, und er erzählt, daß diese Fliege in den nördlichen Gegenden Großbritanniens gut bekannt war. Er hielt sie für eine der besten Fliegen für einen schottischen Fluß, den Test. Daher stammt wahrscheinlich auch ihr Name, da sie sicherlich ursprünglich eine unbenannte lokale Fliege mit silbernem Körper für dieses Gewässer war. Sie stellte sich als erfolgreich heraus, verbreitete sich unter den Anglern dieses Flusses und wurde so als die Silver Test bekannt. Die Silver Test ist eines der Muster von Mr. Basil Field. Kelson hat in sein Buch «The Salmon Fly» (1895) zwei Muster von diesem Mann aufgenommen. Das andere Muster ist die Kendle. Von diesen beiden zog Kelson es vor, mit der Kendle zu fischen. Es ist ungewiß, ob Kelson die Silver Test verwendet oder ob er mit ihr etwas gefangen hat, allerdings ist die Annahme berechtigt, daß Kelson sehr wahrscheinlich mit allen von ihm vorgestellten Mustern auch wirklich gefischt hat.

Der Fluß Test, von welchem diese Fliege stammt, ist ein äußerst bekanntes Gewässer. Dies liegt nicht an der Lachsfischerei, sondern an den ausgezeichneten Möglichkeiten, die seine oberen Strecken für das Trockenfliegenfischen auf Forelle bieten. Francis Francis, der die meisten Lachsflüsse Großbritanniens in seinem Buch «A Book on Angling» (1867) zusammengefaßt hat und gleichzeitig die am jeweiligen Gewässer erfolgversprechenden Fliegen vorstellt, erwähnt den Test noch nicht einmal, und dies ist natürlich auch der Grund, warum er kein Muster der Silver Test in sein Werk aufgenommen hat.

Mr. W. Earl Hodgson beschreibt in seinem Buch «Salmon Fishing» (1906) einige der Probleme, auf die man beim Lachsfischen im Test stößt. Er erwähnt hierbei Unterwasserpflanzen, Hindernisse und die Netzfischerei; dies sind alles Probleme, die den heutigen Lachsanglern nur allzu gegenwärtig sind. In seine Sammlung hat er auch eine Silver Test aufgenommen, und zwar eine von Malloch aus Perth gebundene Fliege. Diese unterscheidet sich nur wenig von Kelsons Fliege. Im Schwanz von Mallochs Version fehlt die unübliche Feder vom Impeyan-Fasan, statt dessen verwendet er eine kleine rotorange Feder vom Tukan, die zusammen mit einem Topping eingebunden wird. Die Rippung dieser Version ist aus goldenem Ovaltinsel. Malloch beendet seine Fliege mit einem Kopf aus schwarzer Bindeseide, aber ich halte Kelsons Kopf aus schwarzer Straußenfiber für eleganter. Dies ist natürlich eine rein ästhetische Betrachtung. Lachse zeigen für ein solch kleines Detail überhaupt kein Interesse.

Silver Wilkinson

Mixed Wing, Mr. P. S. Wilkinson, 1845.
Muster wie von John J. Hardy.

Tag: Silbertinsel
Tail: Ein Topping und Tippet
Butt: Scharlachrote Wolle
Body: Silbertinsel
Ribs: Silbertinsel
Throat: Eine blaue und eine magentafarbene Hechel
Wings: Zwei Jungle Cock-Federn, die mit Wood Duck und rotem Schwan geveiled werden; ein Topping und darüber eine kleine Tippetfeder
Cheeks: Jungle Cock
Horns: Blauer Macaw
Head: Schwarze Fiber

Die Silver Wilkinson ist eine nahe Verwandte der Wilkinson. Was diese beiden Fliegen hauptsächlich voneinander unterscheidet, ist der Aufbau des Flügels. Die Silver Doctor ist eine weitere Fliege, die der Silver Wilkinson ähnlich ist, aber durch den magentafarbenen Bart lassen sich die beiden gut voneinander unterscheiden.

Den wirklichen Erfinder der Silver Wilkinson herauszufinden, ist nicht leicht. William Henderson aus Durham, der Erfinder der ersten Durham Ranger, beauftragte 1843 den Lachsfliegenbinder James Wright damit, eine Fliege zu binden, deren Flügel aus Goldfasanschopf, grauem Mallard und blauem Chatterer besteht. Der Körper sollte aus weißem Silk gebunden werden. Dies war vielleicht der erste Versuch, eine Silver Wilkinson zu binden. Einige Jahre nachdem James Wright diese Fliege für Mr. Henderson gebunden hatte, entwarfen Canon William Greenwell (der dafür bekannt ist, der berühmten Forellenfliege «Greenwell's Glory» seinen Namen verliehen zu haben) und Mr. P. S. Wilkinson zwei verschiedene Fliegen mit silbernen Körpern. Diese Fliegen hatten nur wenig miteinander gemeinsam. Wie dem auch sei, es setzte sich Mr. Wilkinsons Name als Bezeichnung der Silver Wilkinson durch. Major J. H. Hale stimmt mit Hardy darin überein, wie die Silver Wilkinson gebunden werden sollte («How to Tie Salmon Flies», 1892).

Dr. T. E. Pryce-Tannatt war der Meinung, daß nur wenige Binder, die die Silver Wilkinson banden, sich über die Bindeweise einig waren. Dies kann auch von vielen anderen Mustern behauptet werden. Pryce-Tannatt verglich die Silver Wilkinson mit einer Silver Doctor, der ein Bart aus einer magentafarbenen Hechel gegeben und deren Außenseite mit ein wenig Pfeifente versehen wird. Bei der Silver Wilkinson fehlt auch der rote Kopf der Silver Doctor, und manchmal wird in den Schwanz der Silver Wilkinson sowohl Indian Crow als auch blauer Chatterer eingefügt. Pryce-Tannatt empfiehlt Wangenfedern aus rotem Indian Crow und blauem Chatterer.

Sir Francis Sykes

Mixed Wing, Farlow, Mitte des 19. Jahrhunderts.
Muster wie von Sir Herbert Maxwell.

Tag: Silberdraht und sattblaues Floss
Tail: Ein Topping, Fibern der Krickente und eine blaue Feder vom Chatterer
Body: Zimtfarbenes Mohair
Rib: Silbernes Flachtinsel
Hackle: Eine goldbraune Hahnenhechel über dem Körper und an der Schulter
Wings: Tippetfibern (bei großen Fliegen kann auch eine ganze Tippetfeder eingefügt werden), Segmente vom Goldfasanstoß, Bustard, gelb, blau, grün und scharlachrot gefärbten Schwan; Segmente der Wood Duck darüber
Head: Scharlachrotes Kammgarn (Worsted)

Die Sir Francis Sykes gehört zu den schon fast vergessenen alten, klassischen Lachsfliegen. Maxwell behauptet von dieser Fliege, daß sie, obwohl sie nicht zu den gängigen Fliegen gehört, in allen Größen ungewöhnlich attraktiv ist.

Francis Francis empfiehlt diese Fliege für den kleinen Lachsfluß Thurso, den er als einen der besten schottischen Frühjahrsflüsse betrachtete. Obwohl es kein großer Fluß ist, ist der Thurso sehr produktiv und Francis Francis zufolge auch recht langweilig. Dies liegt daran, daß dieser Fluß durch freie Landschaft zieht und die Ufervegetation fehlt. Gefischt wird von den hohen Ufern aus, ohne waten zu müssen, was den Fluß recht leicht befischbar macht. Er schreibt, daß es ein guter Fluß für Anfänger ist, da sie hier trotz ihrer fehlenden Erfahrung gute Ergebnisse erzielen können. Thursofliegen sollten größere sein, nicht so groß wie am Dee oder Tay, aber auch nicht so klein wie am Ness. Francis Francis überliefert uns fünf Muster für den Thurso. Keines dieser Muster zählt zu den berühmten Lachsfliegen und das Muster der Sir Francis Sykes, das er vorstellt, unterscheidet sich nur wenig von dem von Maxwell. Der Tag von Francis Francis ist aus Silbertwist und blauer Flockseide. Der Schwanz enthält ein Topping, einige Krickentenfibern sowie blauen Macaw. Der Körper ist zimtfarben. Er sagt nicht, welches Material er verwendete, aber es war wahrscheinlich Mohair. Die Hechel sollte so wie der Körper gefärbt sein. Die Rippung besteht aus doppeltem Silbertwist. Sein Flügel ähnelt dem von Maxwell. Er besteht aus Goldfasanstoß, Bustard, Tippet, Wood Duck, blau, rot, gelb und grün gefärbtem Schwan. Der Kopf sollte rot sein, allerdings vergißt er, uns zu sagen, welches Material zu verwenden ist. Sehr wahrscheinlich wird er mit roter Berlin Wool oder einer anderen roten Wolle aufgebaut. Die Sir Francis Sykes scheint zu jenen klassischen Lachsfliegen zu gehören, die definitiv in Vergessenheit geraten sind. Ich selbst habe sie bisher an keinem Lachsfluß angetroffen.

Sir Herbert

Whole Feather Wing, spätes 19. Jahrhundert.
Muster wie von Sir Herbert Maxwell.

Tag und Body: Alles eins, aus Goldtinsel, das mit Goldtwist gerippt wird
Tail: Ein Topping und Indian Crow
Hackle: Eine goldfarbene Hahnenhechel entlang des Körpers. Das vorderste Viertel des Körpers besteht aus scharlachrotem Mohair, das gut gezupft wird, und über die Schulter kommt eine karminrote Hechel
Wings: Zwei Tippetfedern, eher lang, darüber ein Paar kürzere Jungle Cock-Federn sowie Segmente vom Goldfasanstoß, weiß und scharlachrot gefärbten Schwan und ein etwas größeres Segment von der Wood Duck. Einige Fibern smaragdfarbenen Pfaues; über alles ein Topping
Cheeks: Blauer Chatterer
Horns: Roter Macaw
Head: Schwarzes oder grünes Chenille

Es wird behauptet, daß Sir Herbert von dieser Fliege, die seinen Namen trägt, gesagt haben soll, daß es die einzige Fliege mit einem goldenen Körper ist, mit der er ein wenig Erfahrung gehabt hatte. Er empfahl sie für die meisten britischen Lachsflüsse und betrachtete sie als ein Muster, das in allen Größen gut fischt. Maxwell schrieb ebenfalls über die Sir Herbert, daß die karminrote Hechel über der Schulter aus scharlachrotem Mohair diesem «Insekt» seine natürliche Erscheinung verlieh.

Unter den alten Meistern ist Maxwell der einzige, der dünnes Chenille als Kopfmaterial empfiehlt. Die üblichsten Methoden waren, die Fliegen mit einem Kopf aus schwarzer Bindeseide, Berlin Wool oder schwarzer Straußenfiber zu beenden.

Kelsons Beschreibung der Sir Herbert stimmt nicht vollständig mit der, die Sir Herbert Maxwell selbst überliefert, überein. Bis zum Binden des Flügels unterscheidet sie lediglich das Hinzufügen von goldenem Silk im Tag und das Einbinden eines Butts aus Pfauenfiber. Der Flügel von Kelsons Version sieht folgendermaßen aus. Zwei Goldfasantippets (Rücken an Rücken), die so eingebunden werden, daß sie sich an den Spitzen deutlich berühren und an der Wurzel voneinander getrennt sind. Dann kommen verhakte Segmente vom Bustard, hellblau und rosa gefärbten Schwan und vom braun gesprenkelten Truthahn mit weißen Spitzen hinzu. Darüber werden einige Pfauenfibern und ein Goldfasantopping gebunden. Die Seitenfedern bestehen entweder aus Jungle Cock-Federn oder aus Segmenten aus den Brustfedern der Carolina-Brautente. Die Fühler sind dieselben wie in Maxwells Version, d.h. aus Fibern von der Stoßfeder vom roten Macaw. Die Sir Herbert in Kelsons Version wird mit einem kleinen, zarten Kopf aus Pfauenfiber beendet. Hardy und Hale beschreiben in ihren Werken dasselbe Muster wie Kelson.

Dr. T. E. Pryce-Tannatts Beschreibung ähnelt eher der von Kelson als der von Maxwell. Dieses Muster stellt er in seinem Buch «How to Dress Salmon Flies» (1914) vor. Tag: Silberfaden und helloranges Floss. Tail: ein Topping und Indian Crow. Body: die ersten 3/4 des Körpers aus goldenem Flachtinsel; der Rest aus scharlachroter Seehundwolle. Ribs: dünnes, silbernes Ovaltinsel. Hackle: eine hellorange Hechel. Throat: eine karminrote Hechel oder eine Brustfeder des Goldfasans. Wings: ein Paar Tippets (Rücken an Rücken), geveiled mit verhakten Fibern vom Bustard, blau und karminrot gefärbten Schwan, hell gesprenkelten Truthahnstoß und Goldfasanstoß; Pfauenfibern darüber. Sides: Jungle Cock und ein Goldfasantopping über dem Flügel. Die Fliege wird mit Fühlern aus rotem Macaw und einem Kopf aus Pfauenfiber beendet.

Sir Richard

Mixed Wing, Rycroft, spätes 19. Jahrhundert.
Muster wie von George M. Kelson.

Tag: Silbertwist und oranges Silk
Tail: Ein Topping und Indian Crow
Butt: Schwarze Fiber
Body: Schwarzes Silk
Ribs: Silbertinsel und dünnes Ovaltinsel
Throat: Perlhuhn und Eichelhäher
Wings: Dunkel gesprenkelter Truthahn, Goldfasanstoß, Pfauenschwungfeder, Parrot (grün), Ibis, Mallard und über alles ein Topping
Horns: Blauer Macaw
Cheeks: Chatterer
Head: Schwarze Wolle

Die Sir Richard ist eine der klassischen Lachsfliegen, über die wir nur wenig wissen. Sie kann in den meisten bedeutenden Werken zu diesem Thema gefunden werden, allerdings wird meistens lediglich ihr Muster erwähnt und selten, wenn überhaupt, wo und wann sie verwendet wurde. Kelson schreibt in seinem Buch «The Salmon Fly» (1895), daß die Sir Richard eine Standardfliege ist, die man an den meisten Lachsflüssen mit guten Erfolgschancen einsetzen kann.

Francis Francis hat die Sir Richard unter jene Fliegen aufgenommen, die er für den schottischen Lachsfluß Tweed empfiehlt. Tweedfliegen wurden oft in relativ kleinen Größen gebunden und waren meist recht farbenfroh. Andere Fliegen, die Francis Francis für den Tweed empfiehlt, sind unter anderem die Durham Ranger, die Jock Scott und die Wilkinson. Sein Muster der Sir Richard unterscheidet sich erheblich von dem Kelsons. Lediglich Butt, Körper und Bart stimmen überein. Tag: Silberfaden und goldenes Floss. Tail: ein Topping und ein kurzer Tippetstummel. Butt: black Ostrich Herl. Body: schwarzes Floss. Rib: breites Silbertinsel und Silberfaden. Shoulder: eine Perlhuhnhechel mit blauem Eichelhäher darüber (keine Körperhechel). Wings: ein zusammengesetzter Flügel aus Tippet, Bustard, Wood Duck, Spießente, blauem und rotem Macaw, ein wenig Goldfasanstoß und schwarzem Rebhuhn; über alles kommt ein Topping. Head: schwarz.

Hardys und Hales Muster unterscheidet sich darin von dem Kelsons, daß sie ihre Rippung aus silbernem Ovaltinsel binden.

Sir Herbert Maxwell schreibt von der Sir Richard, daß dies eine Fliege war, die sich stets zunehmender Beliebtheit erfreute. Maxwell band seine Sir Richard folgendermaßen. Tag: Silbertinsel. Tail: ein Topping, ein wenig Wood Duck sowie ein Büschel scharlachroter Ibis. Butt: schwarzes Chenille. Body: schwarzes Floss, das mit breitem Silbertinsel und Silbertwist Seite an Seite gerippt wird. Hackle: Perlhuhn, das über das vordere Drittel des Körpers hinausreicht, blauer Eichelhäher an der Schulter. Wings: Bustard und brauner Mallard mit Streifen von grün, rot und gelb gefärbtem Schwan. Die Wangenfedern sind aus blauem Chatterer. Ein Topping darüber; Fühler aus blauem Macaw. Head: schwarzes Chenille. Pryce-Tannatts Sir Richard ist mit jener von Kelson ähnlich. Bis zum Flügel unterscheidet die beiden nur das Fehlen vom Bart aus blauem Eichelhäher. Wie so oft, ist Pryce-Tannatts Flügel komplizierter. Wings: zusammengesetzt aus verhakten Segmenten vom scharlachrot, orange und blau gefärbten Schwan, Bustard, Florican, grau gesprenkelten Truthahnstoß, Goldfasanstoß und zwei kurze Federfahnen aus der Schwungfeder des Perlhuhns darüber. Pryce-Tannatt beendet seine Fliege wie Kelson.

Smith

Mixed Wing, frühes 19. Jahrhundert.
Muster wie von George M. Kelson.

Tag: Silbertwist und gelbes Silk
Tail: Ein Topping und Indian Crow
Butt: Eine gelbe Hechel
Body: Drei gleich große Abschnitte aus silbernem Ovaltinsel: der erste wird mit einer roten Hechel gebutted, der zweite mit einer hellblauen Hechel und der dritte (oder der Bart) mit einer Perlhuhnhechel
Wings: Zwei Federfahnen aus der Schwertfeder des Goldfasans (Rücken an Rücken), grau gesprenkelter Truthahn, Bustard, Goldfasanstoß, blau, gelb und rot gefärbter Schwan; darüber ein Topping
Sides: Jungle Cock
Head: Schwarz

Kelson zufolge ist die Smith eine der ältesten Fliegen für den berühmten schottischen Lachsfluß Tay. Er schreibt, daß diese Fliege unglücklicherweise so alt ist, daß ihr Originalmuster vergessen wurde. Das Muster, das ich mir ausgesucht habe, ist so wie das gängigste Muster, zu dem noch Seitenfedern aus Jungle Cock hinzugefügt werden. Diese Standardfliege überliefert Kelson in seinem Buch «The Salmon Fly» (1895), wobei er hervorhebt, daß es auch üblich war, diese Fliege mit einem Körper aus silbernem Flachtinsel aufzubauen und diesen dann mit silbernem Ovaltinsel zu rippen. Das Buch «Salmon Fishing» von Hardy und das Buch «How to Tie Salmon Flies» von Hale enthalten identische Muster der Smith, die in jedem Detail mit dem Kelsons übereinstimmen. Diese Muster sind ebenfalls mit Seitenfedern aus Jungle Cock versehen.

Maxwell hat die Smith nicht in sein Buch «Salmon and Seatrout» (1898) aufgenommen, aber er bezieht sich auf eine Fliege, die Gold Smith hieß. Man könnte annehmen, daß es sich hierbei um eine Version der Smith mit einem goldenen Körper handelt, aber dem ist nicht so. Die Gold Smith ist ein ganz anderes Lachsfliegenmuster, das für den Thurso bestimmt war und auf große Haken gebunden wurde. Maxwell zufolge war dieses Muster auch auf kleinen Haken erfolgreich. Die Fliege ist eher kompliziert und ähnelt der Shannon ein wenig.

Das von Maxwell überlieferte Muster sieht folgendermaßen aus. Tag: Silberdraht und goldenes Floss. Tail: ein Büschel oranges Mohair. Butt: schwarzes Chenille. Body: ein Drittel silberner Flachtwist, der Rest zur Hälfte jeweils aus sattgelbem und scharlachrotem Mohair, das gut gezupft wird. Rib: breites Silbertinsel. Hackle: eine scharlachrote Hechel an der Schulter und unter dem Flügel sowie eine gelbe Hechel über dem Flügel. Wing: zwei lange Jungle Cock-Federn, Segmente vom bronzefarbenen oder schwarzen Truthahn mit weißen Spitzen, Federfahnen vom braunen Truthahn, Bustard und vom scharlachrot gefärbten Schwan, zwei lange, gelb gefärbte Hahnenhecheln, Pfauenfibern und zwei Toppings darüber. Head: schwarz lackiert.

Snow Fly

Simple Strip Wing, Farlow, Mitte des 19. Jahrhunderts.
Muster wie bei Francis Francis.

Tag: Silbertinsel
Tail: Ein kleines Topping, Ibis und Wood Duck
Butt: Ein oder zwei Windungen schwarze Berlin Wool
Body: Vier Abschnitte, die aus stämmigem Silbertwist bestehen; an jedes Abschnittende wird ein Bausch aus Pig's Wool eingebunden und gut gezupft; der erste Bausch ist hellblau, der zweite ist mittelweinrot, der dritte ist orange und der vierte an der Schulter ist gelb und so herausgezupft, daß er nach einer Hechel verlangt
Throat: Eine kurze orange Hechel, deren Kiel gut von dem Butt des Flügels und vom Kopf verdeckt wird.
Wings: Drei oder vier ordentliche Federfahnen von dunklem, fast schwarzem Truthahn, mit hellen (nicht weißen) Spitzen; über alles kommt ein Topping
Head: Blaue Berlin Wool

Diese Fliege ist für die Lachse des kleinen schottischen Lachsflusses Garry bestimmt, der in den bekannten Loch Ness fließt. Verschiedene Muster werden als Snow Fly bezeichnet, das bekannteste hiervon ist wahrscheinlich die Beauly Snow Fly. Diese Fliege ist für die sehr frühe Lachsfischerei gedacht und sie soll auf große Einfachhaken gebunden werden. Die Snow Fly wird so gebunden, daß die Lachse, die nach dem Laichen verbleiben, die sogenannten «Kelts», die Fliege nicht mit ihren scharfen Zähnen beschädigen können. Die Schwachstellen einer Fliege sind normalerweise der Butt, der Kopf und auch die Rippung. Die Snow Fly hat einen robusten Wollbutt und Kopf, es fehlen an ihr die Rippung und die Hechel. Der Hechelkiel vom Bart wird durch den Flügelansatz geschützt und der Körper ist äußerst widerstandsfähig. Die Lachse können zwar in die Büschel aus Pig's Wool beißen, diese können aber sehr viel einstecken. Francis Francis überliefert, daß er mit dieser Fliege erstmals über Farlow in Kontakt kam, und daß es eine gute Fliege für das frühe Frühjahrsfischen und Winterfischen war. Des weiteren brachte sie zusätzlich zum Garry auch am Helmsdale gute Ergebnisse.

Für Sir Herbert Maxwell gab es keine besser geeignete Fliege als die Garry Snow Fly, wenn eine farbenreiche Fliege für frühzeitige Fischerei notwendig war und diese den scharfen Zähnen der Kelts widerstehen mußte. Die Farbe der Pig's Wool kann je nach Geschmack des Fliegenbinders oder nach äußeren Umständen variiert werden. Was Maxwells Muster von dem von Francis Francis unterscheidet, ist, daß Maxwells Fliege einen Butt aus schwarzem Chenille hat. Die hinteren beiden Büschel aus Pig's Wool sollten bei Maxwells Fliege sattblau und karminrot sein und der Flügel dieser Version kann aus beliebigem Federmaterial bestehen, Hauptsache, es ist lang genug für eine große Fliege. Segmente von gelb, rosa und grün gefärbtem Schwan werden ebenfalls eingebunden. Die Fliege wird mit einem Kopf aus schwarzem Chenille beendet. John James Hardys Buch und John Henry Hales Sammlungen enthalten auch Muster einer Fliege, die die Snow Fly genannt wird. Dieses Muster ist mit jenem von Francis Francis sehr verschieden und sollte wie folgt gebunden werden. Tag: Silbertinsel. Tail: ein Topping, Tippet und Ibis. Butt: black Ostrich Herl. Body: vier Abschnitte aus Silbertinsel mit Butts aus Berlin Wool in Rot, Weinrot, Blau und Gelb zwischen den Abschnitten. Throat: Krickente. Wing: Segmente vom gelb, rot und blau gefärbten Schwan, von der Pfauenschwungfeder, vom Bustard, Goldfasanstoß, Truthahn, Mallard und ein Topping über alles. Horns: blauer Macaw. Head: schwarz. Es ist deutlich, daß diese Fliege nicht mit dem Gedanken an die scharfen Zähne der Kelts entworfen wurde.

Spirit Fly

Topping Winged Fly, William Blacker, 1840 – 1850.
Muster wie von William Blacker.

Tag: Goldtinsel und purpurbraunes Silk
Tail: Zwei kleine Goldfasantoppings
Butt: Black Ostrich Herl
Body: Fünf Abschnitte, jeder Abschnitt mit einem Butt aus zwei Windungen Goldtinsel, worauf jeweils eine scharlachrote Hahnenhechel und eine schwarze Straußenfiber folgen (der Körper muß mit sehr dünnem Silk gebunden werden, damit er nicht klumpig erscheint, sondern spitz zuläuft; die Hechel sollte auf einer Seite gestreift werden)
Throat: Eine purpurne Hahnenhechel oder eine dunkelblaue
Wings: Sechs Goldfasantoppings, an jede Seite kommt eine breite Federfahne der Wood Duck; über alles kommt eine rote Schopffeder vom Himalaya-Fasan
Sides: Cock-of-the-Rock
Cheeks: Eine blaue Eisvogelfeder auf jeder Seite
Horns: Macaw (blau-gelb)
Head: Schwarz

Die Spirit Fly ist eine der schönen Fliegen von William Blacker. Blacker war ein echter Pionier in der Kunst des Fliegenbindens und in seinem Buch «Fly Making, Angling & Dyeing» (1855) stellt er die Muster und handgezeichnete Abbildungen von 15 frühen klassischen Lachsfliegen vor. Die meisten waren unbenannt, aber einige von ihnen stammen von bekannten lokalen Fliegen ab (siehe die Silver Grey und die Ballyshannon). Die folgenden Seiten stellen einige von Blackers Fliegen vor, und zwar seine Spirit-Fliegen. Die oben angeführte Spirit Fly erweckt, Blackers Worten zufolge, einen zarten, einfallsreichen und blütenartigen Eindruck. Diese Farben übten ihm zufolge eine enorme Anziehungskraft auf die Lachse aus. Die Spirit Fly ist eine Schwester der Ondine, die von Edward Fitzgibbon in seinem Buch «Book of the Salmon» (1850) vorgestellt wird.

Die Einleitung von Blackers Buch enthält folgenden Abschnitt: «Diese 15 Lachsfliegen können von meinen Lesern als Beispiele echter Perfektion betrachtet werden, für die großen Lachsfischer unserer Zeit sind dies die Spitzenmuster. Ihre Farbenkombination ist so gelungen, daß sie an den Flüssen Schottlands und Irlands als überaus mörderisch erkannt werden, sofern sie auf zum jeweiligen Muster passende Haken gebunden und zur richtigen Jahreszeit gefischt werden. Ich habe die größten denkbaren Anstrengungen auf mich genommen, um die richtigen Proportionen und das entsprechende Material herauszufinden. Der Amateur, der in seiner Freizeit versuchen wird, diese Fliegen nach ihren genauen Beschreibungen nachzubinden, wird dabei sehr viel Spaß haben. Wenn er aber seine Arbeit zu Ende gebracht hat, wird ihm seine Fliege in seinen Lachsfischeraugen als wunderbar vorkommen. Ihre lebensechte und schwimmende Erscheinung, wenn sie attraktiv mit der Rute und Schnur gearbeitet wird, wird die Lachse zum Verzweifeln bringen, sobald sie in ihrer Gefräßigkeit nach diesem vermeintlichen, lebenden Insekt steigen. Ich habe sie diese Fliegen über einige Distanz gemächlich verfolgen sehen, bevor sie sich auf sie stürzten und zupackten, wobei sie ihre Rückenflossen zeigten, bevor die Pünktchen auf dem Schwanz sichtbar wurden – der Wasserschwall beruhigt sich – du hebst die Hand, und der Haken sitzt.»

Auf diese selbstbewußte und praktische Art leitet Blacker sein Kapitel über Lachsfliegen ein. (Weitere Informationen über Blackers Fliegen können unter den nachfolgenden Spirit-Fliegen gefunden werden.)

Spirit Fly No. 2

No. 2 Mixed Wing, William Blacker, 1840 – 1850.
Muster wie von William Blacker.

Tag: Silbertwist und goldenes Floss
Tail: Ein Topping und ein Streifen einer Wood Duck-Feder
Butt: Black Ostrich Herl
Body: Purpurbraunes Floss bis zur Mitte, der Rest aus oranger Pig's Wool oder aus Mohair
Ribs: Breites, silbernes Flachtinsel
Hackle: Eine Rumpffeder des Perlhuhnweibchens, die um die orange Körperhälfte gedreht wird
Throat: Blauer Eichelhäher, der erst nach Einbinden des Flügels befestigt wird
Wings: Eine Goldfasanstoßfeder, die mit folgendem gemischt wird: Bustard, scharlachroter Macaw, Wood Duck, Mallard, gelbe Körperfeder vom Macaw, Silberfasan und über alles ein Topping
Horns: Blau-gelber Macaw
Head: Black Ostrich Herl

William Blacker behauptete von dieser, der zweiten Spirit Fly, daß es die schönste Lachsfliege wäre, die jemals mit den Wassern eines Lachsflusses benetzt wurde. Auf kleine Haken gebunden, soll diese Fliege in der Lage sein, in allen Flüssen Großbritanniens Lachse und «Grilse» zu fangen. Beim Beschreiben der Fangqualitäten seiner Fliegen erweist sich Mr. Blakker als nicht zu schüchtern.

Blacker empfahl, den Flügel vor dem Einbinden fertigzustellen, d.h. die ganze Flügelkonstruktion sollte in einem Arbeitsgang gebunden werden. Das Topping des Flügels sollte ein wenig länger als die Flügelfedern sein. Blacker war Ire und er lebte in Belfast. Mit 45 zog er jedoch nach London und eröffnete dort ein kleines Geschäft für Fliegenfischergerät in den späten 1830er Jahren. Er veröffentlichte sein erstes Buch mit dem Titel «Art of Angling» 1842. Es war recht allgemeiner Natur, enthielt allerdings eine einzigartige Sammlung echter Lachsfliegen. Diese Fliegen waren die Vorläufer seiner späteren Sammlung (sie waren in der zweiten Auflage von 1843 nicht enthalten). Er schrieb das Buch 1855 erneut und benannte es auf «Blackers Art of Fly Making» um. Statt mit echten Fliegen illustriert zu werden, enthielt dieses Werk erstaunlich gute Zeichnungen. Diese wurden mit so viel Liebe angefertigt, daß offensichtlich ist, daß hierbei Blacker selbst anwesend war und jede Abbildung sorgfältigst kontrollierte. Dieses Buch, das zum Klassiker wurde, ist heute nur äußerst schwierig aufzutreiben, und der Kauf würde sicherlich ein Vermögen kosten. Es enthält 15 Lachsfliegen, wovon die meisten seine eigenen stolzen Kompositionen sind (siehe Spirit Fly). Als Blacker damals an seinen Fliegen bastelte, banden Pat McKay und James Rogan die ersten Exemplare der berühmten Butterfly und der Parson-Fliegen (siehe die Golden Butterfly oder die Parson). Stellt man einen Vergleich an, so stellt man fest, daß Blackers Fliegen gegenüber Fliegen wie der Earne und der Shannon farblich eher diskret sind. Es ist allerdings offensichtlich, daß Blacker sich von diesen unkonventionellen und farbenreichen Fliegen beeinflussen ließ.

William Blacker war einer der führenden Fliegenbinder. Seine Technik und seine Materialauswahl haben die Entwicklung der klassischen Lachsfliegen sehr stark beeinflußt. Er wird für immer einer der Herren bleiben, die für das, was wir heute als die klassischen Lachsfliegen bezeichnen, verantwortlich ist.

Spirit Fly No. 3

No. 3 Mixed Wing, William Blacker, 1840 – 1850.
Muster wie von William Blacker.

Tag: Silbertinsel und moronefarbiges Silk
Tail: Ein Topping, gemischt mit grünem und rotem Parrotstoß
Butt: Schwarz (Berlin Wool oder Ostrich Wool)
Body: Vier gleich große Abschnitte aus Silk; der erste ist purpurbraun, der zweite rot, der dritte grün und gelb und der vierte ist blau und orange. Zwischen die Abschnitte kommen einige Windungen Goldtinsel sowie eine Hechel. Die erste Hechel sollte braun, die zweite grün und die dritte purpurbraun sein
Throat: Eine sehr kleine rote Hahnenhechel und zwei rote Tukanfedern
Wings: Goldfasantippets, Bustard, Wood Duck, Krickente, scharlachroter Macaw, gelber Macaw, brauner Mallard und schließlich ein Topping über alles
Sides: Blauer Eisvogel
Horns: Aus der blauen und gelben Stoßfeder vom Macaw
Head: Black Ostrich Herl

Der Erfinder der dritten Spirit Fly, William Blacker, beschrieb diese Fliege als ein ausgezeichnetes Muster für die Lachse Schottlands und Irlands, vor allem dann, wenn die Wasser hoch sind und dies ganz besonders am Spey und Tweed.

Blackers Beschreibung dieser Fliege ist ein wenig vage. Er schreibt: der Körper besteht aus Abschnitten, zunächst eine Spitze aus Silber, ein Tag aus moronefarbigem Floss, ein schwarzer Tag, ein Abschnitt mit brauner, grüner und purpurbrauner Hechel, purpurbraun und rot, grün und gelb, blau und orange, mit ein wenig Goldtinsel an jedem Abschnitt. Dies ist eine Beschreibung, der sich nur schwer folgen läßt, aber ich glaube, daß ich mit Hilfe der Abbildung seine Beschreibung seinen Wünschen entsprechend interpretiert habe. Sogar seine Flügelkomponenten werden auf eigentümliche Art und Weise beschrieben. Die Federn werden nicht in der aus der Abbildung ersichtlichen Bindereihenfolge aufgezählt. Es scheint sehr wahrscheinlich, daß Blacker die Tippetfedern drunter und den Mallard und das Topping in der von mir oben angeführten Weise drüber eingebunden hat. Die Flügel sollen auf beiden Seiten gleich sein und dies zeigt, daß die Segmente miteinander auf die klassische Art und Weide des Mixed Wing zu verhaken sind. Dies würde bedeuten, daß Kelson nicht, so wie er behauptet, der erste war, der eine Mixed Wing gestaltete. Kelson stellte diese Behauptung einige Jahre nach der Veröffentlichung von Blakkers «Fly Making, Angling & Dyeing» (1855), woraus das hier angeführte Muster stammt, auf.

Blacker band seine Fliegen auf verschiedene Arten. Er band einige mit den sogenannten Irish Gaudy Wings und andere mit Mixed Gaudy Wings. Die von Blacker beschriebenen Mixed Wings werden allerdings genauso wie die von Kelson aufgebaut. Kelson kommt so zumindet die Ehre zu, die ersten «verbesserten Mixed Wings» hergestellt zu haben, wobei die verschiedenen Segmente mehrmals, wie in seinem Buch «The Salmon Fly» (1895) beschrieben, wiederholt werden. In diesem Buch stelle ich Kelsons Bindetechnik der verbesserten Mixed Wings vor. Es werden verschiedene von Kelson gestaltete Fliegen mit diesen komplizierten Flügeln gezeigt.

Auch wenn nicht von Blacker behauptet werden kann, er hätte die Mixed Wing alleine erfunden, so hatte er dennoch einen großen Einfluß darauf, mit was für Flügeln die klassischen Lachsfliegen versehen wurden und wie ihre allgemeine Struktur aussehen sollte.

Die so beliebten Spirit-Fliegen von William Blacker wurden in seinem Buch «Fly Making, Angling & Dyeing» (1855) mit diesen Zeichnungen abgebildet.

Spring Grub

Grubs, G. Kelson, frühes 19. Jahrhundert.
Muster wie von George M. Kelson.

Tag: Silbertwist und hellblaues Silk
Tail: Ibis und blauer Macaw (verhakt)
Butt (oder erste Hechel): eine orange gefärbte Furnacehechel
Body: Erste Hälfte aus gelbem Silk, das mit schwarzem Chenille gerippt wird, die zweite Hechel ist vom Geierperlhuhn (naturblau); die zweite Hälfte ist aus schwarzem Silk, das mit silbernem Ovaltinsel gerippt wird; die dritte Hechel oder die Kopfhecheln sind eine Coch-y-Bondhu- und eine Perlhuhnhechel, die dunkelorange gefärbt sind

Folgt man Kelsons Worten, so ist die Spring Grub die älteste der sogenannten «Grubs» (Larven). Da Kelson der Vater der meisten Mitglieder dieser Familie war, können wir davon ausgehen, daß diese Information richtig ist. Kelson stellt diese Fliege als eine Standardfliege an all jenen Gewässern vor, an denen dieser Fliegentyp verwendet wird. Sie ist aber in erster Linie eine Sommer- und Herbstfliege, obwohl Kelson mit ihr schon in der ersten Maiwoche erfolgreich gefischt haben möchte.

Die Grubs waren Fliegen, die dazu bestimmt waren, Würmer, Larven oder andere wirbellose Tiere zu imitieren. Kelson empfiehlt, diese Fliegen dann einzusetzen, wenn konventionelle Muster versagen und wenn an stark besuchten Pools die Lachse ihr Interesse an herkömmlichen Fliegen verloren haben.

Da es Kelson war, der diesen Fliegentyp bekannt machte, tauchen diese Fliegen nicht in den Büchern von Francis Francis auf. Dieser beschreibt statt dessen, wie man mit echten Insekten fischt, und in erster Linie mit jenen, die von den Grubs imitiert werden sollen.

Die Spring Grub ist eines der Muster, die Kelson im berühmten Three Salmons Hotel, an den Ufern des legendären Lachsflusses Usk, entworfen hat. Der Bindestock, der von den Hotelgästen (darunter befanden sich unter anderem Francis Francis, Maxwell, Kelson und Pryce-Tannatt) verwendet wurde, wurde um die Jahrhundertwende von Messrs. Holtzappel aus London gefertigt. Es ist der berühmteste Bindestock, den es je gegeben hat, und er wurde vor einiger Zeit vom Hotel in sein jetziges Zuhause, in das American Museum of Flyfishing nach Manchester, Vermont, gebracht.

Kelsons Muster dieser Fliege ist ganz ohne Zweifel das Originalmuster. Hardy und Hale stellen ebenfalls dieses Originalmuster in ihren Büchern vor. Pryce-Tannatt überliefert uns allerdings ein Muster, welches sich in verschiedenen Punkten vom Originalmuster unterscheidet. Tag und Schwanz sind identisch, ansonsten nur wenig. Pryce-Tannatt zieht einen Butt oder eine erste Hechel aus einer orange gefärbten Hahnenbadgerfeder vor. Der Körper ist aus zwei Teilen; die erste Hälfte ist aus goldener Flockseide, worauf schwarze Flockseide folgt. Die zweite Hechel, die zwischen die beiden Körperhälften eingebunden wird, ist bei dieser Version eine natürlich-blaßblaue Game Hen's Hechel (Legehenne) oder, sofern diese erhältlich ist, eine natürlich-blaue Perlhuhnhechel. Der gelbe Körperabschnitt sollte mit schwarzer Berlin Wool und der schwarze Abschnitt mit silbernem Ovaltinsel gerippt werden. Die dicht am Kopf, nämlich über die Schultern eingebundene Hechel, sollte eine Coch-y-Bondhu-Hahnenhechel sein, die zusätzlich mit einer deutlich gefärbten und gefleckten Hechel vom schottischen Moorschneehuhn (Grouse) versehen wird.

Stevenson

Whole Feather Wing, James Wright, ca. 1850.
Muster wie von George M. Kelson.

Tag: Silbertwist und hellblaues Silk
Tail: Ein Topping und Tippetfibern
Butt: Schwarze Fiber
Body: Zwei Windungen oranges Silk, gefolgt von orangem Seal's Fur
Ribs: Silbernes Lace und silbernes Tinsel
Hackle: Eine orange Hechel, die ab dem orangen Silk gedreht wird
Throat: Eine hellblaue Hechel
Wings: Vier Doppeltippets (Rücken an Rücken), die zwei darüber hinausreichende Jungle Cock-Federn umhüllen; über alles ein Topping
Sides: Jungle Cock
Horns: Blauer Macaw
Head: Schwarz

Die Stevenson ist eine weitere der außergewöhnlich schönen Lachsfliegen von James Wright. Als Wright die erste Stevenson entwarf, war er sicherlich von den alten, farbenreichen Schmetterlingsimitationen wie den Parson-Fliegen inspiriert. Ähnlich wie diese hat die Stevenson einen Flügel aus vertikal angebrachten Goldfasantippets. Die Stevenson ist eine Fliege, deren Muster sich bei den verschiedenen alten Meistern nur wenig unterscheidet. Die Muster von Hardy und Hale stimmen daher in jedem Detail mit jenem von Kelson überein. Kelson betrachtete die Stevenson als eine Fliege, die für eine Vielzahl von berühmten Lachsflüssen, worunter sich der Tweed, Spey und Tay befinden, geeignet war. Eine Version für die Flüsse Wye und Lochy erhält man, indem man ein Krickentensegment über den Flügel setzt und die Tippetfibern im Schwanz durch einige Fibern der Carolina-Brautente ersetzt.

Sir Herbert Maxwell überliefert eine ein wenig andere Version der Stevenson, die den Parson-Fliegen und sogar der Dandy ähnelt. Tag: Silbertinsel und violettes Floss. Tail: ein oder zwei Toppings, einige Tippetfibern und eine blaue Chattererfeder. Body: ein Fünftel goldenes Floss; der Rest ist aus sattgelbem Mohair, das in Orange übergeht. Gerippt wird er mit Silbertwist. Hackle: über die Wolle kommt eine orange gefärbte Hahnenhechel. Schulterhechel: eine sattblau gefärbte Hahnenhechel oder noch besser, Indian Jay. Wings: ein Paar lange Jungle Cock-Federn, darüber ein Paar Tippetfedern, die nicht so lang sind, und hierüber kommt wiederum ein Paar noch kürzere Federn von der gebänderten Wood Duck. Ein Topping über alles. Cheeks: blauer Chatterer. Horns: blauer Macaw. Head: schwarzes Chenille.

Maxwell erzählt, daß ihm 1873 eines Tages ein mit einer auf einen Doppelhaken gebundenen Stevenson gehakter Lachs die Schnur sprengte. Dieser Vorfall ereignete sich am Tyne. Zwei Tage später übergab ihm der Duke of Northumberland dieselbe Fliege, die er im Maul eines von ihm ein wenig flußaufwärts gefangenen 17 lbs. Lachses gefunden hatte. Maxwell band die Fliege an sein Vorfach und fing an demselben Tag mit ihr zwei schöne Lachse.

Dr. T. E. Pryce-Tannatt überliefert ein Muster, das bis auf einige Kleinigkeiten mit dem von Kelson übereinstimmt. Der Schwanz von Pryce-Tannatts Stevenson enthält statt der Tippetfibern eine Indian Crow-Feder. Das Tinsel, das den Körper von Pryce-Tannatts Fliege rippt, ist ebenfalls silbern, aber er empfiehlt die Verwendung von silbernem Flachtinsel und Silbertwist.

Tartan

Dee Strip Winged Flies, Mr. Brown, Mitte des 18. Jahrhunderts.
Muster wie von Sir Herbert Maxwell.

Tag: Goldtinsel
Tail: Eine rote Rumpffeder des Goldfasans
Body: Soll recht dünn ausfallen, jeweils zur Hälfte aus oranger und scharlachroter Pig's Wool
Rib: Breites Goldtinsel
Hackle: Eine ungefärbte, rote Hahnenhechel über die hinteren beiden Drittel des Körpers. Davor kommt eine langfibrige, blau-graue Reiherrumpffeder, die an der Schulter sehr dicht ist
Throat: Eine Spießenten- oder Krickentenhechel, die über den Flügel eingebunden wird
Wings: Zwei lange Federfahnen vom silbergrauen Truthahn
Head: Klein und lackiert

Die Tartan ist eine klassische Lachsfliege, die in verschiedenen lokalen Versionen auftaucht. Diese von Maxwell vorgestellte Fliege ist als die Dee Tartan bekannt. Sie wird oft auf sogenannte Dee-Haken gebunden. Diese Haken haben lange Schenkel, und es war oftmals schwierig, Hechelfedern zu erhalten, deren Fibern lang genug waren, um auch auf größte Dee-Haken zu passen.

Francis Francis überliefert ebenfalls ein Muster für die (Dee) Tartan. Offenbar hielt er dieses Muster für den Aberdeenshire Dee äußerst geeignet. Er betrachtete sie als eine eigenartige Fliege, die knifflig zu binden ist. Tag und Tail sind derselbe wie bei Maxwells Tartan, aber Francis Francis verwendet Mohair im Körper. Die Farben sind dieselben wie bei Maxwell, ebenso die Rippung. Francis Francis verwendete eine Hechel, die er als «sandrot» beschreibt. Er streift diese Feder auf einer Seite, damit sie möglichst spärlich aussieht. Die Reiherhechel bindet er auf dieselbe Art wie Maxwell, er unterstreicht aber, daß sie so lang wie nur möglich sein sollte und daß sie sehr sorgfältig eingebunden werden muß, um nicht gleichzeitig einige der roten Fibern mit einzubinden. Notfalls müssen diese mit einer Nadel wieder herausgezupft werden. Er verwendet wie bei all seinen Dee-Fliegen Krickente für den Bart. Sein Flügel besteht aus denselben Federn wie der von Maxwell, er hebt aber hervor, daß diese leicht gesprenkelt sein sollten.

Die (Tay) Tartan ist eine andere der lokalen Versionen der Tartan, die Francis Francis beschreibt. Außer dem Namen hat diese Fliege mit dem oben präsentierten Muster nichts gemeinsam. Sie befindet sich unter seinen speziellen Tay-Fliegen und sie sollte mit einem Tag aus Silbertwist gebunden werden. Der Schwanz besteht aus einem Segment Goldfasantippet und einem Büschel orange-gelber Pig's Wool. Der Körper wird mit Pig's Wool aufgebaut, die orange, gelb, satt-erbsengrün, rot und blau-grau gefärbt ist. Der Körper sollte einen recht groben Eindruck wiedergeben und gut gezupft werden. Gerippt wird er mit breitem Silbertinsel. Der Bart wird aus einer Perlhuhnhechel gedreht. Der Flügel besteht aus zusammengesetzten Segmenten vom grauen und braunen Truthahn und vom gelb, rot und lavendelfarben gefärbten Schwan. Darüber kommt ein Büschel Pfauenfibern. Der Kopf wird ebenfalls aus Pfauenfiber gefertigt.

Die Tartan taucht in einer anderen Version bei Hardy und Hale auf. Ihre Muster stimmen ziemlich mit dem von Maxwell überein. Sie hecheln ihre Fliege lediglich anders. Sie verwenden drei verschiedene Hahnenhecheln. Diese sind blau, grau und rot. Alle drei Federn sind einseitig gestreift und werden dann Seite an Seite über den Körper gedreht. Da diese Hechel so buschig ist, entfällt bei ihnen der Bart.

Thunder and Lightning

Simple Strip Wing, James Wright, 1850.
Muster wie von H. C. Pennell.

Tag: Goldtwist und gelbes Silk
Tail: Ein Topping
Butt: Schwarze Fiber
Body: Schwarzes Silk
Ribs: Goldtinsel
Hackle: Eine orange Hechel ab der ersten Tinseldrehung
Throat: Eichelhäher
Wings: Federfahnen vom Mallard und ein Topping
Sides: Jungle Cock
Horns: Blauer Macaw
Head: Schwarze Fiber

Die Thunder and Lightning ist wiederum eine, und sehr wahrscheinlich die beste, der Fliegen von James Wright. Von all den alten Meisterstücken ist sie ziemlich sicher die heute am meisten verwendete klassische Lachsfliege. Die Kombination der Farben schwarz, orange und braun hat sich an allen Lachsflüssen der Welt als sehr fängig erwiesen, und hierdurch wurde die Thunder and Lightning zu einer der berühmtesten Lachsfliegen auf der Welt. Hardys und Hales Muster der Thunder and Lightning sind mit jenem von Pennell identisch. Kelsons Muster ist dasselbe, auch wenn er die Hechel erst ab der zweiten Tinseldrehung einbindet. Kelson beschreibt ebenfalls eine weitere ausgezeichnete Version der Thunder and Lightning, die er von einem gewissen General B. erhielt. Lediglich der Flügel weicht hier vom Originalmuster ab. Er wird mit einem Underwing aus Goldfasantippetfibern und braun gesprenkeltem Truthahn aufgebaut, worüber zwei breite Federfahnen vom braunen Mallard kommen.

Francis Francis und Sir Herbert Maxwell ziehen einen zweifarbigen Körper vor. Francis Francis empfiehlt seine Fliege für den Moy. Seine Version ist mit drei Windungen hellorangem Floss am Körperende und einem Tag aus Goldtinsel versehen. Diese Thunder and Lightning wird mit einem lilafarbenen Kopf beendet, was damals für Lachsfliegen sehr ungewöhnlich war.

Bei Maxwells Thunder and Lightning fehlt ebenfalls das gelbe Silk im Tag und der Körper dieser Version wird auch mit Floss aufgebaut. Das letzte Fünftel ist orange und der Rest ist aus schwarzem Silk. Ein weiterer Unterschied zwischen Maxwells Version und Pennells Fliege ist, daß bei Maxwell Butt und Kopf aus violettem Chenille gebunden werden.

Pryce-Tannatt beschreibt zwei Versionen dieser beliebten Fliege. Bei der ersten fügt er bei Pennells Version lediglich eine kleine Indian Crow-Feder im Schwanz hinzu. Die zweite ist eine speziell für die irischen Bedingungen entworfene Thunder and Lightning. Hier enthält der Schwanz auch eine kleine Indian Crow-Feder, aber auch Hechel und Flügel weichen von Pennells Originalmuster ab. Die Hechel wurde feuerbraun gefärbt und der Flügel bestand zunächst aus einigen Tippetfibern vom Goldfasan und dann aus verhakten Segmenten vom gelb, rot und blau gefärbten Schwan, Bustard, Goldfasanstoß und darüber kommen zwei Segmente vom braunen Mallard. Bei diesem Muster fehlen auch die Seitenfedern aus Jungle Cock.

Tippet Grub

Grubs, G. Kelson, Mitte des 19. Jahrhunderts.
Muster wie von Dr. T. E. Pryce-Tannatt.

Tag: Goldtinsel und scharlachrotes Seal's Fur
Butt: Ein Tippet (als Hechel gebunden) gefolgt von einer Furnacehechel
Body: Zwei gleich große Abschnitte; jeder beginnt mit drei Windungen Silberfaden, worauf grüne Berlin Wool folgt. Die Mitte wird ähnlich wie der Butt gebutted
Throat: Wie die Butts (Federn mit längeren Fibern)
Head: Silberfaden

Diese ein wenig ungewöhnliche Fliege ist ein Mitglied der Grub-Familie. Was dieses Muster einzigartig macht, sind die Goldfasantippets, die als Hechel eingebunden werden. Diese in klassischen Lachsfliegen gängigen Federn werden normalerweise als Underwings oder ganz in einigen Whole Feather Wing Fliegen verwendet, wie z.B. in den Ranger-Fliegen. Die meisten Grubs wurden von Kelson entworfen, und es ist hauptsächlich ihm zu verdanken, daß diese Fliegen beliebt wurden. In seinem Buch «The Salmon Fly» (1895) überliefert er 13 Muster für Fliegen, die zu dieser Familie gehören. Eines dieser Muster ist die Tippet Grub. Ich habe es allerdings vorgezogen, hier Pryce-Tannatts Version vorzustellen. Was den Tippetkragen betrifft, so ist seine Version nicht anders, er fügt aber eine Furnacehechel hinzu, sehr wahrscheinlich, um den Tippetfedern mehr Halt zu geben und die Fliege so voluminöser erscheinen zu lassen. Der Silberfaden, den Pryce-Tannatt in den Körper einfügt, wird von Kelson ebenfalls nicht empfohlen. Kelsons Fliege ist diskreter als Pryce-Tannatts Version. Kelsons Tippet Grub wird folgendermaßen gebunden. Tag: Silbertwist und scharlachrotes Seal's Fur. Die ersten Tippetfedern werden unmittelbar danach gedreht, und zwar in drei Windungen, die leicht nach hinten weisen. Der Körper wird in zwei gleich große Abschnitte aufgeteilt, die beide aus hellolivgrünem Chenille sind. Die nächste Tippetfeder wird zwischen diese beiden Abschnitte gebunden. Sie ist ein wenig größer als die erste und wird viermal gedreht. Die dritte und letzte Tippetfeder wird am Kopf befestigt, sie ist wiederum ein wenig größer und sie wird fünfmal gedreht. Die Fliege wird mit einem winzigen Kopf aus schwarzer Bindeseide beendet. Kelson überliefert, daß die Tippet Grub eines seiner alten Vorzugsmuster war, wenn nichts anderes die Lachse zum Biß verleiten konnte.

In den Werken von Francis Francis und Maxwell finden wir keinerlei Hinweise auf die Tippet Grub. Dies ist aber nicht weiter verwunderlich, da keiner der beiden überhaupt die Grub-Fliegen erwähnt. John James Hardy hat in sein Buch «Salmon Fishing» (1907) Kelsons Muster der Tippet Grub aufgenommen, ebenso wie dies John Henry Hale in seinem kleinen und lehrreichen Buch «How to Tie Salmon Flies» 1892 tat.

Diese Grub ist eine Fliege, die heute selten oder nie verwendet wird; aber wer weiß, vielleicht würde sie sich durch das Verführen eines der so argwöhnischen Lachse bei einem Versuch auch heute als erfolgreich herausstellen.

Toppy

Tweed Fashion Wing, John Younger, frühes 19. Jahrhundert.
Muster wie von Edward Fitzgibbon.

Tag: Karminrotes Silk oder Mohair
Tail: Gelbes Mohair, das gezupft wird
Butt: Zwei Windungen einer roten Hechel
Body: Schwarze Pig's Wool oder Stierhaar
Ribs: Sie wird mit nur wenigen Rippungen aus Gold- oder Silbertinsel versehen
Hackle: Eine schwarze Hechel entlang des Körpers
Wings: Eine Federfahne aus dem Truthahnstoß mit weißer Spitze
Head: Karminrotes Mohair

Edward Fitzgibbon, der unter dem Pseudonym «Ephemera» schrieb, erwähnt diese schöne alte Tweed-Fliege in seinem Buch «The Book of the Salmon» (1850). Er schreibt bezüglich des Einbindens vom Flügel, daß diese separat befestigt werden sollten, um über dem Haken wie die leicht geöffneten Klingen einer Schere auseinanderzustehen.

Dieser Flügel ist typisch für die frühen Lachsfliegen eines schottischen Lachsflusses, dem Tweed. Um diese Fliege von Mixed Wings auseinanderzuhalten, nennt Ephemera diesen Flügeltyp den Tweed Fashion Wing. Er persönlich zog Mixed Wings vor und er schreibt, daß neun von zehn Lachsanglern seiner Zeit derselben Meinung waren.

Die Toppy ist eine Fliege, über die sehr viel diskutiert wurde. John Younger, ein Schuster, der nahe am Tweed wohnte, schrieb 1840 ein Buch mit dem Titel «River Angling». Er wird als der Erfinder von mindestens sechs verschiedenen Lachsfliegen für den Tweed betrachtet. All diese Fliegen waren recht einfach gestaltete Kreaturen mit wollenem Körper und einfachen Tweed Fashion Wings. Diese Fliegen sind namenlos, aber die Nr. 2 ist die berühmte Toppy. William Scrope war einer der Spezialisten am Tweed. Er schrieb 1843 ein Buch mit dem Titel «Days and Nights of Salmon Fishing on the Tweed», und eine der Fliegen, die er erwähnt, ist die Toppy. Ein weiterer der damals berühmten Angler war John Kirkbridge. Er überliefert in seinem Buch «The Northern Angler» (1837), daß «im Tweed eine schwarze Truthahnfeder mit weißen Spitzen erstaunlich gute Ergebnisse erzielt. Der Schwanz sollte aus gelbem Mohair und ein wenig silbrig sein; das Körpermaterial ist schwarzes Mohair oder Kammgarn, gerippt wird er mit Goldtwist. Die Hechel ist eine schwarz gesäumte rote Halsfeder vom Gamecock (Zuchthahn); an die Schultern kommt ein bißchen orange Pig's Wool und Mohair; die Flügel sollten aus einer schwarzen Truthahnfeder mit kleinen weißen Spitzen sein». Dies ist eine frühe Musterbeschreibung für die schöne alte Toppy.

Francis Francis bezieht sich auch auf die Toppy. Er beschreibt sie als eine taugliche und berühmte Lachsfliege vom Tweed und gleichzeitig als ausgezeichnetes Beispiel einer wirksamen Lachsfliege der einfachsten Art. Das Muster von Francis Francis unterscheidet sich in verschiedenen Punkten von dem Fitzgibbons. Francis Francis bindet seine Toppy mit einem Tag aus rubinroter Flockseide. Die Rippung dieser Version sollte aus dünnem Silbertinsel und der Kopf aus rotem Mohair sein. Ansonsten stimmt seine Fliege mit dem Originalmuster überein.

Sir Herbert Maxwells Toppy unterscheidet sich auch nur wenig von dem Original. Er fügt an den rubinroten Tag noch Silberdraht hinzu und zieht oranges statt gelbes Mohair im Schwanz vor. Der Körper und die Hechel stimmen mit denen von Fitzgibbon überein. Gerippt wird diese Fliege mit dünnem Silbertinsel. Maxwell beschreibt den Flügel als bronzefarben mit reinweißen Spitzen. Das Federmaterial stammt natürlich vom Truthahn. Der Kopf dieser Version sollte aus gut gezupftem scharlachrotem Mohair gefertigt werden.

Die Toppy ist eine Fliege, deren Erscheinung und Struktur für die meisten Lachsfliegen Großbritanniens typisch ist, bevor Pat McKay (siehe die Golden Butterfly) seine Experimente mit farbigeren und exotischen Federn begann. Kelson überliefert in seinem Buch «The Salmon Fly» (1895) eine recht unterschiedliche Beschreibung der Toppy. Diese Version sollte als eine eher «moderne» Version betrachtet werden, da Kelsons Buch etwa 70 Jahre nach Erscheinen dieser Fliege verfaßt wurde. Kelson hielt seine Version für die Lachse vom Usk sehr geeignet und er bezeichnet Mr. A. Williams als ihren Erfinder. Sein Muster sieht folgendermaßen aus. Tag: Silbertwist. Tail: Tukan und Ibis. Butt: eine weinrot gefärbte Straußenfiber. Body: drei Windungen rot-weinrote Flockseide, gefolgt von einem Butt aus einer rot-weinroten Hahnenhechel, der Rest besteht aus schwarzem Seal's Fur. Ribs: Silbertinsel. Hackle: eine schwarze Hechel, die ab dem weinroten Butt gedreht wird. Wings: zwei Federfahnen vom schwarzen Truthahn mit weißen Spitzen.

J. J. Hardy und J. H. Hale stellen ähnliche Muster der Toppy vor. Es ist fast ganz sicher, daß sie bei ihrem Musterentwurf in Kelsons Buch «The Salmon Fly» (1895) gesehen haben, da es dasselbe Muster ist. Der jüngste der Autoren über das Binden von klassischen Lachsfliegen, Dr. T. E. Pryce-Tannatt, überliefert in seinem Buch «How to Dress Salmon Flies» (1914) eine Beschreibung der Toppy. Bei dieser Beschreibung scheint es sich um eine Mischung der Muster von Maxwell und Kelson zu handeln. Pryce-Tannatt bindet seine Toppy folgendermaßen. Tag: Silbertinsel. Tail: ein Topping und Indian Crow. Butt: weinrote Seehundwolle. Body: zwei gleich große Abschnitte, der hintere ist aus dunkelroter Flockseide und der vordere ist aus schwarzer Flockseide. Als Butt wird zwischen beide Körperhälften ein karminrot gefärbte Hahnenhechel eingebunden. Gerippt wird der Körper mit Silbertinsel und gehechelt wird er mit einer schwarzen Hahnenhechel. Wie bei Maxwells Fliege sollte der Flügel aus bronzefarben gefärbtem Truthahn mit weißen Spitzen sein. Wie bei Kelsons Fliege fehlt bei Pryce-Tannatt der wollene Kopf, und diese Version scheint eine noch modernere Version als Kelsons «moderne» Toppy zu sein.

Die Toppy mit ihrem charakteristischen Truthahnflügel wurde schon früh eine der gängigsten Simple Strip Winged-Fliegen und sie hat daher viele tausend Lachse auf dem Gewissen. Diese Abbildung stammt aus William Scorpes Buch «Days and Nights of Salmon Fishing on the Tweed» (1843).

Torrish

Mixed Wing, Mr. Radcliffe, Mitte des 19. Jahrhunderts.
Muster wie von John James Hardy.

Tag: Silbertinsel und gelbes Floss
Tail: Ein Topping und Ibis
Butt: Black Ostrich Herl
Body: Zwei gleich große Abschnitte aus Silbertinsel, die mit Indian Crow und Black Ostrich Herl gebutted werden
Throat: Eine rot-orange Hechel
Wings: Zwei Federfahnen vom schwarzen Truthahn mit weißen Spitzen, Bustard, Pfauenschwungfeder, Perlhuhn, Goldfasanstoß, roter und blauer Schwan; Mallard und ein Topping darüber
Cheeks: Indian Crow
Head: Schwarz

Die Torrish gehört zu jenen alten Fliegen, die auf der ganzen Welt beliebt wurden und die diese Beliebtheit bis zum heutigen Tag erhalten haben. Das anerkannte Angelgeräteunternehmen Hardy Brothers verkaufte Lachsfliegen in die ganze Welt. Auf ihrer Lachsfliegenliste tauchte die Torrish unter den zwölf beliebtesten Lachsfliegen auf. Die Torrish erhielt ihren Namen von einem Ort in Schottland, Strath of Kildonan. Sie wurde für einen berühmten Lachsfluß dieser Gegend entworfen. Es ist der Helmsdale. Major J. H. Hale stellt eine identische Version der Torrish vor. George Mortimer Kelson hat auch diese Fliege in seine Sammlung aufgenommen. Sein Muster unterscheidet sich leicht von dem Hardys. Der Kopf ist aus einer schwarzen Straußenfiber. Das Rot-Orange des Bartes sollte derselbe Farbton wie die kleinen Indian Crow-Federn sein. Kelson hielt sie für eines der besten Muster am Helmsdale.

Pryce-Tannatts Version der Torrish unterscheidet sich von den zuvor angeführten Versionen. Ein Unterschied zu Hardys Muster ist, daß das Gelb in Pryce-Tannatts Tag Goldgelb sein sollte, und zusammen mit dem Topping fügt er auch Tippetfibern in den Schwanz ein. Pryce-Tannatts Fliege wird ebenso wie Hardys Version durch einen Körperbutt mit Veilings unterteilt, allerdings werden diese in etwa 2/5 der Körperlänge eingebunden. Die vorderen 3/5 des Körpers werden mit einer zitronengelben Hechel und silbernem Ovaltinsel als Rippung versehen. Der Flügel unterscheidet sich von Hardys Version. Ein Paar schwarze Truthahnfedern mit weißen Spitzen (Rücken an Rücken) und darüber kommt ein Flügel, der aus Krickente, gelb, scharlachrot und orange gefärbtem Schwan, Bustard, Florican und Goldfasanstoß besteht. Darüber wiederum kommen verhakte Segmente von der Spießente und der gebänderten Wood Duck, darüber dünne Mallardsegmente und über alles kommt ein Topping. Die Wangenfedern sind aus Jungle Cock und Indian Crow und die Fühler aus blauem und gelbem Macaw. Eine nahe Verwandte ist eine Fliege, die die Salscraggie oder manchmal die Pale Torrish genannt wird. Tag: Silberfaden und goldgelbe Flockseide. Tail: ein Topping und Tippetfeder oder Ibis. Butt: schwarze Straußenfiber. Body: hintere Hälfte aus silbernem Ovaltinsel, die vordere aus gelbem Seal's Fur. Ein Butt aus zwei oder drei Windungen einer gelben Hechel und schwarzer Straußenfiber, der zwischen die beiden Hälften gebunden wird. Die vordere Hälfte wird mit silbernem Ovaltinsel gerippt. Throat: eine dunkelgelbe Hahnenhechel. Wings: die Unterschwinge ist aus zimtfarbenem Truthahn, darüber verhakte Segmente vom rot, gelb und blau gefärbten Schwan, Diamantfasan, grau gesprenkelten Truthahn und von der Spießente. Darüber ein Topping. Wangenfedern aus Jungle Cock.

Tri-Colour

Dee Strip Winged Fly, frühes 19. Jahrhundert.
Muster wie von George M. Kelson.

Tag: Silbertwist
Tail: Rote Brustfeder vom Goldfasan
Body: Gelbes, hellblaues und scharlachrotes Seal's Fur
Ribs: Silbernes Lace und Silbertinsel
Hackle: Eine natürlichgraue Reiherhechel, die ab der blauen Wolle gedreht wird
Throat: Pfeifente (Krickente bei großen Fliegen)
Wings: Zwei Federfahnen einfach zimtbrauner Truthahn
Head: Schwarz (klein)

Die Tri-Colour ist eine der alten Lachsfliegen für den schottischen Lachsfluß Dee. Diese besonderen Fliegen mit dem charakteristischen Flügel werden als die Dee Strip Winged-Fliegen bezeichnet. Dies liegt an der besonderen Flügelform. Diese ist aus zwei einfachen Federfahnen vom Truthahn, die so eingebunden werden, daß sie, von oben betrachtet, «V»-förmig auseinanderstehen. Die Tri-Colour ist eine Fliege mit drei verschiedenen Körperfarben und hat daher einen passenden Namen. Ich habe es nicht geschafft, herauszufinden, wer diese Fliege zum ersten Mal gebunden hat. Sie ist sehr alt und stammt wahrscheinlich aus dem zweiten oder dritten Jahrzehnt des letzten Jahrhunderts.

Die Tri-Colour ist unverkennbar eine Dee Strip Winged-Fliege. Ihr Hauptmerkmal ist die graue Reiherhechel statt der sonst üblichen schwarzen Reiherhechel, die so oft bei dieser Fliegengruppe anzutreffen ist. Für Kelson war diese Fliege ein Standardmuster für die Lachse des Dee. Er führt ebenfalls eine sehr bekannte Abwandlung dieser Fliege an. Bei diesem Muster wird eine rote Brustfeder vom Goldfasan als Bart eingebunden. Werden die Flügel nun noch weiß (Schwan oder Truthahn), so erhält man eine Fliege, die als die Killer bezeichnet wurde. Eine andere gängige Fliege, die Akroyd, taucht auch in einer Version mit weißen Flügeln auf und heißt dann White Winged Akroyd (siehe die Akroyd).

Pryce-Tannatt überliefert in seinem Buch «How to Dress Salmon Flies» (1914) ein ein wenig unterschiedliches Muster der Tri-Colour (er bezeichnet sie als Tricolor), wobei die ältere Version Kelsons wahrscheinlich eher dem ursprünglichen Originalmuster entspricht. Tag: Silbertinsel. Tail: ein Topping und eine rote Brustfeder vom Goldfasan. Body: hellgelbes, hellblaues und scharlachrotes Seal's Fur in gleich großen Abschnitten. Rib: silbernes Flachtinsel und Silbertwist. Hackle: eine graue Reiherhechel, die ab der dritten Tinseldrehung gebunden wird. Throat: Krickente. Wings: zwei Segmente zimtbrauner Truthahn. Head: schwarz (klein). Pryce-Tannatt überliefert ein weiteres Muster, das er Moonlight nennt. Dies ist eine schön gestaltete Fliege, die nicht so alt wie die Tri-Colour ist. Sie wird folgendermaßen gebunden. Tag: Silbertinsel. Tail: ein Topping und ein Paar Jungle Cock-Federn (Rücken an Rücken). Body: zwei gleich große Abschnitte; erste Hälfte Silbertinsel, oben und unten mit einem (oder zwei) Paar blauen Chatterer Federn (Rücken an Rücken); zweite Hälfte schwarze Flockseide. Ribs: dünnes, silbernes Ovaltinsel; breiteres goldenes Ovaltinsel über das schwarze Floss. Hackle: eine schwarze Reiherhechel über das schwarze Floss. Throat: getupftes Perlhuhn. Wings: ein Paar zimtfarbene Federfahnen aus dem Truthahnstoß (flach eingebunden). Head: klein und schwarz.

Usk Grub

Grubs, Colonel Bates, Mitte des 19. Jahrhunderts.
Muster wie von Colonel Bates.

Tag: Dünnes, silbernes Rundtinsel
Tail: Ein Fiberbündel von einer roten Körperfeder des Goldfasans, das genauso lang wie der Körper ist
Body: Zwei Hälften; die hintere ist aus hell-orangem Seal's Fur, in das ein wenig gelbes hinzugemischt wird; die vordere ist aus schwarzem Seal's Fur
Ribs: Dünnes, silbernes Ovaltinsel
Middle Hackle: Zwischen die Körperhälften kommt eine kleine hellorange Hechel, auf die eine kleine weiße Hechel folgt; beide weisen leicht nach hinten, jede wird nur einmal gedreht
Throat: Zwei Windungen einer Coch-y-Bondhu-Hechel, deren Fibern so lang wie der Körper sind
Wings: Ein Paar Jungle Cock-Federn, die genauso lang wie der Bart sind und die an jede Seite so gebunden werden, daß sie von oben betrachtet «V»-förmig auseinanderstehen und einen Winkel von etwa 45° bilden – *Head:* Roter Bindfaden oder roter Lack

Dieses Muster der Usk Grub ist nicht das Originalmuster, sondern das gängigste. Die Usk Grub war die beliebteste Grub-Fliege (Larve) an den walisischen Lachsflüssen. Ihre Konstruktion ähnelt sehr der bevorzugten irischen Grub, der Hicks Grub.

Eine recht vertretene Theorie ist, daß das Originalmuster dieser Fliege identisch mit der Spring Grub war und, sollte dies zutreffen, so war es zweifellos George Mortimer Kelson, der zum ersten Mal eine Usk Grub im «Three Salmons Hotel» gebunden hat. Sollte dies nicht zutreffen, so bleibt die Usk Grub dennoch eine sehr alte Fliege und eines der ersten Mitglieder der Grub-Familie. Kelson war der Auffassung, daß es von allen Lachsfliegen eine flügellose Version geben sollte, d.h. eine Grub-Version. Diese sollten mit demselben Körper der Originalfliege aufgebaut werden und statt mit einem Flügel, mit vier oder fünf verschiedenen Hecheln versehen werden. Das Resultat ist eine Fliege mit einer ganz anderen Erscheinung, die im Wasser auf eine ganz andere Art «schwimmt». Die vielen Hecheln machen diese Fliegen «lebendiger» als die konventionellen klassischen Lachsfliegen. Kelson verwendete selbst diese Fliege, wenn seine so geliebten Mixed Wings nicht den gewünschten Erfolg erzielten, was bei warmem und niedrigem Wasser oder bei einer durch zu viele Angler mit herkömmlichen Muster überfischten Stelle oft der Fall war.

Das älteste Muster der Usk Grub ist ein sehr viel einfacheres als das zuvor angeführte. Es fehlen die bei vielen Mitgliedern der Grub-Familie üblichen kragenähnlich eingebundenen verschiedenen Hecheln, statt dessen wird der vordere Körperabschnitt mit einer palmerähnlichen Hechel versehen. Diese Version der walisischen Lachsfliege Usk Grub wird mit einem Tag aus goldenem Flachtinsel gebunden. Der Schwanz sollte aus zwei Indian Crow-Federn oder aus orangen Federfibern bestehen, worüber ähnlich rot gefärbte Federn gebunden werden. Der Körper wird mit schwarzem und gelbem Chenille aufgebaut, das so gebunden werden sollte, daß durch abwechselnde gelbe und schwarze Ringe ein wespenähnlicher Eindruck entsteht. Eine Coch-y-Bondhu-Hechel wird von der Körpermitte bis zum Kopf gebunden, wo drei Windungen einer weiteren Coch-y-Bondhu-Hechel eingebunden werden. Diese sollte so lang wie der Körper sein und ein wenig nach hinten weisen. Die Fliege wird mit einem kleinen schwarzen Kopf aus Bindeseide beendet, der vorzugsweise lackiert werden sollte.

Variegated Sun Fly

Topping Wing, G. Kelson, 1875.
Muster wie von George M. Kelson.

Tag: Silbertwist und mittelblaues Silk
Tail: Ein Topping und mattblauer Macaw
Body: Wespenartig und spindelförmig zulaufende rote, schwarze, gelbe und blaue Berlin Wool
Throat: Eine dichte, schwarze Hechel
Wings: Sechs Toppings
Horns: Blauer Macaw
Head: Schwarz

Die Variegated Sun Fly ist, wie der Name schon sagt, eine Fliege für unterschiedliche Gewässer. Sie wird in kleinen Größen gefischt und sie hat sich an hellen und sonnigen Tagen als fängig herausgestellt. George M. Kelson erläutert in seinem Buch «The Salmon Fly», wie die Fliege variiert werden soll. Lachsflüsse lassen sich in blaue, rote, gelbe und graue Flüsse aufteilen, je nachdem, welche Fliegenfarbe jeweils am erfolgreichsten ist. Es ist sehr bekannt, daß Fliegen mit variierenden Merkmalen in verschiedenen Flüssen gut fischen. Fliegen mit langen Körpern, langen Hecheln und hellen Flügeln funktionieren gut am Spey, während die Lachse des Tweed eher kurze Hecheln und spärliche Flügel vorziehen. Am Usk und an vielen schottischen Lachsflüssen werden Fliegen mit dicken Körpern und kräftigen Flügeln vorgezogen, während verschiedene irische Gewässer dünne Fliegen mit hellen Flügeln erfordern.

Was für die allgemeine Körperform zutrifft, gilt auch für die Farbe. Die Lachse des Tweed und Earn mögen Blau, wogegen die des Dee und Usk Rot vorziehen. Gelbe Fliegen sind im Spey und Don am erfolgreichsten. Grau ist besser am Lochy und Way geeignet. Wenn man eine Variegated Sun Fly bindet, so sollte man stets an das Gewässer denken, in welchem die Fliege gefischt werden soll und dabei berücksichtigen, welche Farbe dort normalerweise am erfolgreichsten ist. Die Bestandteile der Fliege, die dementsprechend abgewandelt werden, sind der Tag, Schwanz, Körper und die Fühler. Kelson band alle seine Abwandlungen mit einem relativ kräftigen Körper und einem kurzen schwarzen Bart, der oft mit einer zusätzlichen Windung versehen wurde, so als ob die Fliege eine kompaktere Erscheinung erhalten sollte. An seinen Variegated Sun-Fliegen für den Spey und Wye band er manchmal einen Bart aus Perlhuhn ein.

Eine Variegated Sun Fly für den Usk, in welchem normalerweise rote Fliegen gute Ergebnisse erzielen, könnte z.B. mit einem Tag aus Silbertinsel und scharlachrotem Floss gebunden werden. Im Schwanz wäre roter Ibis passend und der Körper könnte aus roter, gelber und schwarzer Berlin Wool gefertigt werden. Bei allen Variationen bleibt der Flügel derselbe, aber am Usk wären Fühler aus rotem Macaw passender. Die oben vorgestellte Version ist für «blaue Flüsse» wie Tweed und Earn geeignet. Dies ist auch die Version der Variegated Sun Fly, die Hardy und Hale in ihren bekannten Büchern vorzogen.

Pryce-Tannatt stellt eine Version vor, bei der Kelsons Erläuterungen keine direkte Anwendung finden. Pryce-Tannatts Fliege hat einen Tag aus Silberfaden und hellblauer Flockseide. Der Schwanz besteht aus einem Topping und einigen Fibern aus einer orangen Cock-of-the-Rock-Feder. Da der Tag Blau enthält, müßte Kelsons Erläuterungen zufolge, dieselbe Farbe auch im Körper aufzufinden sein. Dies ist aber nicht der Fall. Pryce-Tannatt verwendet schwarze, gelbe und orange Berlin Wool, die zusammen um den Haken gedreht werden. Hechel und die Flügel sind dieselben wie bei Kelson, d.h. eine schwarze Hahnenhechel und Goldfasantoppings als Flügel.

Sir Herbert Maxwell beschreibt nicht die Variegated Sun Fly, sondern eine andere Fliege namens Sun Fly. Dies ist sehr wahrscheinlich eine Abwandlung der Variegated Sun Fly. Maxwell stimmt Kelson darin zu, daß diese Fliege bei schönem, sonnigem Wetter ausgezeichnete Ergebnisse erzielt und meistens in kleinen Größen gebunden wird. Der Tag von Maxwells Sun Fly ist aus Silberdraht und goldgelber Flockseide. Der Schwanz ist aus einem Goldfasantopping. Der Körper wird mit schwarzem Seal's Fur aufgebaut, aber er hebt hervor, daß statt dessen oft schwarze Flockseide verwendet wird. Der Körper sollte mit Goldtwist gerippt werden. Die Hechel ist eine andere als die, die Kelson bei seiner Variegated Sun Fly verwendet. Maxwell versieht seine Fliege mit einer schwarzen Hahnenhechel als Körperhechel und mit einer sattblau gefärbten Hahnenhechel als Bart. Der Flügel ist derselbe wie bei Kelsons Variegated Sun Fly, aber Maxwell fügt noch Wangenfedern aus blauem Chatterer hinzu. Maxwells Version der Sun Fly wird mit Fühlern aus blauem Macaw und einem Kopf aus schwarzem Chenille beendet.

Maxwells Sun Fly ist eine schöne und gut gestaltete Lachsfliege. Sie fischt sicherlich in Kelsons «blauen» Flüssen genauso gut wie Kelsons eigene, blaue Version der Variegated Sun Fly.

George M. Kelsons Variegated Sun Fly gehört zu der Familie der Topping Wings, die an unseren Lachsflüssen ganz verschwunden sind. Diese Zeichnung stammt aus seinem Buch «The Salmon Fly» (1895).

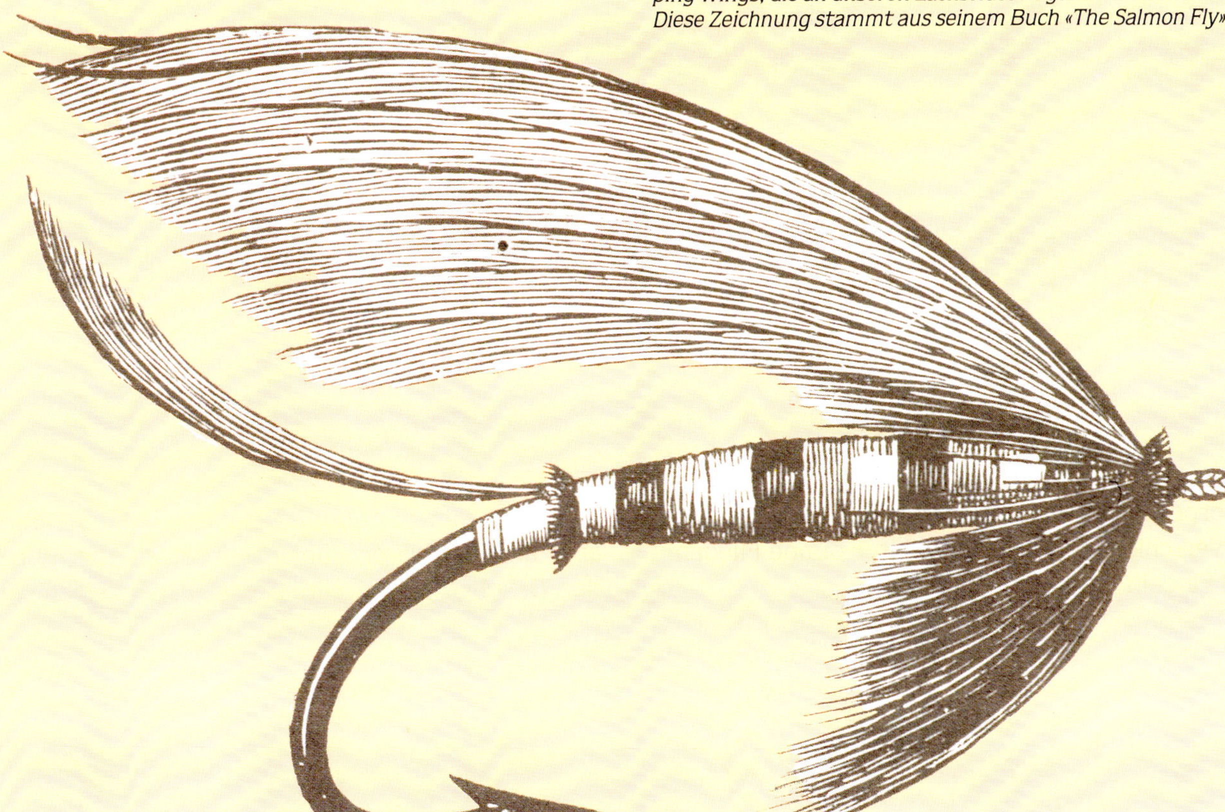

Wasp Fly

Simple Strip Wing, Mr. Paton aus Perth, frühes 19. Jahrhundert.
Muster wie von Francis Francis.

Tag: Silbertwist und orange-gelbes Floss
Tail: Tippet, Perlhuhn und schwarzes Rebhuhn
Butt: Black Ostrich Herl
Body: Die hintere Hälfte ist aus schmutziggelber Pig's Wool, die vordere aus dunkelblauer Pig's Wool
Rib: Gehämmertes Goldtinsel über die hintere und Silbertinsel über die vordere Hälfte
Hackle: Eine gold-olive Hechel über die gelbe Wolle, eine schwarze Hechel über die blaue Wolle
Shoulder: Zwei oder drei Windungen mit Eichelhäher
Wings: Zwei Federfahnen braun gesprenkelter Truthahn
Head: Schwarz

Die Wasp Fly gehört zu einer Familie mit alten Vorfahren. 1816 schrieb George C. Bainbridge ein Buch mit dem Titel «The Flyfishers Guide». Es war in vielerlei Hinsicht einzigartig. Es war das erste Buch mit Farbbildern, worunter sich auch farbige Abbildungen von Lachsfliegen befanden. Die ersten veröffentlichten Farbbilder waren von fünf verschiedenen Fliegen: die Gaudy Fly, die Spring Fly, die Summer Fly, die Quaker und die Wasp Fly. Letztere sollte sicherlich eine Wespe imitieren. Das Muster dieser Fliege wurde oft geändert, aber die Farben blieben gelb und blau. Es ist interessant festzustellen, daß man damals immer noch der Annahme war, die Lachse würden sich sowohl im Salz- als auch im Süßwasser ernähren, was zur Folge hatte, daß diese Art von Insektenimitation sehr beliebt war. Bainbridges Fliege stammt aus Wales, sie verbreitete sich aber schnell über England und Schottland.

Das oben angeführte Muster ist das erste von drei von Francis Francis empfohlenen Wasps (Wespen) für den schottischen Lachsfluß Earn. Diese Fliegen hatte Francis Francis von Mr. Paton erhalten. Sie trugen keinen Namen, sondern sie waren mit Nummern von 1 – 3 versehen. Mr. Paton erzählte Francis Francis, daß diese Fliegen sich am Earn weniger verändert hatten als am Tay. Francis Francis schrieb, daß die Flügel der Fliegen die er von Mr. Paton erhalten hatte, äußerst gelungen waren, und daß er, sollte es sich bei einer Reise in den Norden ergeben, Mr. Paton besuchen würde, um sich von diesem in dessen Bindetechnik der Flügel unterrichten zu lassen.

Die Nr. 1 von Mr. Patons Wasps ist die oben angeführte.

Die Nr. 2 ist eine Abwandlung mit einem anderen vorderen Körperabschnitt und einem anderen Schwanz. Der Körper wird mit schwarzer statt mit blauer Pig's Wool aufgebaut. Als Schwanz wird gelbe Pig's Wool und Goldfasantippet eingefügt.

Die Nr. 3 wird anders aufgebaut. Francis Francis überliefert uns folgende Empfehlungen. Tag: Silbertwist. Tail: dunkelrote Pig's Wool und ein Topping. Body: die hintere Hälfte aus orange-roter, die vordere Hälfte aus dunkelblauer Pig's Wool. Ribs: Goldfaden, der über den roten Körperabschnitt, und schmales gehämmertes Silbertinsel, das über die blaue Körperhälfte gedreht wird. Throat: einige Windungen blauer Eichelhäher. Wings: derselbe wie bei den anderen, d.h. zwei Federfahnen vom braun gesprenkelten Truthahn. Der Kopf sollte schwarz sein. Andere Mitglieder der Wasp-Familie können unter der Blue Wasp und der Claret Wasp gefunden werden.

White Wing

Simple Strip Wing, James Wright, 1855.
Muster wie von George M. Kelson.

Tag: Silbertwist
Tail: Ein Topping und Tippetfibern
Body: Die erste Hälfte ist aus gelbem, orangem und weinrotem Seal's Fur, die zweite aus schwarzem Seal's Fur
Ribs: Silbernes Lace und Silbertinsel
Hackle: Eine natürlich-schwarze Hechel, ab der zweiten Tinseldrehung
Throat: Eine blaue Hechel
Wings: Zwei Federfahnen vom weißen Schwan

Die White Wing ist eine weitere von den vielen ausgezeichneten Lachsfliegen von James Wright. Dieses Muster ähnelt mehr als all seine anderen den diskreteren Lachsfliegen vom Ende des 18. und Beginn des 19. Jahrhunderts, obwohl er ansonsten ein Anhänger der farbigeren Fliegen war, die gegen Ende des 19. Jahrhunderts so ungeheuer beliebt wurden.

Kelsons Muster stimmt mit denen von Hardy und Hale überein. Maxwell hielt sein Muster der White Wing für ein Spitzenmuster am Tweed, ganz besonders in der Dämmerung, wo er es als unschlagbar betrachtete. Sein Muster unterscheidet sich von dem Kelsons. Statt Tippet im Schwanz verwendet er eine kleine Indian Crow-Feder, und sein Körper besteht aus Pig's Wool, eine Hälfte scharlachrot, die andere Hälfte ist schwarz. Die Rippung sollte aus breitem Silbertinsel sein und der Körper wird mit einer dunkel-weinroten Hechel versehen. Die Schultern werden himmelblau gehechelt. Der charakteristische Flügel stimmt mit dem von Kelson überein.

Francis Francis empfiehlt diese Fliege ebenfalls wärmstens für das Fischen am Tweed, insbesondere nachts. Seine White Wing unterscheidet sich nur wenig von der Kelsons. Francis Francis baut seinen Körper ähnlich auf, aber er zieht eine Windung gelbe, eine Windung orange und zwei Windungen weinrote Pig's Wool vor. Der Rest ist aus schwarzer Pig's Wool. Er rippt seine Fliege lediglich mit breitem Silbertinsel, aber er hechelt sie so wie Kelson, der einzige Unterschied ist, daß sein Bart hellblau ist. Der Flügel ist natürlich derselbe.

Francis Francis beschreibt auch eine Fliege, die White Tip genannt wurde. Es scheint, als wäre sie eine Abwandlung der White Wing oder ein Vorläufer dieser Fliege. Der einzige Unterschied zwischen der White Wing und der White Tip ist, daß an der letzteren das Orange im Körper fehlt und daß die Federfahnen des Flügels aus der Schwungfeder einer Wildgans stammen sollten. Diese sollten weiße Spitzen haben, am Kiel weiß und im Mittelabschnitt schwarz sein.

Es existiert auch ein Muster der White Wing von Pryce-Tannatt. Er bindet dieses Mitglied der Simple Strip Wing Familie mit einem Körper aus Seal's Fur, der genauso wie Kelsons Körper gefärbt ist. Alle verschieden gefärbten Körperabschnitte sind allerdings gleich groß. Er verlangt eine schwarze oder eine dunkel-weinrote Hechel und einen dunkelblauen Bart. Ansonsten stimmt dieses Muster in allen Punkten mit dem von Kelson überein.

Wilkinson

Mixed Wing, G. Kelson, frühes 19. Jahrhundert.
Muster wie von George M. Kelson.

Tag: Silbertwist
Tail: Zwei Toppings, Tippet und Indian Crow
Butt: Scharlachrote Wolle
Body: Silbertinsel
Ribs: Silbernes Ovaltinsel
Throat: Eine magentafarbene und eine hellblaue Hechel
Wings: Tippet, Krickente, Pfauenschwungfeder, Goldfasanstoß, rot, gelb und blau gefärbter Schwan; Mallard und ein Topping
Horns: Blauer Macaw
Sides: Jungle Cock
Head: Schwarze Fiber

Kelson erzählt, daß dieses beliebte Lachsfliegenmuster eines der ersten Muster von seinem Vater war, was allerdings recht zweifelhaft erscheint. Die Silver Wilkinson, eine nahe Verwandte der Wilkinson, hatte als Erfinder Mr. P. S. Wilkinson. Dies und die Tatsache, daß die Silver Wilkinson allgemein als die erste Lachsfliege mit einem silbernen Körper betrachtet wird, läßt vermuten, daß die Wilkinson eine lokale Abwandlung der Silver Wilkinson war.

In ihren einflußreichen Büchern «Salmon Fishing» und «How to Tie Salmon Flies» stellen Hardy und Hale sowohl die Wilkinson als auch die Silver Wilkinson vor. Sie beschreiben dasselbe Muster der Wilkinson wie Kelson in seinem Buch «The Salmon Fly» (1895).

Francis Francis überliefert uns allerdings ein Muster der Wilkinson, das sehr stark von Kelsons Muster abweicht. Es sieht folgendermaßen aus. Tag: Silberfaden und goldenes Floss. Tail: ein Topping und ein kurzer Tippetstummel. Butt: rote Crewelwolle. Body: Silbertinsel. Rib: Silbertwist. Hackle: mittelblau. Shoulder: eine satt gefärbte, dunkelkarminrote Hechel. Wings: ein zusammengesetzter Flügel aus Bustard, Wood Duck, Spießente, blauem und rotem Macaw, an die Seiten kommt ein Paar Jungle Cock-Federn und über alles ein Topping. Die Wangenfedern sind aus blauem Eisvogel. Head: Schwarz.

Sir Herbert Maxwells Version ist mit der von Francis Francis recht ähnlich. Maxwell erwähnt, daß das Silbertinsel des Körpers über eine Unterlage aus Flockseide gedreht werden soll, damit die Wicklungen möglichst sauber aussehen. Der Bart von Maxwells Wilkinson ist aus einer karminrot gefärbten Hahnenhechel, und es fehlt eine Körperhechel. Maxwell überliefert, daß einige der geschickten Fliegenbinder aus Edinburgh es sich angewöhnt hatten, nach der karminroten Hechel noch eine blaue hinzuzufügen. Der Flügel von der Wilkinson à la Maxwell besteht aus zwei Jungle Cock-Federn derselben Länge wie der Körper der Fliege. Darüber wird ein zusammengesetzter Flügel eingebunden, der aus Fibern vom braunen und grauen Truthahn, braunen Mallard, Goldfasanstoß, rot, blau und gelb gefärbten Schwan besteht. Die Fliege sollte Wangenfedern aus blauem Chatterer erhalten. Über alles kommt ein Topping, und beendet wird die Fliege mit einem schwarzen Kopf (der, wie immer bei Maxwell, aus schwarzem Chenille besteht).

Wilson

Mixed Wing, Mr. Turnbull, Ende des 19. Jahrhunderts.
Muster wie von George M. Kelson.

Tag: Silbertwist und cremefarbenes Silk
Tail: Zwei Streifen der Carolina-Brautente
Butt: Black Ostrich Herl
Body: Silbertinsel
Ribs: Goldenes Ovaltinsel
Throat: Geierperlhuhn und schwarzer Reiher
Wings: Ägyptische Gans, ein wenig Bustard, silbern gesprenkelter Truthahn, grauer Mallard und ein Topping
Cheeks: Indian Crow und Chatterer
Head: Schwarz

Die Wilson ist ein schönes Beispiel für eine ein wenig einfachere klassische Mixed Wing Lachsfliege. Das oben angeführte Muster stammt aus Kelsons Buch «The Salmon Fly» (1895). Er bezeichnet diese Fliege als einen echten «Killer» an den meisten Lachsflüssen, und seiner Meinung nach wurde sie nach einem gewissen Mr. Wilson aus Moffat benannt. Entworfen wurde die Wilson allerdings von einem von Kelsons Freunden, von Mr. Turnbull.

Die Wilson ist eine schön gestaltete Fliege, die ohne unnötiges Zubehör auskommt. Mit «unnötig» ist hier all jenes gemeint, was sich auf das Beißverhalten der Lachse in keiner Form auswirkt. Zweifellos sind viele der klassischen Lachsfliegen unnötigerweise kompliziert, und dies wird besonders dann deutlich, wenn sich viel einfachere Fliegen als genauso fängig herausstellen. Diese komplizierten klassischen Fliegenmuster geben uns allerdings heute einen Einblick in die Lachsfischerei von damals, und dafür sollten wir dankbar sein. Die alten Muster stellen auch für viele Fliegenbinder die höchstmögliche Herausforderung in der Kunst des Fliegenbindens dar.

Die Wilson gehört zu den wenigen Lachsfliegen, die mit Federn vom blauen Geierperlhuhn gebunden werden. Bei diesem Muster wird eine Hechel dieses Vogels zusammen mit einer Reiherhechel im Bart verwendet. Diese kobaltblauen Federn im Bart zu verwenden, ist eine der gängigsten Anwendungsweisen dieser Federn.

Vom Geierperlhuhn ist in Binderkreisen auch bekannt, daß es seine Federn für die heute berühmte Elver Fly zur Verfügung stellt.

Die Elver Fly ist auch als die Blue Elver oder die Ransom Elver bekannt, obwohl sie in Anglerkreisen oft nur als die Elver bezeichnet wird. Diese Fliege wurde beliebt, nachdem sie von Arthur Ransom in den 40er Jahren im Programm der BBC erwähnt wurde. Er stellte die Theorie vor, daß ein großer Bestandteil der Nahrung der Lachse aus kleinen, halbdurchsichtigen Glasaalen besteht. Die Elver ist daher eine Nachahmung dieser kleinen Aale, und in diesem Muster sind die Federn vom blauen Geierperlhuhn von äußerster Bedeutung. Diese «moderne» Lachsfliege sollte folgendermaßen gebunden werden. Body: dünn, aus schwarzer Flockseide. Rib: ovales oder flaches Silbertinsel. Wings: zwei blaue Geierperlhuhnfedern mit einer weißen Mittelfiber (Rücken an Rücken); sie sollen doppelt so lang wie der Haken sein und den Fliegenkörper bedecken. Throat: drei oder vier Windungen mit einer Hechel vom blauen Geierperlhuhn (dieselben Federn wie die, die in der Wilson verwendet werden), als Krause vor dem Flügel gedreht und mit Fibern, die lang genug sind, um hinter die Hakenbiegung zu reichen. Head: rot. Diese Fliege wird normalerweise auf «Low-Water»-Haken der Größe 4 – 6 gebunden.

Wormald

Mixed Wing, spätes 19. Jahrhundert.
Muster wie von Sir Herbert Maxwell.

Tag: Golddraht und oranges Floss
Tail: Ein Büschel oranges Mohair
Butt: Schwarzes Chenille
Body: Ein Viertel aus goldenem Floss; der Rest ist aus goldenem Mohair, das über orange in scharlachrot übergeht; der Körper wird grob gezupft
Rib: Breites Silbertinsel und Silbertwist
Hackle: Eine orange gefärbte Hahnenhechel entlang des Körpers. Eine blau gefärbte Hahnenhechel an der Schulter, die vor dem Flügel befestigt wird
Wings: Zwei Jungle Cock-Federn, Segmente vom grauen Truthahn und Bustard darüber, sowie Streifen vom rot, grün und gelb gefärbten Schwan. Über alles kommt ein Topping
Cheeks: Blauer Chatterer
Head: Schwarz lackiert

Die Wormald ist eine seltene Lachsfliege. Das oben angeführte Muster stammt aus Sir Herbert Maxwells Buch «Salmon and Seatrout» (1898), und dieses Buch ist das einzige Werk unter den vielen, die damals um die Jahrhundertwende herum geschrieben wurden, in welchem diese Fliege enthalten ist.

Bei dieser Fliege könnte es sich um eine Abwandlung einer von Maxwell selbst entworfenen oder einer anderen Fliege handeln, die daraufhin einen neuen Namen erhalten hat. Maxwell schreibt, daß die Wormald auf die größtmöglichen Haken gebunden werden sollte, um für die frühe Frühjahrsfischerei geeignet zu sein. In manchen Fällen darf der Haken bis zu 10 cm lang sein. Diese Fliege ist für das Fischen am Thurso gut geeignet, wo sie eines der besten Muster ist, wenn sie auf langschenklige Dee-Haken gebunden wird.

Der Grund, warum diese Fliege scheinbar so für den Thurso geeignet ist, liegt darin, daß dieser Fluß einer der besten frühen Frühjahrsflüsse für die Lachsfischerei ist. Die Tatsache, daß große und farbenreiche Fliegen besonders früh in der Saison, wenn das Wasser hoch und kalt ist, gut geeignet sind, ist für die modernen Lachsangler nichts Neues. Dies war auch in den frühen Tagen der Lachsfischerei sehr bekannt und die Tatsache, daß auch Maxwell dies wußte, ist nicht von großer Bedeutung.

Die Wormald ist ein typisches Beispiel einer frühen Frühjahrsfliege, die überall auf den britischen Inseln verwendet wurde.

Wye Grub

Grubs, George M. Kelson, Mitte des 19. Jahrhunderts.
Muster wie von George M. Kelson.

Tag: Silbertwist und rotes Silk
Tail: Gelber Macaw und einige Fibern vom Ibis
Butt: Nr. 1, eine weiße Coch-y-Bondhu-Hechel, die gelb gefärbt wird; danach Wangenfedern aus Jungle Cock an jeder Seite, wie bei der «Jungle Hornet»
Body: Gelbes Seal's Fur
Ribs: Dünnes, silbernes Ovaltinsel
Hackle: Nr. 2 oder Mittelhechel, wie zuvor, nur ein wenig größer; Nr. 3 oder Kopf wie zuvor, nur noch ein wenig größer und zwei Drehungen mit einer orange gefärbten Perlhuhnhechel
Head: Schwarz

Die Wye Grub ist das Mitglied der Grub-Familie, das an englischen Lachsflüssen die beliebteste, oft verwendete Fliege an einigen der walisischen Lachsflüsse wurde. Kelson erzählt, daß die Wye Grub an dem an Lachsen reichen Fluß Wye eine alte Standardfliege war und daß sie zu dem Zeitpunkt, an welchem er sein Buch «The Salmon Fly» (1895) schrieb, äußerst beliebt gewesen ist.

Das Muster dieser sehr beliebten flügellosen Fliege wird auch von Hardy und Hale in deren Werken vorgestellt. Ihre Musterbeschreibungen waren oft reine Kopien von Kelsons Muster, aber bei dieser Grub unterscheiden sich beide Muster von dem Kelsons. Der Hauptunterschied ist der Bart. Hardy und Hale verwenden ebenfalls eine Perlhuhnhechel, allerdings ist sie bei ihnen ungefärbt.

George Mortimer Kelson ist vielleicht der berühmteste von allen Anhängern der Kunst des Fliegenbindens. Er ist der Erfinder von vielen Lachsfliegen, die im Laufe der Zeit zu Klassikern wurden. Auch die meisten Mitglieder der Grub-Familie wurden von Kelson entworfen. Zwei davon sind als die Creepers bekannt, das sind die Black Creeper und die Autumn Creeper, wobei die letztere eine Grub ist, die in den Monaten September und Oktober Kelson zufolge gute Ergebnisse erbringt. Das Muster, das er für die Autumn Creeper überliefert, sieht folgendermaßen aus. Tag: Goldtinsel und goldene Flockseide. Butt: (erste Hechel) eine Hechel vom roten Macaw mit Wangenfedern aus blauem Chatterer. Body: schwarzes Chenille. Mittelhechel: gelber Macaw mit Wangenfedern aus blauem Chatterer. Throat: ein Kragen aus einer natürlichblauen Geierperlhuhnhechel, mit einer schwarzen Reiherhechel außerhalb davon und Wangenfedern aus blauem Chatterer. Für mich ist die Autumn Creeper eine der schönsten Fliegen in der Grub-Familie.

Die Black Creeper ist eine Fliege, die Kelson für den Earn, den Usk und die oberen Strecken des Beauly empfiehlt. Sie hat Ähnlichkeit mit der vorherigen Fliege, da Körper und Wangenfedern identisch sind. Kelson überliefert uns folgende Beschreibung. Tag: Silbertwist und hellblaue Flockseide. Tail: Ibis und mattblauer Macaw, gemischte Fibern. Butt: (erste Hechel) eine natürlichschwarze Hahnenhechel und Wangenfedern aus blauem Chatterer. Body: schwarzes Chenille. Mittelhechel: dieselbe wie zuvor und auch dieselben Wangenfedern. Throat: eine etwas größere natürlichschwarze Hahnenhechel, die wie zuvor mit Wangenfedern aus blauem Chatterer gebunden wird. Dies ist auch ein schön gestaltetes Grub-Muster, das sehr wahrscheinlich auch an den heutigen Lachsflüssen gute Ergebnisse erzielen würde.

Yellow Eagle

Dee Strip Wing, Mr. Brown, Mitte des 19. Jahrhunderts.
Muster wie von George M. Kelson.

Tag: Silbertwist
Tail: Rote Brustfeder vom Goldfasan
Body: Gelbes, scharlachrotes und hellblaues Seal's Fur
Ribs: Silbernes Lace und silbernes Flachtinsel
Hackle: Eine gelb gefärbte Adlerhechel ab dem scharlachroten Seal's Fur
Throat: Pfeifente (Krickente bei großen Fliegen)
Wings: Zwei Federfahnen vom grau gesprenkelten Truthahn mit schwarzer Bänderung und weißen Spitzen
Head: Schwarz

Die Yellow Eagle, die Kelson als eine bekannte Dee-Fliege für dunkle Gewässer vorstellt, ist eines der bekannteren Mitglieder der Eagle-Familie, die sich alle durch ihre buschige und lange Adlerhechel auszeichnen. Die Yellow, die Hallidale und die Avon Eagle sind mit einer gelb gefärbten Adlerhechel versehen, die Golden Eagle mit einer golden gefärbten, die Grey und die Quilled Eagle mit einer naturlichgrauen Adlerhechel (siehe die Grey Eagle). Die Black Eagle trägt eine schwarz gefärbte Adlerhechel und die White Eagle eine naturfarbene (siehe die Grey Eagle).

Kelsons Beschreibung entspricht der, die die Herren Hardy und Hale vorziehen. Francis Francis erwähnt zwei Mitglieder der Eagle-Familie, die Grey und die Yellow Eagle, wobei er sie als lokale Muster für die Aberdeenshire Dee bezeichnet. Wir haben die Tendenz in unseren Fliegen Krebse, Garnelen, Schmetterlinge oder Libellen zu sehen, aber solche Versuche erweisen sich bei den Eagle-Fliegen als überflüssig, erzählt Francis Francis. Sie ähneln keinen uns bekannten Kreaturen über oder unter der Erde oder dem Wasser, folgert er. In den Abendstunden, sagt er, «glaube ich, daß die ‹Yalley Aigle› die fängigere der beiden ist». Der Schwanz und der Körper seiner Yellow Eagle sind dieselben wie bei seiner Gled Wing, und das Muster sieht folgendermaßen aus. Tag: Silbertinsel. Tail: Goldfasanrumpffeder (rot). Body: ein Drittel orange-gelbes und zwei Drittel weinrotes oder hell-purpur-weinrotes Mohair, sehr sparsam gebunden. Ribs: breites Silbertinsel, das in nur wenigen Spiralen angebracht wird. Hackle: eine größere Menge vom unteren oder buschigen Abschnitt einer goldenen Adlerfeder (am besten eine der Federn am oder über dem Schenkel), die so lange gedreht wird, bis die Fliege wie das untere Ende einer größeren Adlerfeder aussieht. Throat: Krickente. Wings: zwei breite Federfahnen vom silbergrauen Truthahn, wobei die grob gesprenkelten oder breit gestreiften oder gebänderten Federn selektiert werden.

In seinem Buch «Salmon and Seatrout» (1898) bezieht sich Sir Herbert Maxwell auf zwei dieser «eigentümlichen» Eagle-Fliegen. Zusätzlich zur White Eagle (siehe die Grey Eagle) stellt er das Muster einer wahrscheinlich bekanntesten Fliege dieser Familie, der Yellow Eagle, vor. Er fand, daß diese eigenartige Fliege mit der langen Adlerhechel in der frühen Lachssaison, wenn große Fliegen die besten Ergebnisse hervorbringen, ausgezeichnet fischt. Er band seine Yellow Eagle mit einem Schwanz aus einem Topping und einigen Tippetfibern. Der Körper wird aus scharlachroter, gelber, weinroter und blauer Pig's Wool aufgebaut und zwar in gleich großen Abschnitten. Gerippt wird er mit sehr breitem Silbertinsel und die gelbe Adlerhechel wird über die vordere Körperhälfte gebunden. Er verwendet einen Bart aus Spießente, und für die Flügel empfiehlt er zwei Federfahnen vom Bustard, Florican oder Segmente einer anderen, ausreichend langen Feder.

Dr. T. E. Pryce-Tannatt stellt auch zwei Mitglieder der Eagle-Familie unter seinen Dee Strip Winged Flies vor. Pryce-Tannatts Version der Yellow Eagle unterscheidet sich von der Kelsons darin, daß sein Schwanz Topping enthält. Sein Körper wird auch aus verschiedenen Abschnitten Seehundwolle gebunden, aber diese ist anders gefärbt, nämlich zitronengelb, sattorange, scharlachrot und feuerbraun. Die Hecheln stimmen überein, aber der Flügel soll aus zwei Federfahnen vom hell gesprenkelten Truthahnstoß sein. Das einzige Merkmal, das Pryce-Tannatts Yellow Eagle von seiner Avon Eagle unterscheidet, ist die Flügelkonstruktion. So sollten die Flügel der Avon Eagle aus einem Paar roter Schwertfedern vom Goldfasan mit Jungle Cock an den Seiten und zwei oder drei Toppings darüber bestehen. Ein weiteres Mitglied der Eagle-Familie ist die Halligale Eagle, die in Hardys 345 Mustern seines Buches «Salmon Fishing» (1907) gefunden werden kann. Major J. H. Hale erwähnt ebenfalls ihr Muster in den 361 Mustern seines kleinen, aber ausgezeichneten Buches «How to Tie Salmon Flies» (1892). Die von diesen beiden Herren vorgestellten Muster dieser Fliege sind identisch miteinander. Sie empfehlen, die Hallidale folgendermaßen zu binden. Tag: Silbertinsel und gelbe Flockseide. Tail: Tippet und Pfeifente. Butt: black Ostrich Herl. Body: 3/5 hellgelb und 2/5 hellorange (kein Material wird angeführt! Seal's Fur?). Ribs: doppeltes Silbertinsel. Hackle: eine gelb gefärbte goldene Adlerhechel. Throat: Perlhuhn. Wings: zwei Goldfasantippets, rot und gelb gefärbter Schwan, Goldfasanstoß, goldenes Mohair und ein Topping darüber. Sides: doppelte Jungle Cock-Federn. Head: schwarz. Die letzte der Eagle-Fliegen, die eine gelbe bzw. eine golden gefärbte Adlerhechel hat, ist die Golden Eagle.

Kelson schrieb über die Golden Eagle, daß es eine alte Standardfliege in Ringwood war und daß ihr Erfinder das Pseudonym «Partridge» verwendete und wahrscheinlich im «Golden Perch», einem Angelgerätegeschäft in London, arbeitete.

Das von Kelson vorgestellte Muster der Golden Eagle ist mit jenen von Hardy und Hale identisch und es sieht wie folgt aus. Tag: Goldtwist und goldene Flockseide. Tail: einige Fibern vom Goldfasantippet. Body: golden und feuerbraun gefärbte Pig's Wool in gleich großen Abschnitten. Ribs: Goldtinsel. Hackle: eine golden gefärbte Adlerhechel, die über ein Drittel des Körpers gedreht wird. Throat: Krickente. Wings: zwei Segmente silbern gesprenkelter Truthahn.

Die anderen Mitglieder der Eagle-Familien können unter der Grey Eagle gefunden werden.

Die Yellow Eagle ist eine aggressiv aussehende kleine Lachsfliege, die auch heute noch Lachse verführt – zumindest dann, wenn die äußeren Umstände nach einer farbenreichen Federkreatur verlangen. Diese hier wurde in Sir Herbert Maxwells Buch «Salmon and Seatrout» (1898) abgebildet.

Allgemeine Fachbegriffe

Amhurst pheasant: Diamantfasan
Argus pheasant: eine asiatische Fasanenart mit großen Augenmustern auf den Stoßfedern
Berlin Wool: Berlin Wool ist eine Art Mohair
Bittern: die europäische Rohrdommel
Bustard: damit ist die Trappe, ein großer Laufvogel, gemeint
Chatterer: heißt auch auf deutsch so, es ist ein Vogel aus der Cotinga-Familie
Cock-of-the-rock: es handelt sich hierbei um den Paradiesvogel, und er wird auch im englischen als Bird-of-paradise bezeichnet. Wie auch Chatterer und Indian Crow gehört er ebenfalls zur Cotinga-Familie
Crane: Kranich
Crow: Krähe
Crown pidgeon: Ringeltaube
Eagle: damit ist der europäische Steinadler gemeint
Florican: ein Trappenbastard; er wird im Englischen auch als «bustard-bastard» bezeichnet
Gallina: Perlhuhn
Game hen: eine ganz normale Legehenne
Golden pheasant: Goldfasan
Goose: Hausgans
Grouse: schottisches Moorschneehuhn
Guinea fowl: ein weiterer Begriff für das Perlhuhn
Heron: damit ist der europäische Graureiher gemeint
Himalayan pheasant: eine asiatische Fasanenart
Indian crow: heißt auch auf deutsch so, ein weiterer Vogel aus der Cotinga-Familie
Jay: Eichelhäher
Jungle Cock: Dschungelhahn
Kingfisher: hier ist der europäische Eisvogel gemeint
Kite oder Glede: Gabelweihe oder roter Milan
Lace: ein aus drei Fäden zusammengesetzter Gold- oder Silberfaden
Macaw: Großpapageien wie Ara ararauna, Ara macao und Ara militaris
Mallard: europäische Stockente
Ostrich: hier ist der afrikanische Strauß gemeint
Parrot: Papagei
Partridge: europäisches Rebhuhn
Peacock: Pfau
Pig's wool: Schweineborsten, die an einen Faden gesponnen und wie Dubbing behandelt werden
Pintail: Spießente
Ring neck pheasant: Jagdfasan
Seal's fur: Seehundwolle
Shoveler duck: Löffelente
Silk: Seide bzw. Bindeseide
Silver pheasant: Silberfasan
Snipe: Bekassine
Summer duck: mit Summer duck ist die Carolina-Brautente gemeint, deren Federn allerdings überhaupt nicht im Handel zu finden sind. Ersatzweise können Federn der Braut- und Mandarinente Anwendung finden. Eventuell können auch stark gezeichnete Krickentenfedern oder Perlhuhn-Schwungfederfahnen verwendet werden
Teal: Krickente
Tinsel: verzwirnter Baumwollfaden, um den ein metallischer Faden gedreht wurde
Toucan: Tukan
Turkey: Truthahn
Twist: ein aus zwei Fäden zusammengesetzter Gold- oder Silberfaden
Vulturine guinea fowl: Geierperlhuhn
Widgeon: Pfeifente
Wood duck: Federn der Wood duck sind ebenfalls kaum im Handel zu finden. Das europäische Gegenstück zur amerikanischen Wood duck ist die Brautente

Die verschiedenen Gruppen der klassischen Lachsfliegen

Built Wing: zu den «Built Wings» gehören Lachsfliegen mit mehrschichtig zusammengesetzten Federfahnenschwingen
Dee Strip Wing: zu den «Dee Strip Winged Flies» gehören Lachsfliegen, die für den schottischen Fluß Dee entworfen wurden. Das Hauptmerkmal dieser Fliegen sind die einfachen Flügel, die meist aus einer Federfahne aus einer Truthahnstoßfeder bestehen und die niedrig und leicht auseinanderstehend eingebunden werden
Grubs: zu den «Grubs» gehören die Lachsfliegen, die Imitationen von Würmern, Larven und verschiedenen Insekten darstellen sollen. Die meisten Grubs wurden von George Mortimer Kelson gestaltet
Herl Wing: zu den «Herl Winged Flies» gehören all die Lachsfliegen, deren Flügel aus Pfauenfibern bestehen. Die Pfauenfibern stammen entweder aus dem Augenmuster oder es werden die lose am Schwertfederkiel hängenden Fibern verwendet, wie z. B. bei der Peacock Fly
Maned Flies: zu den «Maned Flies» gehören die meisten jener Lachsfliegen, in deren Körper verschiedene Mohairbüschel eingebunden wurden. Dieses Verwenden von größeren Mengen an Mohair stellte den ersten Schritt in die Richtung der heutigen Haarschwingenfliegen (Hairwings) dar
Mixed Wing: als «Mixed Wing» werden zusammengesetzte Federfahnenschwingen bezeichnet, die hauptsächlich aus einem Federfahnenpaar aufgebaut werden, das aus verschiedenartigen Federfahnenstreifen zusammengesetzt wird und die Hauptschwinge darstellt; darüber kommt ein weiteres, weiches Federfahnenpaar als Dach (Roof) und meistens eine Goldfasan-Schopffeder als Deckfeder (Topping)
Simple Strip Wing: die Flügel dieser Lachsfliegen bestehen lediglich aus einem Federfahnenpaar
Spey Flies: zu den «Spey Flies» gehören die Lachsfliegen, die für den schottischen Fluß Spey entworfen wurden. Die Hauptmerkmale dieser sehr alten Muster sind die meist unauffälligen Farben, der niedrig eingebundene Flügel, der nur aus einem Federfahnenpaar besteht und die äußerst lange Reiherhechel
Topping Wing: zu den «Topping Winged Flies» gehören jene Lachsfliegen, deren Flügel hauptsächlich aus mehreren Toppings, meist Goldfasan-Toppings, aufgebaut wurden
Tweed Fashion Wing: zu den «Tweed Fashion Winged Flies» gehören Lachsfliegen, die für den schottischen Fluß Tweed entworfen wurden. Es waren Fliegen mit einfachen Federfahnenschwingen als Flügel, wobei die verschiedenen Flügelabschnitte separat eingebunden wurden und untereinander so versetzt waren, wie die leicht geöffneten Schnitthälften einer Schere
Whole Feather Wing: zu den «Whole Feather Wing Flies» gehören jene Lachsfliegen, deren Flügel in erster Linie aus ganzen Federn bestehen

Sach- und Namensregister